高等职业教育建设工程管理类专业系列教材

GAODENG ZHIYE JIAOYU JIANSHE GONGCHENG GUANLI LEI ZHUANYE XILIE JIAOCAI

新形态教材

ZHUANGPEI SHI JIANZHU JILIANG YU JIJIA

装配式建筑计量与计价

主　编／张会利　杨　静
副主编／左彩霞　郑晓蕾　王　颖

U0190759

重庆大学出版社

内容提要

本书紧跟装配式建筑的发展,依据《建设工程工程量清单计价规范》(GB 50500—2013)、《房屋建筑与装饰工程工程量计算规范》(GB 50854—2013)、《重庆市装配式建筑工程计价定额》(CQZPDE—2018)、《重庆市房屋建筑与装饰工程计价定额》(CQJZZSDE—2018)、22G101 系列图集等编写,阐述了装配式建筑计量计价的理论与方法。全书分为 3 篇,共 8 章:第 1 篇为基础理论篇,分别为装配式建筑概述、建设工程造价基本知识和装配式建筑定额原理,详细介绍了装配式建筑造价基础知识;第 2 篇为装配式建筑工程计量篇,详细介绍了建筑面积、建筑工程、装饰工程、措施项目等的清单和定额计量规则,并结合实际工程进行计量实算;第 3 篇为装配式建筑计价篇,对装配式建筑工程量清单编制和工程量清单计价编制进行介绍,并依托实际工程进行示例讲解,最终完成某装配式建筑招标控制价文件的编制。

本书可作为高等职业院校装配式建筑工程技术、工程造价、工程管理等专业的教材,也可作为建筑工程技术类、工程管理类从业人员的参考用书。

图书在版编目(CIP)数据

装配式建筑计量与计价/张会利,杨静主
编. --重庆:重庆大学出版社,2023.8(2025.1 重印)
高等职业教育建设工程管理类专业系列教材
ISBN 978-7-5689-4048-1

Ⅰ.①装… Ⅱ.①张… ②杨… Ⅲ.①装配式
构件—建筑工程—计量—高等职业教育—教材 ②装配式构
件—建筑工程—建筑造价—高等职业教育—教材 Ⅳ.
①TU723.3

中国国家版本馆 CIP 数据核字(2023)第 129752 号

高等职业教育建设工程管理类专业系列教材
装配式建筑计量与计价
主 编 张会利 杨 静
副主编 左彩霞 郑晓蕾 王 颖
策划编辑:刘颖果

责任编辑:姜 凤 版式设计:刘颖果
责任校对:刘志刚 责任印制:赵 晟

*

重庆大学出版社出版发行
出版人:陈晓阳
社址:重庆市沙坪坝区大学城西路 21 号
邮编:401331
电话:(023)88617190 88617185(中小学)
传真:(023)88617186 88617166
网址:http://www.cqup.com.cn
邮箱:fxk@ cqup.com.cn(营销中心)
全国新华书店经销
重庆天旭印务有限责任公司印刷

*

开本:787mm×1092mm 1/16 印张:17.5 字数:438 千
2023 年 8 月第 1 版 2025 年 1 月第 2 次印刷
ISBN 978-7-5689-4048-1 定价:49.00 元

前　言

随着国家产业结构调整和建筑行业对绿色节能建筑理念的倡导,装配式建筑作为建筑行业转型升级的有效途径,受到越来越多的关注。装配式建筑符合可持续发展理念和当前我国社会经济发展的客观要求,已然成为建筑行业今后发展的重点。装配式建筑工程造价的确定是装配式建筑中非常重要的一项基础性工作,是规范装配式建筑建设市场秩序、提高投资效益的关键环节。

本书根据高职院校学生的思维认识规律和接受程度,依据最新的计价规范和标准,结合工程项目案例,由浅入深,讲解装配式建筑工程计量与计价的基本原理和具体方法,依托实例介绍工程量计算及工程造价计算的步骤与过程,便于学生理解和掌握相关知识,提高实际工程计量与计价的动手能力。

本书贯彻"二十大"报告精神,融入课程思政,落实立德树人的任务。本书由学校和企业等多方人员共同编写,落实"产教融合、科教融汇,优化职业教育类型定位"精神,并配套数字资源,以二维码形式植入书中,方便教师使用和学生自主学习,以此"推进教育数字化,建设全民终身学习的学习型社会"。

本书结构体系完整,每章设置有知识目标、能力目标、素质目标和课后习题,供学生学习和教师教学参考。全书分为3篇,共8章,第1篇介绍了装配式建筑概述、建设工程造价基础知识和装配式建筑定额;第2篇讲解了装配式建筑混凝土结构各分部工程的工程量计量,引入大量例题,详细介绍了工程量的计算规则;第3篇介绍了装配式建筑工程量清单的编制和计价文件的编制。本书注重实用性,支持启发性和交互式教学。

本书为重庆建筑科技职业学院"建筑工程技术"市级高水平专业群立项建设项目。本书由重庆建筑科技职业学院张会利、杨静担任主编,重庆建筑科技职业学院左彩霞、重庆建筑工程职业学院郑晓蕾、重庆建筑科技职业学院王颖担任副主编。本书由张会利统稿,具体编写分工如下:张会利编写第5章第4、5节、第6章和第8章并与左彩霞共同编写第7章;杨静编写第1—3章,左彩霞编写第4章、第5章第1—3节;郑晓蕾和王颖共同编写第5章第6—9节;罗曼编写第4章部分内容;曾康燕参与搜集整理第5章第6—9节、第6章部分图片和例题;重庆熙创建筑工程咨询有限公司董事长覃家荣编写第3章第5节。

本书在编写过程中,得到了重庆熙创建筑工程咨询有限公司的大力支持,在此表示衷心的感谢。

本书在编写过程中参考了有关专家学者的研究成果及文献资料,主要参考文献列于书末,谨向相关学者、作者表示衷心感谢。

由于装配式建筑技术与工程造价理论和实践还处于不断完善和发展的阶段,限于编者水平,书中难免存在不妥和疏漏之处,敬请广大读者批评、指正。

编 者

2023 年 6 月

目　录

第 1 篇
基础理论篇

1 装配式建筑概述

【知识目标】
(1)了解装配式建筑的概念和种类;
(2)熟悉装配式建筑的国内外发展历程;
(3)掌握装配整体式混凝土结构及常见的部品部件。

【能力目标】
(1)能深刻理解装配式建筑的优势;
(2)能讲述国内装配式建筑的发展历史及发展前景;
(3)能识别装配整体式混凝土结构中常见的部品部件,了解其生产工艺,如叠合梁、叠合板等。

【素质目标】
(1)增强文化自信和爱国情怀,热爱建筑行业;
(2)培养学生团队协作精神和良好的职业道德,严谨和实事求是的工作作风。

1.1 装配式建筑简介

1.1.1 装配式建筑的概念

装配式建筑是指结构系统、外围护系统、设备与管线系统、内装系统的主要部分采用预制部品部件集成的建筑,即在工厂提前预制建筑的部分或全部构件、部品等,再将其运至施工场,并在现场完成装配的建筑。因此,装配式建筑的核心是构件、部品的工厂预制与现场装配,实现像制造汽车一样建造房子的目标。

过去,我国主要在工业建筑中较多地应用装配式建筑。近年来,装配式建筑也开始在民用建筑尤其是住宅建筑中被广泛采用。

1.1.2 装配式建筑的种类

装配式建筑主要包括装配式混凝土建筑、装配式钢结构建筑和装配式木结构建筑。
装配式混凝土建筑是指建筑的结构系统由预制混凝土部品部件构成的装配式建筑。PC

（Prefabricated Concrete）是预制装配式混凝土结构的缩写及简称。其工艺的主要特点是：经过预制形成混凝土结构构件、部品（制作房屋构件或部品需遵循标准、统一规格），运输到达工地现场后以规范的装配工艺（装配、连接等流程）形成建筑。

装配式建筑
的种类

装配式钢结构建筑是指建筑的结构系统由钢（构）件构成的装配式建筑。装配式钢结构采用钢材作为构件的主要材料，外加楼板和墙板及楼梯组装成建筑。装配式钢结构建筑又分为全钢（型钢）结构和轻钢结构。全钢结构的承重采用型钢，有较大的承载力，可以装配高层建筑。轻钢结构以薄壁钢材作为构件的主要材料，内嵌轻质墙板，一般用于装配多层建筑或小型别墅建筑。

装配式木结构建筑指木结构承重构件、木组件和部品在工厂预制生产，并通过现场安装而成的木结构建筑，主要包括装配式纯木结构和装配式木混合结构。其中，装配式木混合结构是指由木结构构件与钢结构构件、混凝土结构构件组合而成的混合承重的结构形式。装配式木结构建筑的主要预制构件有3种，一是预制梁柱式构件和木桁架：它们是装配式木结构建筑中最灵活的组件，需要在现场进行二次加工。木桁架是指由木构件组成的桁架，是木屋盖、木塔架的主要承重结构。二是预制板式组件（墙体、楼盖、屋盖）：板式预制是通过结构分解，将整栋建筑的墙体、楼面和屋面分解成不同功能的平面板块，也就是分解成预制板式组件，并在工厂预制完成后运输到现场吊装组合而成。三是预制空间模块式组件：空间模块式组件一般都是三维单元，其中包括墙体、楼盖和屋盖，是预制程度最高的组件，包括防水保温、外饰内装和水电穿管。

目前，根据我国国情，装配式建筑主要以 PC 为主，本书重点介绍装配式混凝土建筑的计量与计价。

1.1.3 装配式建筑的优势

传统现浇建筑的墙体、楼板等构件均是通过在施工现场绑扎钢筋、支设模板后浇筑混凝土而成的，它的显著优点是有可靠的结构构件连接性，以及良好的抗震性和整体性能。但也存在建设效率偏低、工期较长、管理方式落后、环境污染严重等一系列问题。

装配式建筑
的优势

这些问题正阻碍着建筑行业的进一步发展。因此，我国建筑行业必须优化产业结构，改善劳动条件，提高劳动生产率，使建筑业走上集约型、效益型的道路，从而实现建筑业转型升级的目标——最终产品绿色化、建筑生产工业化和建筑产业现代化。与传统现浇建筑相比，装配式建筑的优势主要体现在以下几个方面：

1）建设效率高

装配式建筑具有工厂化生产、装配化施工、一体化装修、信息化管理等特点，把传统建造方式中的大量现场作业工作转移到工厂进行，在工厂加工制作好建筑用的部品部件后再运输到建筑施工现场。部品部件到了现场，只需通过可靠的连接即可装配而成，极大地提高了建设效率。

2）建筑品质精良

构件生产采用先进的技术、专业的设备，同时操作工人专业性强，可以保证部品部件的精度高、品质精良，后期到现场进行无缝拼装，使建筑的整体质量得以保障。

3）环保低碳、低能耗

装配式建筑施工现场基本无湿作业，不会产生过多的建筑垃圾、粉尘，工地的噪声也较小。此外，装配式建筑中制成的建筑构件，所产生的废料在厂内即可进行回收利用，可有效减少建筑垃圾产生。

4）整体经济效益提升

装配式建筑采用批量标准化的生产方式，能有效减少人力、建筑材料以及能源消耗，从而减少建设成本。

装配式建筑使用专业机械，大批量生产预制构件进行建筑装配，能有效减少施工时间，带来时间上的价值。

装配式建筑使用工业化的建造方式，建设标准明显提升，建筑质量大幅提升，全面提升建筑的耐久性和可改造性，降低建筑的运营维护成本。

1.2　装配式建筑发展历程

国外装配式
建筑发展历程

1.2.1　国外装配式建筑发展历程

装配式建筑最早起源于英国，1875 年英国人 Lascell 提出了在结构承重骨架上安装预制混凝土墙板的新型建筑方案。西方发达国家的装配式住宅经过几十年甚至上百年的时间，已经发展到了相对成熟、完善的阶段。日本、美国、德国、澳大利亚、法国、瑞典、丹麦是最具典型性的国家，它们按照各自的经济、社会、工业化程度、自然条件等特点，选择了不同的道路和方式。

西方装配式建筑的发展在历史上曾出现过两次高潮：第一次是受到工业革命的影响，工业革命由轻工业扩展至重工业，钢铁工业迅速发展，工业革命推动了经济社会的发展，同时在城市的发展过程中，由于工业生产过度集中，使得人口数量激增，房屋供不应求，这为建筑业新功能、新技术及新形式的发展奠定了基础。在 19 世纪中期，首次将预制装配式建筑应用于展览馆、火车站等大型建筑中，如英国伦敦建造的"水晶宫"展览馆，开辟了建筑形式与预制装配技术的新纪元。第二次是受到世界大战的影响，在第一次世界大战结束后，欧洲城市居民居住矛盾日益突出，大批民众没有固定住宅，为解决城市住宅的尖锐矛盾，由此开始重视建筑的工业化预制，并相继研制出全装配建筑体系、多层混凝土构件体系以及胶合木预制独立住宅等，但都因为成本过高、建造数量有限等原因不能解决普遍存在的住宅缺乏问题。

第二次世界大战后，预制装配式建筑取得了进一步发展。首先是 20 世纪 40 年代至 50 年代轻质薄壁幕墙受到追捧，如联合国大厦的秘书处大楼，在 50 年代后，不少国家开始研发工业化装配建造体系，从而便于建造大型项目；60 年代中期，预制混凝土外墙被广泛采用，人们渴望建造全过程的工业化，即把整个房屋的建造像生产其他工业品一样能大批量成套地生产，运到现场装配集成。许多用以建造住宅、学校、办公楼等大量建筑的全装配建造体系在英、法、北欧、苏联等国先后出现。

在 20 世纪 70 年代后，多国的建筑工业化开启了全新的发展阶段，预制构件和现场浇筑方法的综合使用表现出更大的优势。发达国家各自开始了不同的发展道路。以美国、日本为例,美国联邦政府制定了工业化建筑建造及安全标准,日本政府制定了装配式建筑的专项政策,从而推动装配式建筑的全面发展。经过对装配式技术的深入探索,美国、日本在装配式建筑的技术方面发展迅速,已形成自身的鲜明特色,除此之外,英国、法国等国的装配式建筑发展也逐渐自成体系。

在过去的几十年中,作为替代现浇混凝土建筑方式的现代预制装配式建筑技术,引起了许多国家的关注、应用和推广。时至今日,装配式建筑结合 BIM 技术作为一大主流趋势在世界各地仍在不断发展,其中包括美国、日本等工业化程度较高的发达国家,也包括我国在内建筑工业化程度较为平均的一些发展中国家。通过总结其他国家在发展装配式建筑方面的经验,可以得到以下启示:

①应结合自身的地理环境、经济与科技水平、资源供应水平选择装配式建筑的发展方向。

②政府应在发展装配式混凝土建筑的过程中发挥积极的作用。

③完善装配式混凝土建筑产业链是发展装配式混凝土建筑的关键。

1.2.2 国内装配式建筑发展历程

国内装配式
建筑发展历程

我国预制混凝土起源于 20 世纪 50 年代,早期受苏联预制混凝土建筑模式的影响,应用在工业厂房、住宅、办公楼等建筑领域。20 世纪 50 年代,我国颁发了《关于加强和发展建筑工业的决定》,提出"实行工厂化、机械化施工,逐步完成对建筑工业的技术改造,逐步完成向建筑工业化的过渡",要求工厂预制的装配式结构和部件积极应用到工业厂房、住宅及一些基建工程中去。

20 世纪 70 年代,我国政府提倡实现建筑"三化",即工厂化、装配化、标准化。在这一时期,预制混凝土在我国发展迅速,在建筑领域被普遍采用,为我国建造了几十亿平方米的工业和民用建筑。我国逐渐制定了一些建筑工业化的基本标准,到 20 世纪 80 年代初已基本建立了以标准预制构件为基础的技术体系,包括以空心板等为基础的砖混住宅、大板住宅、装配式框架及单层工业厂房等技术体系。这期间,许多地方都形成了集设计、生产、安装为一体的工业模式,各地产生了一大批新型工厂。

从 20 世纪 80 年代中期以后,我国预制混凝土建筑因成本控制差、整体性差、防水性能差以及国家建设政策的改革和全国性劳动力密集型大规模基本建设的高潮迭起,最终使装配式结构的比例迅速降低,自此步入衰退期。据统计,我国装配式大板建筑的竣工面积从 1983—1991 年逐年下降,20 世纪 80 年代中期以后我国装配式大板厂相继倒闭,1992 年以后就很少采用了。

不过,国内基于装配式建筑的研究一直没有间断。近几年,我国装配式建筑又一次迎来了新的发展契机。2016 年 2 月 6 日,中共中央、国务院发布《关于进一步加强城市规划建设管理工作的若干意见》,文件中指出:大力推广装配式建筑,减少建筑垃圾和扬尘污染,缩短建造工期,提升工程质量;制定装配式建筑设计、施工和验收规范;完善部品部件标准,实现建筑部品部件工厂化生产;鼓励建筑企业装配式施工,现场装配;建设国家级装配式建筑生产基地;力争用 10 年左右时间,使装配式建筑占新建建筑的比例达到 30%。

我国出台了一系列装配式建筑国家标准,包括《装配式混凝土结构技术规程》(JGJ 1—2014)、《装配式混凝土建筑技术标准》(GB/T 51231—2016)、《装配式钢结构建筑技术标准》

（GB/T 51232—2016）、《装配式木结构建筑技术标准》（GB/T 51233—2016）、《装配式建筑评价标准》（GB/T 51129—2017）。此外，还发布了诸如《预制混凝土剪力墙外墙板》（15G365-1）等9项国家建筑标准设计图集、《钢筋连接用灌浆套筒》（JG/T 398—2019）、《钢筋套筒灌浆连接应用技术规程》（JGJ 355—2015）、《钢筋连接用套筒灌浆料》（JG/T 408—2019）、《装配式混凝土剪力墙结构住宅施工工艺图解》（16G906）等行业标准、规范、图集，进一步促进和规范了行业的发展。

各地方政府也积极响应，出台各项政策推动装配式建筑的发展：

重庆市出台了系列政策，鼓励企业推进装配式建筑，例如，装配率达到65%，资本金监管额度下浮50%；装配率达到50%~65%，资本金监管额度下浮30%。10万 m² 及的国有土地应在供地方案中明确装配式建筑实施要求，主城区新增建筑装配式比例不低于30%，两江新区不低于50%等。

广东省确定目标，到2025年前，珠三角城市群装配式建筑占新建建筑面积比例达到35%，其中政府投资工程的装配式建筑面积占比达到70%；常住人口超过300万的粤东西北地区地级市中心城区，装配式建筑占新建建筑面积比例达到30%，其中政府投资工程的装配式建筑面积占比达到50%；全省其他地区装配式建筑占新建建筑面积的比例达到20%，其中政府投资工程的装配式建筑面积占比达到50%。针对装配式建筑项目，广东省政府优先安排用地计划指标，对增值税实施即征即退的优惠政策，落实适当的资金补助，并优先给予信贷支持。

湖北省要求到2025年全省装配式建筑占新建建筑面积的比例达到30%，并对装配式建筑给予配套资金补贴、容积率奖励、商品住宅预售许可、降低预售资金监管比例等激励政策措施。

江苏省提出，到2025年年末，要求建筑产业现代化建造方式成为主要建造方式，全省建筑产业现代化施工的建筑面积占同期新开工建筑面积的比例、新建建筑装配化率达到50%，装饰装修装配化率达到60%。针对装配式项目，政府将给予财政扶持政策，提供相应的税收优惠，优先安排用地指标，并给予容积率奖励。

辽宁省要求到2025年底全省装配式建筑占新建建筑面积的比例力争达到35%，其中，沈阳市力争达到50%，大连市力争达到40%，其他城市力争达到30%。辽宁省对装配式建筑项目将给予财政补贴、增值税即征即退优惠，优先保障装配式建筑部品部件生产基地（园区）、项目建设用地，允许不超过规划总面积的5%不计入成交地块的容积率核算。

1.3 装配整体式混凝土建筑结构体系与部品部件

装配式混凝土结构包括多种类型，装配整体式混凝土结构是装配式混凝土结构形式的一种。由预制混凝土构件通过可靠的方式进行连接并与现场后浇混凝土、水泥基灌浆料形成整体的装配式混凝土结构，称为装配整体式混凝土结构。

这里提到的预制混凝土构件，是指不在现场原位支模浇筑的构件，不仅包括在工厂制作的预制构件，还包括因受到施工场地或运输等条件的限制，而又有必要采用装配式结构时，在现场制作的预制构件。

当主要受力预制构件之间的连接通过干式节点进行连接时,此时结构的总体刚度与现浇混凝土结构相比会有所降低,此类结构不属于装配整体式结构。目前,我国装配式混凝土建筑以装配整体式混凝土结构为主。

1.3.1 装配整体式混凝土结构体系

装配整体式混凝土结构包括装配整体式混凝土框架结构、装配整体式混凝土剪力墙结构、装配整体式混凝土框架-现浇剪力墙结构、装配整体式框架-现浇核心筒结构、装配整体式部分框支剪力墙结构等。目前,装配整体式混凝土框架结构、装配整体式混凝土剪力墙结构、装配整体式混凝土框架-现浇剪力墙结构在我国发展迅速并得到广泛应用。

装配整体式混凝土框架结构是指全部或部分框架梁、柱采用预制构件构建成的装配整体式混凝土结构。

装配整体式混凝土剪力墙结构是指全部或部分剪力墙采用预制墙板构建成的装配整体式混凝土结构。我国新型的装配式混凝土建筑是从住宅建筑发展起来的,而高层住宅建筑绝大多数采用剪力墙结构。因此,装配整体式混凝土剪力墙结构在国内发展迅速并得到大量应用。

装配整体式混凝土框架-现浇剪力墙结构是以预制装配框架柱为主,并布置一定数量的现浇剪力墙,通过水平刚度很大的楼盖将二者联系在一起共同抵抗水平荷载。

1.3.2 部品部件

装配式混凝土建筑中的部品是指由工厂生产,构成外围护系统、设备与管线系统、内装系统的建筑单一产品或复合产品组装而成的功能单元的统称;装配式混凝土建筑中的部件是指在工厂或现场预先生产制作完成的,构成建筑结构系统的结构构件及其他构件的统称。

装配式混凝土建筑中常见的部品部件有预制柱、叠合梁、叠合板、预制剪力墙内墙板、预制夹心外墙板、双面叠合剪力墙、PCF 板、幕墙等。

1)预制柱

预制柱就是在工厂预先生产成型,到现场进行安装的混凝土柱,如图 1.1 所示。

矩形预制柱截面边长不宜小于 400 mm,圆形预制柱截面直径不宜小于 450 mm 且不宜小于同方向梁宽的 1.5 倍。预制柱纵向受力钢筋直径不宜小于 20 mm,纵向受力钢筋间距不宜大于 200 mm 且不得大于 400 mm。预制柱纵向受力钢筋可集中在四角配置且宜对称布置。柱中可设置纵向辅助钢筋(辅助钢筋直径不宜小于 12 mm 且不宜小于箍筋直径)。当正截面承载力计算不计入纵向辅助钢筋时,纵向辅助钢筋可不伸入框架节点。预制柱纵向受力钢筋在柱底连接时,柱箍筋加密区长度不得小于纵向受力钢筋连接区域长度与 500 mm 之和;当采用套筒灌浆连接或浆锚连接等方式时,套筒或搭接段上端第一道箍筋距离套筒或搭接段顶部不得大于 50 mm。

图1.1　预制柱

图1.2　叠合梁

2）叠合梁

预制混凝土叠合梁是指预制混凝土梁顶部在现场后浇混凝土而形成的整体梁构件,简称叠合梁,如图1.2所示。

装配整体式混凝土框架结构中,当采用叠合梁时,框架梁的后浇混凝土叠合层厚度不宜小于150 mm,次梁的后浇混凝土叠合层厚度不宜小于120 mm;当采用凹口截面预制梁时,凹口深度不宜小于50 mm,凹口边厚度不宜小于60 mm。具体构造如图1.3所示。

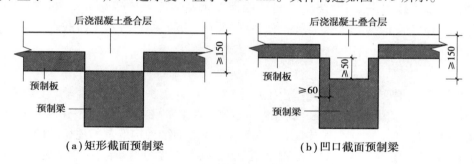

（a）矩形截面预制梁　　　　　　（b）凹口截面预制梁

图1.3　预制梁截面

3）叠合板

预制混凝土叠合板是指预制混凝土板顶部在现场后浇混凝土而形成的整体板构件,简称叠合板。常见的叠合板类型包括桁架钢筋混凝土叠合板、预应力带肋混凝土叠合楼板。

叠合板的预制板厚度不宜小于60 mm,后浇混凝土叠合层厚度不宜小于60 mm。跨度大于3 m的叠合板,宜采用桁架钢筋混凝土叠合板;跨度大于6 m的叠合板,宜采用预应力混凝土预制板;板厚大于180 mm的叠合板,宜采用混凝土空心板。当叠合板的预制板采用空心板时,板端空腔应封堵。

（1）桁架钢筋混凝土叠合板

桁架钢筋混凝土叠合板的预制层在待现浇区预留桁架钢筋,如图1.4所示。桁架钢筋的主要作用是将后浇筑的混凝土层与预制底板连接成整体,并在制作和安装过程中提供一定的刚度。

桁架钢筋应沿主要受力方向布置;距板边不宜大于300 mm,间距不宜大于600 mm;桁架钢筋弦杆钢筋直径不宜小于8 mm,腹杆钢筋直径不宜小于4 mm;桁架钢筋弦杆混凝土保护层厚度不宜小于15 mm。

图1.4 桁架钢筋混凝土叠合板

（2）预应力带肋混凝土叠合楼板

预应力带肋混凝土叠合楼板又称 PK 板，是一种新型的装配整体式预应力混凝土楼板。它是以倒"T"形预应力混凝土预制带肋薄板为底板，肋上预留椭圆形孔，孔内穿置横向预应力受力钢筋，再浇筑叠合层混凝土，从而形成整体双向楼板，如图1.5 所示。

预应力带肋混凝土叠合楼板具有厚度薄、重量轻等特点，采用预应力可以极大地提高混凝土的抗裂性能。

图1.5 预应力带肋混凝土叠合楼板

4）预制剪力墙内墙板

预制剪力墙内墙板是指在工厂预制成的混凝土剪力墙构件。预制剪力墙内墙板侧面在施工现场通过预留钢筋与剪力墙现浇区段连接，底部通过钢筋灌浆套筒和坐浆层与下层预制剪力墙连接，如图1.6 所示。

预制剪力墙宜采用"一"字型，也可采用 L 型、T 型或 U 型。开洞预制剪力墙洞口宜居中布置，洞口两侧的墙肢宽度不应小于 200 mm，洞口上方连梁高度不宜小于 250 mm。

预制剪力墙的连梁不宜开洞。当需开洞时，洞口宜预埋套管。洞口上、下截面的有效高度不宜小于梁高的 1/3，且不宜小于 200 mm。被洞口削弱的连梁截面应进行承载力验算，洞口处应配置补强纵向钢筋和箍筋，补强纵向钢筋的直径不应小于 12 mm。

预制剪力墙开有边长小于 800 mm 的洞口且在结构整体计算中不考虑其影响时，应沿洞口周边配置补强钢筋。补强钢筋的直径不应小于 12 mm，截面面积不应小于同方向被洞口截断的钢筋面积。该钢筋自孔洞边角算起伸入墙内的长度不应小于其抗震锚固长度。

图 1.6　预制剪力墙内墙板

　　当采用套筒灌浆连接时,自套筒底部至套筒顶部并向上延伸 300 mm 的范围内,预制剪力墙的水平分布筋应加密。加密区水平分布筋直径不应小于 8 mm。当构件抗震等级为一、二级时,加密区水平分布筋间距不应大于 100 mm;当构件抗震等级为三、四级时,加密区水平分布筋间距不应大于 150 mm。套筒上端第一道水平分布钢筋距离套筒顶部不应大于 50 mm。

　　端部无边缘构件的预制剪力墙,宜在端部配置 2 根直径不小于 12 mm 的竖向构造钢筋。沿该钢筋竖向应配置拉筋,拉筋直径不宜小于 6 mm,间距不宜大于 250 mm。

　　5)预制混凝土夹心外墙板

　　预制混凝土夹心外墙板又称"三明治板",由内叶板、保温夹层、外叶板通过连接件可靠连接而成,如图 1.7 所示。预制混凝土夹心外墙板在国内外均被广泛应用,具有结构、保温、装饰一体化的特点。预制混凝土夹心外墙板根据其在结构中的作用,可分为承重墙板和非承重墙板两大类。当其作为承重墙板时,与其他结构构件共同承担垂直力和水平力;当其作为非承重墙板时,仅作为外围护墙体使用。

图 1.7　预制混凝土夹心外墙板

预制混凝土夹心外墙板根据其内、外叶墙板间的连接构造，又可分为组合墙板和非组合墙板。组合墙板的内、外叶墙板可通过拉结件的连接共同工作；非组合墙板的内、外叶墙板不共同受力，外叶墙仅作为荷载，通过拉结件作用在内叶墙板上。

6) 双面叠合剪力墙

双面叠合剪力墙是内、外叶墙板预制并用桁架钢筋可靠连接，中间空腔在现场后浇混凝土后形成的剪力墙叠合构件，如图1.8所示。双面叠合墙板通过全自动流水线进行生产，自动化程度高，具有非常高的生产效率和加工精度，同时具有整体性好、防水性能优等特点。

图1.8 双面叠合剪力墙

双面叠合剪力墙的墙肢厚度不宜小于200 mm，单叶预制墙板厚度不宜小于50 mm，空腔净距不宜小于100 mm。预制墙板内外叶内表面应设置粗糙面，粗糙面凹凸深度不宜小于4 mm。内外叶预制墙板应通过钢筋桁架连接成整体。钢筋桁架宜竖向设置，单片预制叠合剪力墙的墙肢不应小于2榀，钢筋桁架中心间距不宜大于400 mm且不宜大于竖向分布筋间距的2倍；钢筋桁架距叠合剪力墙预制墙板边的水平距离不宜大于150 mm。钢筋桁架的上弦钢筋直径不宜小于10 mm，下弦及腹杆钢筋直径不宜小于6 mm。钢筋桁架应与两层分布筋网片可靠连接。

双面叠合剪力墙空腔内宜浇筑自密实混凝土；当采用普通混凝土时，混凝土粗骨料的最大粒径不宜大于20 mm，并应采取保证后浇混凝土浇筑质量的措施。

7) PCF 板

PCF板是预制混凝土外叶层加保温板的永久模板。其做法是将"三明治"外墙板的外叶层和中间保温夹层在工厂预制，然后运至施工现场吊装到位，再在内叶层一侧绑扎钢筋、支好模板、浇筑内叶层混凝土，从而形成完整的外墙体系，如图1.9所示。

PCF板主要用于装配式混凝土剪力墙的阳角现浇部位。PCF板的应用有效替代了剪力墙转角处现浇区外侧模板的支模工作，还可减少施工现场在高处作业状态下的外墙外饰面施工。

8) 幕墙

幕墙是指由玻璃面板、金属板或石材和其支承结构组成的不承重的建筑物外围护结构，如图1.10所示。

幕墙具有美观大气、性能安全、施工迅速、环保节能等优点，在公共建筑中应用广泛。装配式混凝土建筑应根据建筑物的使用要求、建筑造型，合理选择幕墙形式，宜采用工厂化组装生产的单元式幕墙系统。

图 1.9 PFC 板

图 1.10 幕墙

9)其他构件

装配整体式混凝土框架结构的部品部件还有预制混凝土楼梯、预制混凝土阳台板、预制混凝土空调板等,如图 1.11 所示。

(a)预制混凝土楼梯　　　　　　　(b)预制混凝土阳台板

图 1.11 其他构件

1.4 装配式建筑装配率

根据《重庆市装配式建筑装配率计算细则(2023版)》(渝建科〔2023〕31号)(以下简称"计算细则")的规定,装配率是指单体建筑正负零标高以上主体结构、围护墙和内隔墙、装修和设备管线系统采用预制部品部件的综合比例。装配率是重庆市评价装配式建筑的唯一定量指标,其计算应以单体建筑作为计算单元。其计算公式为:

$$P = \left(\frac{Q_1 + Q_2 + Q_3 + Q_4}{100 - Q_6} + \frac{Q_5}{100} \right) \times 100\%$$

式中　P——装配率;

　　　Q_1——标准化设计指标实际计算分值;

　　　Q_2——主体结构指标实际计算分值;

　　　Q_3——围护墙和内隔墙指标实际计算分值;

　　　Q_4——装修和设备管线指标实际计算分值;

　　　Q_5——智能建造指标实际计算分值;

　　　Q_6——缺少的计算项目分值之和。

按照居住建筑、公共建筑和工业建筑3种建筑类型分别编制了计分表,见表1.1—表1.3,其中指标要求和计算分值有区间要求的,按照插值法进行计算;无指标要求或仅有下限要求的,按相应计算规则进行计算,分值精确到小数点后1位;支撑系统和装修两个要求"多选一"的计算项目不叠加计分,其他计算项目为叠加计分。

表1.1 居住建筑计分表

计算项目			指标要求	计算分值	最低分值
标准化设计 Q_1 (5分)	功能房间和层高符合基本模数 q_{1a}		—	1	2
	标准化预制构件 q_{1c}		≥70%	2	
	通用规格预制混凝土构件 q_{1d}		≥70%	2	
主体结构 Q_2 (50分)	预制构件	竖向预制构件 q_{2a}	25%~60%	12~22	26
		梁类预制构件 q_{2b}	15%~30%	4~8	
		板类预制构件 q_{2c}	70%~90%	7~12	
	支撑系统 q_{2d} 五选一	系统采用高精度模板施工工艺	—	8	
		竖向支撑采用独立钢支柱	—	3	
		预制梁跨中免支撑	—	3	
		预制板跨中免支撑	—	5	
		预制楼盖免支撑	—	8	
围护墙和内隔墙 Q_3 (18分)	围护墙	装配式非承重围护墙 q_{3a}	50%~80%	5~8	
		装配式围护墙与保温一体化 q_{3b}	—	2	
		装配式围护墙与装饰一体化 q_{3c}	—	2	
	内隔墙	装配式非承重内隔墙 q_{3d}	≥80%	6	

续表

计算项目				指标要求	计算分值	最低分值
装修和设备管线 Q_4（27分）	装修	q_{4a} 三选一	全装修（含公区工业化装修）	—	8	5
			全装修	—	6	
			公区工业化装修	—	5	
		集成厨房 q_{4b}		70%～90%	3～4.5	—
		集成卫生间 q_{4c}		70%～90%	3～4.5	
		干法楼地面 q_{4e}		70%～90%	3～4.5	
	管线	管线分离 q_{4g}		50%～70%	2～4	
		管线一体化 q_{4h}		—	1.5	
智能建造 Q_5（6分）	BIM 技术应用 q_{5a}			—	0.5～2	—
	智能化装备应用 q_{5b}			—	0.5～3	
	数字化档案 q_{5c}			—	1	

注：①围护墙全部采用全现浇混凝土外墙得4分，全部采用免拆保温模板全现浇外墙得5分。

②楼地面保温和隔声区域全部采用模块化保温隔声功能部品，且其饰面层全部采用架空、干铺、薄贴工艺时得4.5分。

表 1.2 公共建筑计分表

计算项目				指标要求	计算分值	最低分值
标准化设计 Q_1（5分）	柱网和层高符合 3M 模数 q_{1b}			—	1	2
	标准化预制构件 q_{1c}			≥70%	2	
	通用规格预制混凝土构件 q_{1d}			≥70%	2	
主体结构 Q_2（50分）	预制构件	竖向预制构件 q_{2a}		25%～60%	5～10	26
		梁类预制构件 q_{2b}		25%～60%	10～20	
		板类预制构件 q_{2c}		70%～90%	7～12	
	支撑系统	q_{2d} 五选一	铝合金井字支撑系统	—	4	
			竖向支撑间距不小于 2 m	—	4	
			预制梁跨中免支撑	—	3	
			预制板跨中免支撑	—	5	
			预制楼盖免支撑	—	8	
围护墙和内隔墙 Q_3（18分）	围护墙	装配式非承重围护墙 q_{3a}		50%～80%	5～8	
		装配式围护墙与保温一体化 q_{3b}		—	2	
		装配式围护墙与装饰一体化 q_{3c}		—	2	
	内隔墙	装配式非承重内隔墙 q_{3d}		≥80%	6	

续表

计算项目				指标要求	计算分值	最低分值
装修和设备管线 Q_4 (27分)	装修	q_{4a} 四选一	全装修(含公区工业化装修)	—	8	4
			全装修	—	6	
			确定使用功能的区域装修(含公区工业化装修)	—	6	
			确定使用功能的区域装修	—	4	
		装配式吊顶 q_{4d}		70%~90%	3~4.5	—
		干法楼地面 q_{4e}		70%~90%	3~4.5	
		装配式墙面 q_{4f}		70%~90%	3~4.5	
	管线	管线分离 q_{4g}		50%~70%	2~4	—
		管线一体化 q_{4h}		—	1.5	
智能建造 Q_5 (6分)	BIM技术应用 q_{5a}			—	0.5~2	—
	智能化装备应用 q_{5b}			—	0.5~3	
	数字化档案 q_{5c}			—	1	

表 1.3 工业建筑计分表

计算项目				指标要求	计算分值	最低分值
标准化设计 Q_1 (6分)	柱网和层高符合3M模数 q_{1b}			—	2	4
	标准化预制构件 q_{1c}			≥70%	2	
	通用规格预制混凝土构件 q_{1d}			≥70%	2	
主体结构 Q_2 (58分)	预制构件	竖向预制构件 q_{2a}		50%~80%	8~12	25
		梁类预制构件 q_{2b}		50%~80%	15~24	
		板类预制构件 q_{2c}		70%~90%	10~14	
	支撑系统	q_{2d} 四选一	竖向支撑间距不小于2 m	—	4	
			预制梁跨中免支撑	—	3	
			预制板跨中免支撑	—	5	
			预制楼盖免支撑	—	8	
围护墙和内隔墙 Q_3 (18分)	围护墙	装配式非承重围护墙 q_{3a}		50%~80%	5~8	10
		装配式围护墙与保温一体化 q_{3b}		—	2	
		装配式围护墙与装饰一体化 q_{3c}		—	2	
	内隔墙	装配式非承重内隔墙 q_{3d}		≥80%	6	

续表

计算项目			指标要求	计算分值	最低分值
装修和设备管线（非生产区域）Q_4（18 分）	装修	q_{4a} 二选一	全装修（含公区工业化装修）	—	5	—
			确定使用功能的区域装修（含公区工业化装修）	—	3	
		装配式吊顶 q_{4d}	70% ~ 90%	3 ~ 4.5	
		装配式墙面 q_{4f}	70% ~ 90%	3 ~ 4.5	
	管线	管线分离 q_{4g}	50% ~ 70%	2 ~ 4	
智能建造 Q_5（6 分）	BIM 技术应用 q_{5a}		—	0.5 ~ 2	
	智能化装备应用 q_{5b}		—	0.5 ~ 3	
	数字化档案 q_{5c}		—	1	

本章小结

本章对装配式建筑进行了概述,主要介绍了装配式建筑的概念、种类和优势;讲述了装配式建筑的国内外发展历程,并解读了装配整体式混凝土结构体系及常见的部品部件。通过以上内容,使读者对装配式建筑有一个整体的认识。

课后习题

1. 与传统现浇建筑相比,装配式建筑的优势主要有哪些?
2. 我国装配式建筑的发展经历了怎样的历程?
3. 装配式混凝土建筑常见的部品部件有哪些?

2 建设工程造价基本知识

【知识目标】

(1)熟悉工程造价的含义,掌握建筑安装工程费用的构成;

(2)熟悉工程计价的概念及特点,掌握工程计价的依据;

(3)掌握两种工程造价计价模式。

【能力目标】

(1)能深刻理解工程造价基于投资者和市场交易角度的两种含义;

(2)能讲述定额计价模式的发展历程、优缺点,能讲述清单计价模式的发展历程、特点及适用范围。

【素质目标】

(1)树立学生的职业自信、专业自信,热爱工程造价行业;

(2)培养学生诚实守信、客观公正、坚持准则、具有规范意识和良好的职业道德。

2.1 工程造价的构成

在我国,建设项目总投资是指为完成工程项目建设并达到使用要求或生产条件,在建设期内预计或实际投入的全部费用总和。生产性建设项目总投资包括建设投资、建设期利息和流动资金3个部分;非生产性建设项目总投资包括建设投资和建设期利息两个部分。其中,建设投资和建设期利息之和对应固定资产投资,如图2.1所示。

建设项目
总投资的构成

建设工程造价的含义包括广义和狭义两个层次。从广义上讲,工程造价是站在投资者(建设单位/业主)的角度,是指建设项目从产生建设意图到交付使用所需的全部费用,即建设项目的固定资产投资数额。其基本构成包括用于购买工程项目所含的各种设备费用,用于建筑施工和安装施工所需支出的费用,用于委托工程勘察设计应支付的费用,用于购置土地所需的费用,也包括用于建设单位自身进行项目筹建和项目管理所花费的费用等。从狭义上讲,工程造价是站在市场交易的角度,即工程承发包价格或称为建筑安装工程费。

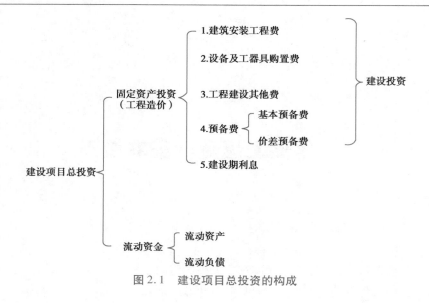

图 2.1 建设项目总投资的构成

2.1.1 建筑安装工程费的构成

根据住房城乡建设部、财政部关于印发《建筑安装工程费用项目组成》（建标〔2013〕44 号）的通知规定，我国现行建筑安装工程费用项目有两种划分形式：按费用构成要素组成划分为人工费、材料费、施工机具使用费、企业管理费、利润、规费和税金；为指导工程造价专业人员计算建筑安装工程造价，将建筑安装工程费用按工程造价形成顺序划分为分部分项工程费、措施项目费、其他项目费、规费和税金。

建筑安装
工程费的构成

1）建筑安装工程费用项目的组成（按费用构成要素划分）

建筑安装工程费按照费用构成要素划分，由人工费、材料费（包含工程设备）、施工机具使用费、企业管理费、利润、规费和税金组成，如图 2.2 所示。其中，人工费、材料费、施工机具使用费、企业管理费和利润包含在分部分项工程费、措施项目费、其他项目费中。

（1）人工费

人工费是指按工资总额构成规定，支付给从事建筑安装工程施工的生产工人和附属生产单位工人的各项费用。内容包括：

①计时工资或计件工资：是指按计时工资标准和工作时间或对已做工作按计件单价支付给个人的劳动报酬。

②奖金：是指对超额劳动和增收节支支付给个人的劳动报酬，如节约奖、劳动竞赛奖等。

③津贴、补贴：是指为了补偿职工特殊或额外的劳动消耗和因其他特殊原因支付给个人的津贴，以及为了保证职工工资水平不受物价影响支付给个人的物价补贴，如流动施工津贴、特殊地区施工津贴、高温（寒）作业临时津贴、高空津贴等。

④加班加点工资：是指按规定支付的在法定节假日工作的加班工资和在法定日工作时间外延时工作的加点工资。

⑤特殊情况下支付的工资：是指根据国家法律、法规和政策规定，因病、工伤、产假、计划生育假、婚丧假、事假、探亲假、定期休假、停工学习、执行国家或社会义务等原因按计时工资标准或计时工资标准的一定比例支付的工资。

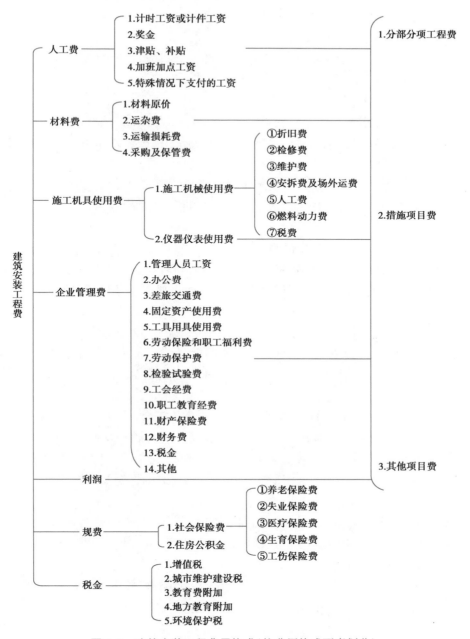

图2.2　建筑安装工程费用构成(按费用构成要素划分)

(2)材料费

材料费是指施工过程中耗费的原材料、辅助材料、构配件、零件、半成品或成品、工程设备的费用。内容包括:

①材料原价:是指材料、工程设备的出厂价格或商家供应价格。

②运杂费:是指材料、工程设备自来源地运至工地仓库或指定堆放地点所发生的全部费用。

③运输损耗费:是指材料在运输和装卸过程中不可避免的损耗。

④采购及保管费：是指为组织采购、供应和保管材料、工程设备的过程中所需的各项费用。包括采购费、仓储费、工地保管费、仓储损耗。

工程设备是指构成或计划构成永久工程中一部分的机电设备、金属结构设备、仪器装置及其他类似的设备和装置。

（3）施工机具使用费

施工机具使用费是指施工作业所发生的施工机械、仪器仪表使用费或其租赁费。

①施工机械使用费：以施工机械台班耗用量乘以施工机械台班单价表示，施工机械台班单价应由下列七项费用组成：

a. 折旧费：是指施工机械在规定的使用年限内，陆续收回其原值的费用。

b. 检修费：是指机械设备按规定的大修间隔台班进行必要的检修，以恢复机械正常功能所需的费用。

c. 维护费：是指施工机械在规定的耐用总台班内，按规定的维护间隔进行各级维护和临时故障排除所需的费用。包括为保障机械正常运转所需替换设备与随机配备工具附具的摊销和维护费用，机械运转中日常保养所需润滑与擦拭的材料费用及机械停滞期间的维护和保养费用等。

d. 安拆费及场外运费：安拆费指施工机械（大型机械除外）在现场进行安装与拆卸所需的人工、材料、机械和试运转费用以及机械辅助设施的折旧、搭设、拆除等费用；场外运费指施工机械整体或分体自停放地点运至施工现场或由一施工地点运至另一施工地点的运输、装卸、辅助材料及架线等费用。

e. 人工费：是指机上司机（司炉）和其他操作人员的人工费。

f. 燃料动力费：是指施工机械在运转作业中所消耗的各种燃料及水、电等。

g. 税费：是指施工机械按照国家规定应缴纳的车船使用税、保险费及年检费等。

②仪器仪表使用费：是指工程施工所需使用的仪器仪表的摊销及维修费用。

（4）企业管理费

企业管理费是指建筑安装企业组织施工生产和经营管理所需的费用。内容包括：

①管理人员工资：是指按规定支付给管理人员的计时工资、奖金、津贴补贴、加班加点工资及特殊情况下支付的工资等。

②办公费：是指企业管理办公用的文具、纸张、账表、印刷、邮电、书报、办公软件、现场监控、会议、水电、烧水和集体取暖降温（包括现场临时宿舍取暖降温）等费用。

③差旅交通费：是指职工因公出差、调动工作的差旅费、住勤补助费，市内交通费和误餐补助费，职工探亲路费，劳动力招募费，职工退休、退职一次性路费，工伤人员就医路费，工地转移费以及管理部门使用的交通工具的油料、燃料等费用。

④固定资产使用费：是指管理和试验部门及附属生产单位使用的属于固定资产的房屋、设备、仪器等的折旧、大修、维修或租赁费。

⑤工具用具使用费：是指企业施工生产和管理使用的不属于固定资产的工具、器具、家具、交通工具和检验、试验、测绘、消防用具等的购置、维修和摊销费。

⑥劳动保险和职工福利费：是指由企业支付的职工退职金、按规定支付给离休干部的经费，集体福利费、夏季防暑降温、冬季取暖补贴、上下班交通补贴等。

⑦劳动保护费：是指企业按规定发放的劳动保护用品的支出，如工作服、手套、防暑降温饮料以及在有碍身体健康的环境中施工的保健费用等。

⑧检验试验费：是指施工企业按照有关标准规定，对建筑以及材料、构件和建筑安装物进行一般鉴定、检查所发生的费用，包括自设试验室进行试验所耗用的材料等费用。不包括新结构、新材料的试验费，对构件做破坏性试验及其他特殊要求检验试验的费用和建设单位委托检测机构进行检测的费用，对此类检测发生的费用，由建设单位在工程建设其他费用中列支。但对施工企业提供的具有合格证明的材料进行检测不合格的，该检测费用由施工企业支付。

⑨工会经费：是指企业按《中华人民共和国工会法》规定的全部职工工资总额比例计提的工会经费。

⑩职工教育经费：是指按职工工资总额的规定比例计提，企业为职工进行专业技术和职业技能培训，专业技术人员继续教育、职工职业技能鉴定、职业资格认定以及根据需要对职工进行各类文化教育所发生的费用。

⑪财产保险费：是指施工管理用财产、车辆等的保险费用。

⑫财务费：是指企业为施工生产筹集资金或提供预付款担保、履约担保、职工工资支付担保等所发生的各种费用。

⑬税金：是指企业按规定缴纳的房产税、车船使用税、土地使用税、印花税等。

⑭其他：包括技术转让费、技术开发费、投标费、业务招待费、绿化费、广告费、公证费、法律顾问费、审计费、咨询费、保险费等。

（5）利润

利润是指施工企业完成所承包工程获得的盈利。

（6）规费

规费是指按国家法律、法规规定，由省级政府和省级有关权力部门规定必须缴纳或计取的费用。内容包括：

①社会保险费。

a. 养老保险费：是指企业按照规定标准为职工缴纳的基本养老保险费。

b. 失业保险费：是指企业按照规定标准为职工缴纳的失业保险费。

c. 医疗保险费：是指企业按照规定标准为职工缴纳的基本医疗保险费。

d. 生育保险费：是指企业按照规定标准为职工缴纳的生育保险费。

e. 工伤保险费：是指企业按照规定标准为职工缴纳的工伤保险费。

②住房公积金：是指企业按规定标准为职工缴纳的住房公积金。

（7）税金

税金是指《中华人民共和国税法》规定的应计入建筑安装工程造价内的增值税、城市维护建设税、教育费附加以及地方教育附加、环境保护税。

2)建筑安装工程费用项目组成(按工程造价形成划分)

建筑安装工程费按照工程造价形成由分部分项工程费、措施项目费、其他项目费、规费、税金组成，分部分项工程费、措施项目费、其他项目费包含人工费、材料费（包含工程设备）、施工机具使用费、企业管理费和利润，如图2.3所示。

（1）分部分项工程费

分部分项工程费是指各专业工程的分部分项工程应予列支的各项费用。

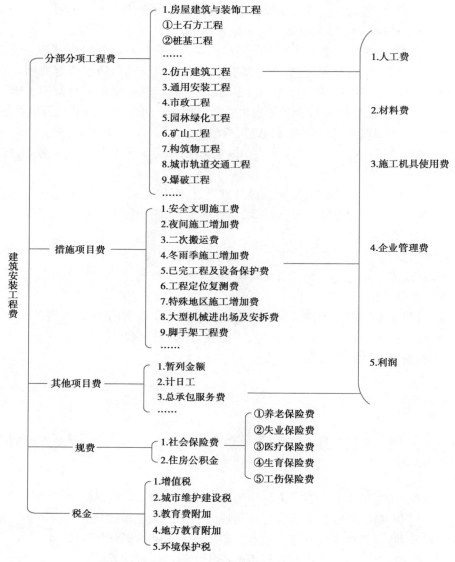

图 2.3　建筑安装工程费构成(按造价形成划分)

①专业工程:是指按现行国家计量规范划分的房屋建筑与装饰工程、仿古建筑工程、通用安装工程、市政工程、园林绿化工程、矿山工程、构筑物工程、城市轨道交通工程、爆破工程等各类工程。

②分部分项工程:是指按现行国家计量规范对各专业工程划分的项目,如房屋建筑与装饰工程划分的土石方工程、地基处理与桩基工程、砌筑工程、钢筋及钢筋混凝土工程等。

各类专业工程的分部分项工程划分见现行国家或行业计量规范。

(2)措施项目费

措施项目费是指为完成建设工程施工,发生于该工程施工前和施工过程中的技术、生活、安全、环境保护等方面的费用。内容包括:

①安全文明施工费:全称是安装防护、文明施工措施费,是指按照国家现行的建筑施工安全、施工现场环境与卫生标准和有关规定,购置和更新施工防护用具及设施、改善安全生产条

件和作业环境所需的费用,内容包括:

a. 环境保护费:是指施工现场为达到环保部门要求所需的各项费用。

b. 文明施工费:是指施工现场文明施工所需的各项费用。

c. 安全施工费:是指施工现场安全施工所需的各项费用。

d. 临时设施费:是指施工企业为进行建设工程施工所必须搭设的生活和生产用的临时建筑物、构筑物和其他临时设施费用。包括临时设施的搭设、维修、拆除、清理费或摊销费等。

②夜间施工增加费:是指因夜间施工所发生的夜班补助费、夜间施工降效、夜间施工照明设备摊销及照明用电等费用。

③二次搬运费:是指因施工场地条件限制而发生的材料、构配件、半成品等一次运输不能到达堆放地点,必须进行二次或多次搬运所发生的费用。

④冬雨季施工增加费:是指在冬季或雨季施工需增加的临时设施、防滑、排除雨雪,人工及施工机械效率降低等费用。

⑤已完工程及设备保护费:是指竣工验收前,对已完工程及设备采取的必要保护措施所发生的费用。

⑥工程定位复测费:是指工程施工过程中进行全部施工测量放线和复测工作的费用。

⑦特殊地区施工增加费:是指工程在沙漠或其边缘地区、高海拔、高寒、原始森林等特殊地区施工增加的费用。

⑧大型机械设备进出场及安拆费:是指机械整体或分体自停放场地运至施工现场或由一个施工地点运至另一个施工地点,所发生的机械进出场运输及转移费用和机械在施工现场进行安装、拆卸所需的人工费、材料费、机械费、试运转费和安装所需的辅助设施费用。

⑨脚手架工程费:是指施工需要的各种脚手架搭、拆、运输费用以及脚手架购置费的摊销(或租赁)费用。

其他措施项目及其包含的内容详见各地方的现行计量计价规范。

(3)其他项目费

①暂列金额:是指建设单位在工程量清单中暂定并包括在工程合同价款中的一笔款项。用于施工合同签订时尚未确定或者不可预见的所需材料、工程设备、服务的采购,施工中可能发生的工程变更、合同约定调整因素出现时的工程价款调整以及发生的索赔、现场签证确认等的费用。

其他项目费

②暂估价:该款项用于施工过程中一定会发生而暂时不能确定价格的项目。包括材料暂估单价、工程设备暂估单价、专业工程暂估价 3 个部分。

③计日工:是指在施工过程中,施工企业完成建设单位提出的施工图纸以外的零星项目或工作所需的费用。

④总承包服务费:是指总承包人为配合、协调建设单位进行的专业工程发包,对建设单位自行采购的材料、工程设备等进行保管以及施工现场管理、竣工资料汇总整理等服务所需的费用。

(4)规费

规费是指按国家法律、法规规定,由省级政府和省级有关权力部门规定必须缴纳或计取的费用。内容包括:

①社会保险费。

a. 养老保险费：是指企业按照规定标准为职工缴纳的基本养老保险费。

b. 失业保险费：是指企业按照规定标准为职工缴纳的失业保险费。

c. 医疗保险费：是指企业按照规定标准为职工缴纳的基本医疗保险费。

d. 生育保险费：是指企业按照规定标准为职工缴纳的生育保险费。

e. 工伤保险费：是指企业按照规定标准为职工缴纳的工伤保险费。

②住房公积金：是指企业按照规定标准为职工缴纳的住房公积金。

（5）税金

税金是指国家税法规定的应计入建筑安装工程造价内的增值税、城市维护建设税、教育费附加以及地方教育附加、环境保护税。

2.1.2 工程造价计价的概念及特点

1）工程造价计价的概念

建设工程造价计价就是计算和确定建设项目的工程造价，简称工程计价，也称工程估价。具体是指工程造价人员在项目实施的各个阶段，根据各个阶段的不同要求，遵循计价原则和程序，采用科学的计价方法，对投资项目最可能实现的合理价格作出科学的计算，从而确定投资项目的工程造价，编制工程造价的经济文件。

由于工程造价具有大额性、个别差异性、动态性、层次性及兼容性等特点，因此工程计价的内容、方法及表现形式各不相同。业主或其委托的咨询单位编制的工程项目投资估算、设计概算、咨询单位编制的标底、承包商及分包商提出的报价，都是工程计价的不同表现形式。

2）工程造价计价的特点

建设项目具有产品体积庞大、产品固定而生产流动、生产周期长等特性，这些特性决定了工程造价及其计价具有的特点。

工程造价计价
的特点

（1）组合性

这一特性和建设项目的组成有关。建设项目是一个综合体，它可以从大到小分解为许许多多有内在联系的单项工程、单位工程、分部工程、分项工程。这种组合性决定了其计价过程也是分部组合而成的：分项工程造价组合成分部工程造价，分部工程造价组合成单位工程造价，单位工程造价组合成单项工程造价，单项工程造价组合成建设项目总造价。就建筑工程来说，其包括的单位工程有一般土建工程、给排水工程、电气照明工程、室外环境与道路工程以及单独承包的建筑装饰工程等。若将单位工程进行细分，它又是由许多结构构件、部件、成品与半成品等所组成的。以一般土建单位工程为例，它可以按照施工顺序细分为土石方工程、砖石砌筑工程、混凝土及钢筋混凝土工程、木结构工程、楼地面工程等分部工程。而这些分部工程又是由不同的建筑安装工人利用不同工具和材料通过不同的分项工程来完成的。

（2）大额性

由于建筑产品实物形体庞大，尤其是现代建筑产品更是具有建设规模日趋庞大，组成结构日趋复杂化、多样化，资金密集、建设周期长等特点。因此，建筑产品在建设中消耗资源多，造价高昂。其中，特大型建设项目的工程造价可达数十亿、上百亿甚至上千亿元人民币。因此,工程造价具有大额性。

（3）单件性

任何一个建筑产品都有其特定的用途、功能、建设规模和建设地点,使每项工程的建设内容、产品的实物形态等诸多方面千差万别,不重复,具有唯一性。产品的唯一性决定了计价的单件性,尤其是每项工程所处的建设地区、地段不同,使得建筑产品计价的单件性更加突出。

（4）动态性

建筑产品的固定性、生产的流动性、费用的变异性和建设周期长等特点决定了计价具有动态性。项目在不同的建设地点和较长的建设周期内,工程造价将受到材料价格、工资标准、地区差异及汇率变化等多种因素的影响,始终处于不确定的状态,直至工程竣工决算后才能最终确定工程的实际造价。

（5）多次性

建筑产品的建设规模庞大、组成结构复杂、建设周期长,在工程建设中消耗资源多、造价高昂,从项目的可行性论证到竣工验收、交付使用的整个过程需要按建设程序决策和分阶段实施。因此,建筑产品的计价也需要在不同建设阶段多次计价,以保证工程造价计算的准确性、科学性和有效性。对大型建设项目,工程多次计价示意图如图 2.4 所示。

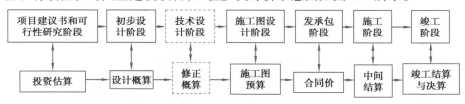

图 2.4　工程多次计价示意图

①投资估算。投资估算是指在项目建议书和可行性研究阶段,根据投资估算指标、类似工程的造价资料、现行的设备材料价格并结合工程实际情况,对拟建项目的投资进行预测和确定。投资估算是判断项目可行性、进行项目决策的主要依据之一,也是项目决策筹资和控制造价的主要依据。

②概算造价。概算造价是指在初步设计阶段,根据初步设计意图和有关概算定额或概算指标等因素,通过编制工程概算文件,预先测算和限定的工程造价。概算造价与投资估算造价相比准确性有所提高,但应在投资估算造价控制范围内,并且是控制拟建项目投资的最高限额。概算造价可分为建设项目概算总造价、单项工程概算和单位工程概算造价 3 个层次。

③修正概算造价。修正概算造价是指采用三阶段设计时,在技术设计阶段,随着对初步设计的深化,建设规模、结构性质、设备类型等方面可能要进行必要的修改和变动的工程造价。因此,初步设计概算随之需要做必要的修正和调整。但一般情况下,修正概算造价不能超过概算造价。

④预算造价。预算造价又称为施工图预算,是指在施工图设计阶段,根据施工图纸以及各种计价依据和有关规定计算的工程预期造价。它比概算造价或修正概算造价更为详尽和准确,但不能超过设计概算造价。

⑤合同价。合同价是指在工程招投标阶段,在签订总承包合同、建筑安装工程施工承包合同、设备材料采购合同时,由发包方和承包方共同协商一致作为双方结算基础的工程合同价格。合同价属于市场价格的性质,它是由承发包双方根据市场行情共同议定和认可的成交

价格,但它并不等同于最终决算的实际工程造价。

⑥结算价。结算价是指在合同实施阶段,以合同价为基础,同时考虑影响工程造价的设备与材料价差、工程变更等因素,按合同规定的调价范围和调价方法对合同价进行必要的修正和调整后确定的价格。

⑦实际造价。实际造价是指在工程竣工验收阶段,根据工程建设过程中实际发生的全部费用,通过编制竣工决算,最终确定的建设项目实际工程造价。

（6）方法多样性

工程造价的多次性计价有不同的计价依据,对造价的精确度要求也不相同,这就决定了计价方法有多样性的特征。如计算概、预算造价有单价法和实物法等方法,计算投资估算有设备系数法、生产能力指数估算法等方法。不同的方法利弊不同,适应条件也不同,计价时要根据具体情况进行选择。

2.1.3 工程造价计价的依据

所谓工程造价计价的依据,是用以计算工程造价的基础资料总称,包括工程定额,人工、材料、机械台班及设备单价,工程量清单,工程造价指数,工程量计算规则,以及政府主管部门发布的有关工程造价的经济法规、政策等。工程的多次计价有各自不同的计价依据,由于影响造价的因素多,决定了计价依据的复杂性。计价依据主要分为以下几类:

工程造价计价的依据

①设备和工程量计算依据。包括项目建议书、可行性研究报告、设计文件、相关工程量计算规则和规范等。

②人工、材料、机械等实物消耗量计算依据。包括投资估算指标、概算定额、预算定额、消耗量定额等。

③工程单价计算依据。包括人工单价、材料价格、材料运杂费、机械台班费、概算定额、预算定额等。

④设备单价计算依据。包括设备原价、设备运杂费、进口设备关税等。

⑤措施费、间接费和工程建设其他费用计算依据。主要是相关的费用定额和指标。

⑥政府规定的税费。

⑦物价指数和工程造价指数等工程造价信息资料。

工程计价依据的复杂性不仅使计算过程复杂,而且需要计价人员熟悉各类依据,并加以正确应用。

2.2 工程造价计价模式

目前,我国处于工程定额计价模式和工程量清单计价模式双轨并存的状态。其中,工程定额计价模式是一种传统的计价模式,在我国有较为悠久的历史。工程量清单计价作为一种新兴的计价方式,在我国仅有20多年的历史。工程量清单计价作为一种市场价格的形成机制,主要使用在工程招投标和结算阶段。

工程造价计价模式

2.2.1　建设工程定额计价模式

建设工程定额计价模式是我国长期以来在工程价格形成中采用的计价模式,是国家通过颁布统一的估算指标、概算定额、预算定额和相应的费用定额,对建筑产品价格有计划地进行管理的一种方式。在计价中以定额为依据,按定额规定的分部分项子目,逐项计算工程量,套用定额单价(或单位估价表)确定直接费,然后按规定取费标准确定构成工程价格的其他费用和利税,获得建筑安装工程造价。建设工程概预算书是指根据不同设计阶段设计图纸和国家规定的定额、指标及各项费用取费标准等资料,预先计算的新建、扩建、改建工程的投资额的技术经济文件。由建设工程概预算书所确定的每一个建设项目、单项工程或单位工程的建设费用,实质上就是相应工程的计划价格。

长期以来,我国发承包计价以工程(概)预算定额为主要依据。因为工程概预算定额是我国几十年计价实践的总结,具有一定的科学性和实践性,所以用这种方法计算和确定工程造价过程简单、快速且比较准确,也有利于工程造价管理部门的管理。但预算定额是按照计划经济的要求制定、发布、贯彻执行的,定额中工、料、机的消耗量是根据"社会平均水平"来综合测定的,费用标准是根据不同地区平均测算的,因此,企业采用这种模式报价时就会表现为平均主义,企业不能结合项目具体情况、自身技术优势、管理水平和材料采购渠道、价格进行自主报价,不能充分调动企业加强管理的积极性,也不能充分体现公平竞争的基本原则。

2.2.2　工程量清单计价模式

工程量清单计价模式是建设工程招投标中,按照国家统一的工程量清单计价规范,招标人或其委托的有资质的咨询机构编制反映工程实体消耗和措施消耗的工程量清单,并作为招标文件的一部分提供给投标人,由投标人依据工程量清单,根据各种渠道所获得的工程造价信息和经验数据,结合企业定额自主报价的计价方式。

工程量清单是在 19 世纪 30 年代产生的,西方国家把计算工程量、提供工程量清单专业化作为业主估价师的职责,所有的投标都要以业主提供的工程量清单为基础,从而使得最后的投标结果具有可比性。我国工程量清单的研究起步较晚,2003 年 2 月建设部发布国家标准《建设工程工程量清单计价规范》(GB 50500—2003),要求自 2003 年 7 月 1 日起实施,但是由于我国建筑市场运行不规范以及投资体制等方面的原因,加之工程量清单计价处于理论研究与实践相结合的初步阶段,从而导致在推行过程中出现了不少问题。

随着时间的推移,我国工程量清单的研究工作不断完善,住房和城乡建设部在总结推行"03 规范"的经验和不足的基础上,进一步修改和完善了"03 规范",于 2008 年 7 月发布了《建设工程工程量清单计价规范》(GB 50500—2008),表明工程量清单计价模式在我国正走向成熟,它对规范工程建设参与各方的计价行为,建立公平、公正的市场竞争秩序产生了重要影响。2013 年,《建设工程工程量清单计价规范》(GB 50500—2013)的发布和实施进一步推动了工程量清单计价在我国的发展和普及,极大地规范了建筑市场,有效地促进了我国建筑行业的发展。

我国现行建设行政主管部门发布的工程预算定额消耗量和有关费用及相应价格是按照社会平均水平编制的,以此为依据形成的工程造价基本上属于社会平均价格。这种平均价格可作为市场竞争的参考价格,但不能充分反映参与竞争企业的实际消耗和技术管理水平,在一定程度上限制了企业的公平竞争。采用工程量清单计价,能够反映出承建企业的工程个别成本,有利于企业自主报价和公平竞争;同时,实行工程量清单计价,工程量清单作为招标文件和合同文件的重要组成部分,对规范招标人的计价行为,在技术上避免招标弄虚作假和暗箱操作及保证工程款的支付结算都起着重要作用。

本章小结

　　本章对建设工程造价基本知识进行了讲解,主要介绍工程造价的含义、计价特点、计价依据等,讲述了定额计价模式、工程量清单计价模式的概念及区别。通过以上内容,使读者对建设工程造价基本知识有一个初步的认识。

课后习题

　　1.简述广义和狭义工程造价的区别。
　　2.工程造价计价的特点有哪些?
　　3.工程造价计价的依据有哪些?
　　4.简述工程量清单计价模式的含义。

3 装配式建筑定额原理

【知识目标】

(1)了解不同种类的工程计价依据;

(2)掌握建筑安装工程人工、材料、机械台班定额消耗量的确定方法;

(3)掌握建筑安装工程人工、材料、机具台班单价的确定方法;

(4)熟悉工程计价定额;

(5)了解工程造价信息累积的相关知识。

【能力目标】

(1)能根据不同的情况选择合适的计价依据;

(2)能进行简单的人工、材料、机械台班定额消耗量的计算;

(3)能进行简单的人工、材料、机具台班单价的计算;

(4)能对已有的工程造价信息进行整理、利用。

【素质目标】

(1)培养学生耐心、细致、一丝不苟的工作作风,严谨求实的工作态度;

(2)严守造价人员的职业操守,不多算、不漏算,实事求是。

3.1 定额的作用及分类

定额是在进行生产经营活动时,在人力、物力、财力消耗方面所应遵守或达到的数量标准。在装配式建筑生产中,为了完成建筑产品,必须消耗一定数量的劳动力、材料和机械台班以及相应的资金,在一定的生产条件下,用一定的方法制定生产质量合格的单位建筑产品所需的劳动力、材料和机械台班等的数量标准,即装配式建筑工程定额。

3.1.1 定额的作用

在工程项目的计划、设计和施工中,工程定额具有以下几个方面的作用:

1)定额是编制计划的基础

工程建设活动需要编制各种计划来组织与指导生产,计划编制中需要各种

定额的作用

定额来作为计算人力、物力、财力等资源需要量的依据。

2)定额是确定工程造价的依据和评价设计方案经济合理性的尺度

工程造价是根据由设计规定的工程规模、工程数量及相应需要的劳动力、材料、机械设备消耗量及其他必须消耗的资金确定的。其中,劳动力、材料、机械设备的消耗量可根据定额计算,定额成为确定工程造价的依据之一。同时,建设项目投资的大小又反映了各种不同设计方案技术经济水平的高低,因此定额又是比较和评价设计方案经济合理性的尺度。

3)定额是组织和管理施工的工具

建设工程项目管理中,需要计算、平衡资源需要量,组织材料供应,调配劳动力,签发任务单,组织劳动竞赛,调动人的积极因素,考核工程消耗和劳动生产率,贯彻按劳分配工资制度,计算工人报酬等,都可以利用定额。企业定额成为建筑企业组织和管理施工的工具。

4)定额是总结先进生产方法的手段

定额是在平均先进的条件下,通过对生产流程的观察、分析、综合等过程制定的,它可以最严格地反映生产技术和劳动组织的先进合理程度。可以以定额方法为手段,对同一产品在同一操作条件下的不同生产方法进行观察、分析和总结,从而得到一套比较完整的、优良的生产方法,作为在施工生产中推广的范例。

3.1.2 定额的特点

在工程项目的计划、设计和施工中,工程定额具有以下几个特点:

1)科学性

工程定额的科学性包含两重含义:一重含义是指工程定额和生产力发展水平相适应,反映工程建设中生产消费的客观规律;另一重含义是指工程定额管理在理论、方法和手段上适应现代科学技术和信息社会发展的需要。

工程定额的科学性,首先表现在用科学的态度制定定额,尊重客观实际,力求定额水平合理;其次表现在制定定额的技术方法上,利用现代科学管理的成就,形成一套系统、完整、在实践中行之有效的方法;最后表现在定额制定和贯彻的一体化。制定定额是为了提供贯彻的依据,贯彻是为了实现管理的目标,也是对定额信息的反馈。

2)系统性

工程定额是相对独立的系统。它是由多种定额结合而成的有机整体,其结构复杂、层次鲜明、目标明确。

工程定额的系统性是由工程建设的特点决定的。按照系统论的观点,工程建设就是庞大的实体系统。工程定额是为这个实体系统服务的。因而工程建设本身的多种类、多层次决定了以它为服务对象的工程定额的多种类、多层次。从整个国民经济来看,进行固定资产生产和再生产的工程建设,是一个有多项工程集合体的整体。其中,包括农林水利、轻纺、机械、煤炭、电力、石油、冶金、化工、建材、交通运输、邮电工程,以及商业物资、科学教育文化、卫生体育、社会福利和住宅工程等。这些工程的建设又有严格的项目划分,如建设项目、单项工程、单位工程、分部分项工程;在计划和实施过程中有严密的逻辑阶段,如规划、可行性研究、设计、施工、竣工交付使用,以及投入使用后的维修。与此相适应的必然形成工程定额的多种类、多层次。

3）统一性

工程定额的统一性主要是由国家对经济发展的有计划的宏观调控职能决定的。为了使国民经济按照既定的目标发展,就需要借助某些标准、定额、参数等,对工程建设进行规划、组织、调节和控制。

工程定额的统一性按照其影响力和执行范围来看,有全国统一定额、地区统一定额和行业统一定额等;按照定额的制定、颁布和贯彻使用来看,有统一的程序、统一的原则、统一的要求和统一的用途。

我国工程定额的统一性与工程建设本身的巨大投入和巨大产出有关。它对国民经济的影响不仅表现在投资的总规模和全部建设项目的投资效益等方面,还表现在具体建设项目的投资数额及其投资效益方面。

4）指导性

随着我国建设市场的不断成熟和规范,工程定额尤其是统一定额原具备的指令性特点逐渐弱化,转而成为对整个建设市场和具体建设产品交易的指导作用。

工程定额指导性的客观基础是定额的科学性。只有科学的定额才能正确地指导客观的交易行为。工程定额的指导性体现在两个方面:一方面工程定额作为国家各地区和行业颁布的指导性依据,可以规范建设市场的交易行为,在具体的建设产品定价过程中可以起到相应的参考性作用,同时统一定额还可以作为政府投资项目定价以及造价控制的重要依据;另一方面,在现行的工程量清单计价方式下,体现交易双方自主定价的特点,投标人报价的主要依据是企业定额,但企业定额的编制和完善仍然离不开统一定额的指导。

5）稳定性和时效性

工程定额中的任何一种都是一定时期技术发展和管理水平的反映,因而在一段时间内都表现出稳定的状态。稳定的时间有长有短,一般在 5 ~ 10 年。保持定额的稳定性是维护定额的指导性所必须的,更是有效贯彻定额所必要的。如果某种定额处于经常修改变动之中,那么必然造成执行中的困难和混乱,很容易导致定额指导作用的丧失。工程定额的不稳定也会给定额的编制工作带来极大的困难。

但是工程定额的稳定性是相对的。当生产力向前发展时,定额就会与生产力不匹配。这样,它原有的作用就会逐步减弱以致消失,需要重新编制或修订。

3.1.3　定额的分类

定额的分类

根据不同的分类依据,定额可分为不同的类型,如图 3.1 所示。

1）按定额反映的生产要素消耗内容分

按定额反映的生产要素消耗内容分,可分为劳动消耗定额、机械消耗定额和材料消耗定额 3 种。

（1）劳动消耗定额

劳动消耗定额简称劳动定额,也称人工定额,指完成一定数量的合格产品(工程实体或劳务)规定的劳动消耗的数量标准。劳动定额大多采用工作时间消耗量来计算劳动消耗的数量。劳动定额的主要表现形式是时间定额,但同时也是产量定额。时间定额与产量定额互为倒数。

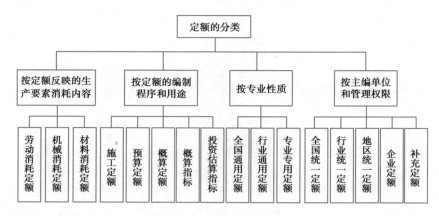

图 3.1　定额分类图

（2）机械消耗定额

机械消耗定额又称为机械台班定额，是以一台机械一个工作台班为计量单位。机械消耗定额是指为完成一定数量的合格产品（工程实体或劳务）所规定的施工机械消耗的数量标准。机械消耗定额的主要表现形式是机械时间定额，同时也是产量定额。

（3）材料消耗定额

材料消耗定额简称材料定额，是指完成一定数量的合格产品所需消耗材料的数量标准。

材料是工程建设中使用的原材料、成品、半成品、构配件、燃料以及水、电等动力资源的统称。材料作为劳动对象构成工程的实体，需用数量很大，种类繁多。因此，材料消耗的多少、消耗是否合理，对建设工程项目投资、建筑产品成本控制起决定性影响。

2）按定额的编制程序和用途分

按定额的编制程序和用途分，可分为施工定额、预算定额、概算定额、概算指标、投资估算指标 5 种。

（1）施工定额

施工定额是以同一性质的施工工程或工序为测定对象，确定建筑安装工人在正常施工条件下，为完成单位合格产品所需劳动、机械、材料消耗的数量标准。建筑安装企业定额一般称为施工定额。施工定额是施工企业直接用于建筑工程施工管理的一种定额。施工定额由劳动定额、材料消耗定额、机械台班定额组成，是最基本的定额，也是施工企业进行科学管理的基础。施工定额主要用于工程的直接施工管理，以及作为编制工程施工设计、施工预算、施工作业计划，签发施工任务单、限额领料卡及结算计件工资或计量奖励工资的依据，也是编制预算定额的基础。

（2）预算定额

预算定额是以分部分项工程和结构构件为对象编制的定额。其内容包括劳动定额、机械台班定额、材料消耗定额 3 个基本部分，是一种计价性定额。从编制程序上看，预算定额是以施工定额为基础综合扩大编制的，它是编制概算定额的基础，是招投标活动中合理编制招标控制价（标底）、投标报价的基础，同时也是编制建筑安装施工图预算和确定工程造价的依据，起控制劳动消耗、材料消耗和机械台班使用的作用。

（3）概算定额

概算定额是以扩大分项工程或扩大结构构件为对象编制的，是计算和确定劳动、机械台班、材料消耗量所使用的定额,也是一种计价性定额。它是在预算定额的基础上,根据有代表性的建设工程通用图和标准图等资料,进行综合扩大和合并而成。因此,建设工程概算定额也称为"扩大结构定额"。概算定额是编制扩大初步设计概算、确定项目投资额的依据。概算定额的项目划分粗细与扩大初步设计的深度相适应,每一综合分项概算定额都包括数项预算定额。

(4)概算指标

概算指标是以整个建筑物或构筑物为对象,以更为扩大的计量单位编制的。概算指标的内容包括劳动、机械台班、材料定额 3 个部分,同时还列出了各结构分部的工程量及单位建筑工程(以体积计或以面积计)的造价,是一种计价定额。概算指标是在概算定额的基础上进一步综合扩大,以 100 m^2 建筑面积为单位,构筑物以座为单位,规定所需人工、材料及机械台班消耗量及资金的定额指标,故称为扩大结构定额。概算指标作为编制投资估算的参考,是设计单位进行设计方案比较、建设单位选址的一种依据;是编制固定资产投资计划、确定投资额和主要材料计划的主要依据。其中,主要材料指标可作为匡算主要材料用量的依据。

(5)投资估算指标

投资估算指标是在项目建议书和可行性研究阶段编制投资估算、计算投资需要量时使用的一种定额。它非常概略,往往以独立的单项工程或完整的工程项目为计算对象,编制内容是所有项目费用之和。其概略程度与可行性研究阶段相适应。投资估算指标往往根据历史的预、决算资料和价格变动等资料编制,但其编制基础仍然离不开预算定额和概算定额。其作用是为项目决策和投资控制提供依据。投资估算指标比其他各种计价定额具有更大的综合性和概括性。

上述各种定额间的关系见表 3.1。

表 3.1　各种定额间的关系

定额分类	施工定额	预算定额	概算定额	概算指标	投资概算指标
对象	施工过程或基本工序	分项工程或结构构件	扩大的分项工程或扩大的结构构件	单位工程	建设项目、单项工程、单位工程
用途	编制施工预算	编制施工图预算	编制扩大初步设计概算	编制初步设计概算	编制投资估算
项目划分	最细	细	较粗	粗	很粗
定额水平	平均先进	平均	平均	平均	平均
定额性质	生产性定额	计价性定额			

3)按专业性质分

按专业性质分,可分为全国通用定额、行业通用定额和专业专用定额 3 种。全国通用定额是指在部门间和地区间都可以使用的定额;行业通用定额是指具有专业特点,在行业部门内可以通用的定额;专业专用定额是特殊专业的定额,只能在指定的范围内使用。

4)按主编单位和管理权限分

按主编单位和管理权限分,可分为全国统一定额、行业统一定额、地区统一定额、企业定额、补充定额 5 种。

（1）全国统一定额

全国统一定额是由国家建设行政主管部门，综合全国工程建设中建设和施工组织管理情况编制的，并在全国范围内执行的定额。

（2）行业统一定额

行业统一定额是结合各行业部门专业工程技术特点以及施工生产的管理水平编制的，只在本行业和相同专业性质的范围内使用的定额。

（3）地区统一定额

地区统一定额主要是考虑地区性特点和全国统一定额水平作适当调整和补充编制的，包括省、自治区、直辖市的定额。

（4）企业定额

企业定额是由施工企业考虑本企业具体情况，参照国家、部门或地区定额的水平编制的。只在企业内部使用，它是企业素质的一个标志。企业定额水平一般应高于国家现行定额，才能满足生产技术发展、企业管理和市场竞争的需要。在工程量清单方式下，企业定额正发挥着越来越大的作用。

（5）补充定额

补充定额是指随着设计、施工技术的发展，在现行定额不能满足需要的情况下，为了补充缺陷所编制的定额。它只能在指定的范围内使用，可作为以后修订定额的基础。

3.2　建筑安装工程人工、材料、机械台班定额消耗量确定方法

3.2.1　施工过程

施工过程是在建设工地范围内所进行的生产过程。每个施工过程结束，将获得一定的产品。

根据施工过程组织上的复杂程度，可分解为工序、工作过程和综合工作过程。

（1）工序

工序是组织上不可分割的，操作过程中技术上属于同类施工过程。工序的特征：工作者不变，劳动对象、劳动工具和工作地点也不变。如果有一项改变，说明由一项工序转入另一项工序。如钢筋制作，由平直、除锈、切断和弯曲等工序组成。编制施工定额时，工序是基本的施工过程，是主要的研究对象。测定定额时，只需分解到工序。工序可以一个人完成，也可以几个人协同完成；在机械化施工工序中，包括工人完成的操作和机器完成的工作两个部分。

（2）工作过程

工作过程是同一工人或同一小组完成的在技术操作上相互有机联系的工序总和。特点是人员编制不变、工作地点不变，而材料和工具可以变换，如砌墙与勾缝。

（3）综合工作过程

综合工作过程是同时进行的，在组织上有机联系在一起的，最终能获得一种产品的施工过程的总和。如浇筑混凝土，由调制、运送、浇灌和捣实等过程组成。

3.2.2 工作时间分类

1）工人工作时间消耗的分类

工人工作时间消耗的分类如图 3.2 所示。工人在工作班内消耗的工作时间分为必需消耗的时间和损失时间。

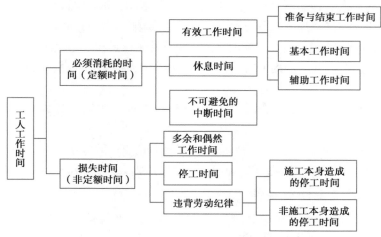

图 3.2　工人工作时间分类图

必需消耗的时间是在正常施工条件下，完成一定产品所消耗的时间，是制定定额的主要根据。

损失时间是与施工组织和技术上的缺点有关，与工人在施工中的过失或偶然因素有关的时间消耗。这部分时间不包括在定额中。

2）机械工作时间消耗的分类

机械工作时间消耗的分类如图 3.3 所示。同样，必需消耗的时间是正常施工条件下，完成一定产品所消耗的时间，是制定定额的主要根据。损失时间不包括在定额中。

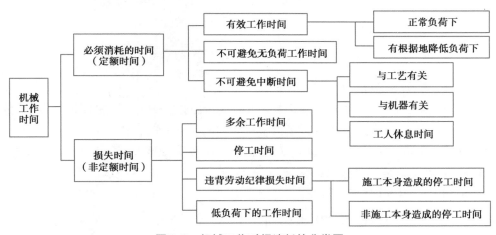

图 3.3　机械工作时间消耗的分类图

3.2.3 确定人工消耗量的基本方法

测定人工消耗量主要使用计时观察法,也称为现场观察法,是以研究工时消耗为对象,以观察测时为手段,通过抽样等技术进行直接的时间研究。

计时观察法为制定定额提供基础数据。计时观察法对施工过程进行观察、测时,计算实物和劳务产量,记录施工过程所处的施工条件和确定影响工时消耗的因素,通过时间测定方法得出相应的观测数据,经加工整理计算后得到制定定额所需的时间。

计时测定的方法有很多,主要有测时法、写实记录法和工作日写实法3种。

测时法主要适用于测定定时重复的循环工作的工时消耗,是精确度较高的计时观察方法。

写实记录法用普通表进行,详细记录在一段时间内观察对象的各种活动及其时间消耗,以及完成的产品数量。

工作日写实法是一种研究整个工作班内的各种工时消耗的方法。

编制人工定额主要包括拟定正常的施工作业条件和拟定施工作业的定额时间两项工作。

1)拟定正常的施工作业条件

拟定正常的施工作业条件就是要规定执行定额时应该具备的条件,正常条件若不能满足,则可能达不到定额中的劳动消耗量标准。

拟定正常施工的条件包括拟定施工作业的内容、拟定施工作业的方法、拟定施工作业地点的组织、拟定施工作业人员的组织等。

2)拟定施工作业的定额时间

拟定施工作业的定额时间是在拟定基本工作时间、辅助工作时间、准备与结束时间、不可避免的中断时间,以及休息时间的基础上编制的。

根据时间定额可以计算产量定额,它们互为倒数。

$$工序作业时间=基本工作时间+辅助工作时间=\frac{基本工作时间}{1-辅助时间(\%)}$$

$$规范时间=准备与结束工作时间+不可避免的中断时间+休息时间$$

$$定额时间=\frac{工序作业时间}{1-规范时间(\%)}$$

3)劳动时间定额与产量定额的计算

时间定额是指生产单位合格产品消耗的时间。时间定额以工日为计量单位,具体为工日/m^3、工日/m^2、工日/t 等。产量定额是指单位时间内应完成的合格产品的数量。

【例3.1】 某建设项目的土方工程开挖基槽的土方量为600 m^3,需30名工人施工4.1天才能完成,计算该土方工程的时间定额。

解 30×4.1 工日=123 工日

$$时间定额=\frac{123}{600}工日/m^3=0.205 \ 工日/m^3$$

产量定额通常以自然单位或物理单位表示,如 m^2/工日、m^3/工日、t/工日、台/工日、套/工日等。

【例3.2】 某砌筑工程有140 m^{3}两砖厚混凝土外墙,由11人组成的砌筑小组需施工15天才能完成,计算该砌筑工程的产量定额。

解 11×15 工日=165 工日

$$产量定额=\frac{140}{165}m^3/工日=0.848\ m^3/工日$$

3.2.4 确定机械台班定额消耗量的基本方法

1)拟定机械工作的正常施工条件

该条件包括工作地点的合理组织、施工机械作业方法的拟定、确定配合机械作业的施工小组的组织以及机械工作班制度等。

2)确定机械净工作效率

确定机械净工作效率即确定机械纯工作一小时的正常生产率。

如果机械工作一次循环的正常延续时间用分钟计量,则

$$机械纯工作一小时循环次数=\frac{60}{一次循环的正常延续时间}$$

$$\begin{matrix}机械纯工作一小时\\正常生产率\end{matrix}=机械纯工作一小时循环次数×一次循环生产的产品数量$$

3)确定机械的正常利用系数

确定机械的正常利用系数是指机械在施工作业班内对作业时间的利用率。

$$机械利用系数=\frac{工作班净工作时间}{机械工作班时间}$$

4)计算施工机械定额台班

$$施工机械定额台班=机械纯工作时间的生产率×工作班延续时间×机械利用系数$$

5)时间定额

$$施工机械台班时间定额=\frac{1}{施工机械台班产量定额}$$

6)拟定工人小组的定额时间

拟定工人小组的定额时间是指配合施工机械作业的工人小组的工作时间总和。

$$工人小组定额时间=施工机械时间定额×工人小组的人数$$

【例3.3】 某出料容量500 L的搅拌机,每次循环中,装料、搅拌、卸料、中断需要的时间分别为1,3,1,1 min,机械正常利用系数为0.9,求该机械的台班产量定额。

解 该机械一次循环的正常延续时间=(1+3+1+1)min=6 min=0.1 h

该机械纯工作一小时的循环次数=10 次

该机械纯工作一小时的正常生产率=10×500 L=5 000 L=5 m^3

该机械的台班产量定额=(5×8×0.9)m^3/台班=36 m^3/台班

3.2.5　确定材料消耗量的基本方法

1）材料的分类

（1）根据材料消耗的性质划分

施工中的材料可分为必需的材料消耗和损失的材料两种。

必须的材料消耗是指在合理用料的情况下，合格产品所需消耗的材料。包括直接用于建筑安装工程的材料、不可避免的施工废料及不可避免的材料损耗。

直接用于建筑安装工程的材料，编制材料净用量定额；不可避免的施工废料和材料损耗，编制材料损耗定额。

（2）根据材料的使用次数划分

根据材料的使用次数不同，建筑安装材料可分为非周转性材料和周转性材料两种。

非周转性材料也称为直接性材料，是指施工中一次性消耗并直接构成工程实体的材料，如砖、瓦、灰、砂、石、钢筋、水泥、工程用木材等材料。

周转性材料也称为工具性材料，是指在施工过程中能多次使用、反复周转但并不构成工程实体的材料，如模板、活动支架、脚手架、支撑、挡土板等材料。

（3）根据材料消耗与工程实体的关系划分

施工中的材料可分为实体材料和非实体材料两大类。

实体材料是指直接构成工程实体的材料，包括主要材料和辅助材料。主要材料用量大，辅助材料用量少。

非实体材料是指在施工中必须使用但又不能构成工程实体的施工措施性材料。非实体材料主要是指周转性材料，如模板、脚手架等。

2）确定材料消耗量的基本方法

确定实体材料的净用量定额和材料损耗定额的计算数据，通过现场技术测定、实验室试验、现场统计和理论计算等方法获得。

①利用现场技术测定法，主要是编制材料损耗定额，也可以为编制材料净用量定额提供参考数据。其优点是能通过现场观察、测定，取得产品产量和材料消耗的情况，为编制材料定额提供技术依据。

②利用实验室试验法，主要是编制材料净用量定额。通过试验，能够对材料的结构、化学成分和物理性能以及按强度等级控制的混凝土、砂浆配合比作出科学的结论，为编制材料消耗定额提供有技术根据的、比较精确的计算数据。

③采用现场统计法，是通过对现场进料、用料的大量统计资料进行分析计算，获得材料消耗的数据。这种方法由于不能分清材料消耗的性质，因此不能作为确定材料净用量定额和材料损耗定额的依据。

④理论计算法，是运用一定的数学公式计算材料消耗定额。

3）理论计算法的应用

（1）非周转材料

$$材料消耗量 = 材料净用量 \times (1 + 材料损耗率)$$

【**例3.4**】 计算240 mm厚标准砖外墙每立方米砖和砂浆的总消耗量。其中,灰缝宽为10 mm,砖和砂浆损耗率均为1%。

解 每立方米标准砖外墙砖净用量为:

$$净用量=\frac{1\times2}{(0.24+0.01)\times(0.053+0.01)\times0.24}块=529.1块$$

$$总耗用量=529.1块\times(1+1\%)=534.29块$$

每立方米标准砖外墙砂浆净用量为:

$$净用量=(1-529.1\times0.24\times0.115\times0.053)m^3=0.226 m^3$$

$$总消耗量=0.266 m^3\times(1+1\%)=0.228 m^3$$

(2)周转性材料

周转性材料的消耗量应按照多次使用、分次摊销、计算摊销量的方法确定。摊销量是指周转性材料使用一次在单位产品上的消耗量,即应分摊到每一单位分项工程或结构构件上的周转性材料消耗量。摊销量与下面4个因素有关:

①一次使用量:第一次投入使用时的材料数量,主要用于建设单位和施工单位申请备料和编制施工作业计划,可根据构件施工图与施工验收规范计算。

②损耗率:又称为平均每次周转补损率,是指材料在第二次和以后各次周转中,因损坏不能复用而另外补充的数量占一次使用量的百分比。损耗率可采用统计法和观测法确定。

③周转次数:可根据施工情况和过去的经验确定。

④回收量:每周转一次平均可以回收材料的数量,这部分数量应从摊销量中扣除。

下面以混凝土模板为例进行周转材料消耗量计算的讲解。

①一次使用量计算。根据选定的典型构件,按混凝土与模板的接触面积计算模板工程量,然后按下式计算一次使用量:

一次使用量=每立方米混凝土构件的模板接触面积×每平方米接触面积需要的模量

②周转使用量。周转使用量是指平均每周转一次的模板用量。工程项目施工是分阶段进行的,模板也需多次周转使用,综合考虑模板的周转次数和每次周转所发生的损耗量等因素,才能准确计算生产一定计量单位混凝土工程的模板周转使用量。

$$周转使用量=\frac{一次使用量+一次使用量\times(周转次数-1)\times损耗率}{周转次数}$$

③回收量计算。周转性材料在最后一次使用完毕后,还可回收一部分,这部分称为回收量。

$$回收量=\frac{一次使用量\times(1-损耗率)}{周转次数}$$

回收材料是经过多次使用的旧材料,其价值低于原来的价值。因此,还需规定一个折价率,一般为50%。同时,周转性材料在使用过程中施工单位均要投入人力、物力组织和管理修补工作,此时需额外支付管理费。为了补偿此项费用和简化计算,一般采用减少回收量、增加摊销量的做法。具体做法为设定一个回收系数,其计算式为:

$$回收系数=\frac{回收折价率}{1+施工管理费率}$$

④摊销量计算。

$$摊销量 = 周转使用量 - 回收量 \times 回收系数$$

【例 3.5】 已知某工程混凝土柱每立方米模板接触面积为 $4.3\ m^2$,每平方米模板接触面积需用板材 $0.085\ m^3$,模板周转 6 次,每次周转损耗率为 17.4%,施工管理费率为 17.5%。试计算该工程的模板周转使用量、回收量和摊销量。

解 一次使用量:$4.3 \times 0.085\ m^3 = 0.365\ 5\ m^3$

周转使用量:$[\,0.365\ 5 + 0.365\ 5 \times (6-1) \times 17.4\%\,]\ m^3 / 6 = 0.113\ 9\ m^3$

回收量:$[\,0.365\ 5 - 0.365\ 5 \times 17.4\%\,]\ m^3 / 6 = 0.050\ 3\ m^3$

摊销量:$0.113\ 9\ m^3 - 0.050\ 3 \times [\,50\% / (1+17.5\%)\,]\ m^3 = 0.093\ m^3$

3.3 建筑安装工程人工、材料、机具台班单价的确定方法

3.3.1 人工单价

1) 人工单价的组成内容

人工单价是指按工资总额构成规定,支付给从事建筑安装工程施工的生产工人和附属生产单位工人的各项费用。内容包括计时工资或计件工资、奖金、津贴补贴、加班加点工资、特殊情况下支付的工资。

计时工资或计件工资是指按计时工资标准和工作时间或对已做工作按计件单价支付给个人的劳动报酬。

奖金是指对超额劳动和增收节支支付给个人的劳动报酬,如节约奖、劳动竞赛奖等。

津贴补贴是指为补偿职工特殊或额外的劳动消耗和因其他特殊原因支付给个人的津贴,以及为了保证职工工资水平不受物价影响支付给个人的物价补贴,如流动施工津贴、特殊地区施工津贴、高温(寒)作业临时津贴、高空津贴等。

加班工资是指按规定支付的、在法定节假日工作的加班工资和在法定日工作时间外延时工作的加点工资。

特殊情况下支付的工资是指根据国家法律、法规和政策规定,因病、工伤、产假、婚丧假、事假、探亲假、定期休假、停工学习、执行国家或社会义务等原因按计时工资标准或计时工资标准的一定比例支付的工资。

预算定额中的人工单价组成内容,各部门、各地区并不完全相同,或多或少都执行岗位技能工资制度。根据"全民所有制大中型建筑安装企业岗位技能工资制试行方案",工人岗位工资标准设 8 个岗次,技能工资分初级工、中级工、高级工、技师和高级技师五大类工资标准 26 档。同时对建筑安装企业流动施工津贴特殊工资、辅助工资也有原则的或具体的规定。

【例 3.6】 根据国家相关法律、法规和政策规定,因停工学习、执行国家或社会义务等原因,按计时工资标准支付的工资属于人工日工资单价中的( )。

A.基本工资   B.奖金

C.津贴补贴   D.特殊情况下支付的工资

答案:D

2）影响人工单价的因素

（1）社会平均工资水平

建筑安装工人人工单价必然和社会平均工资水平趋同。社会平均工资水平取决于经济发展水平。我国改革开放以来经济迅速增长，社会平均工资也有大幅增长，因而人工单价也有大幅提高。

（2）生产费指数

生产费指数的提高会影响人工单价的提高，以减少生活水平的下降，或维持原来的生活水平。生活消费指数的变动决定于物价的变动，尤其决定于生活消费品物价的变动。

（3）人工单价的组成内容

例如住房公积金、社会保险费等列入人工单价，会使人工单价提高。

（4）劳动力市场供需变化

在劳动力市场，如果需求大于供给，人工单价就会提高；供给大于需求，人工单价就会下降。

（5）政府推行的社会保障和福利政策

政府推行的社会保障和福利政策也会影响人工单价的变动。

3.3.2　材料价格

材料价格

1）材料价格的概念

材料价格是指施工过程中耗费的原材料、辅助材料、构配件、零件、半成品或成品、工程设备的费用。材料价格为材料从来源地到达施工工地仓库（施工现场指定地点）后的出库的综合平均价格，内容由材料原价、材料运杂费、运输损耗费、采购及保管费组成。

2）材料价格包括的内容

（1）材料原价（或供应价格）

供应价也就是材料、工程设备的进货价。一般包括货价和供销部门经营费两个部分。这是材料预算价格最重要的构成因素。

供应价是指材料的出厂价、进口材料的到岸价或市场批发价。对同种材料，因产地、供应渠道不同出现几种原价时，其综合原价可按其供应量的比例加权平均计算。

（2）运杂费

运杂费是指材料自来源地运至工地仓库或指定堆放地点所发生的全部费用。包括调车和驳船费、装卸费、运输费、附加工作费和便于材料运输和保护而发生的包装费。

包装费是为了材料在搬运、保管中不受损失或便于运输而对材料进行包装发生的净费用。但不包括已计入材料原价的包装费。包装费用包括水运和陆运的支撑、篷布、包装袋、包装箱、绑扎等费用。材料运到现场或使用后，需对包装品进行回收，回收价值冲减材料预算价格。

材料运输费用包括调车和驳船费、装卸费、运输费及附加工作费。材料运输费用应按照国家有关部门和地方政府交通管理部门的规定计算。同一品种的材料如有若干个来源地，其运输费用可根据每个来源地的运输里程、运输方法和运价标准，用加权平均的方法计算运输费。

（3）运输损耗费

运输损耗费是指材料在装卸和运输过程中发生的合理损耗。运输损耗可计入运输费用，也可单独列项计算。

$$运输损耗费＝（材料原价＋运杂费）×相应材料损耗率$$

（4）采购及保管费

采购及保管费是指为组织材料的采购、供应和保管发生的各项必要费用。采购及保管费一般按材料到库价格的比率取定，如某市费率为 2.5%。其中，采购费占 40%，仓储费占 20%，工地保管费占 20%，仓储损耗占 20%。

$$采购及保管费＝材料运至工地仓库价格×采购及保管费率$$

$$材料基价（预算价格）＝（材料原价＋运杂费＋运输损耗费）×（1＋采购及保管费率）－包装品回收值$$

【例 3.7】　某种材料供应价为 145 元/t，不需包装，运杂费为 37.28 元/t，运输损耗为 14.87 元/t，采购及保管费率为 2.5%。求该种材料基价。

解　材料基价＝（145＋37.28＋14.87）×（1＋2.5%）元/t＝202.08 元/t

3.3.3　机械台班单价

1）机械台班单价的组成内容

施工机械台班单价是指一台施工机械，在正常运转条件下一个工作班中所发生的全部费用，每台班按八小时工作制计算。

施工机械台班单价包括折旧费、检修费、维护费、安拆费及场外运费、人工费、燃料动力费、养路费及车船使用费等。

（1）折旧费

折旧费是指施工机械在规定使用期限内，陆续收回其原值及购置资金的时间价值。

（2）检修费

检修费是指机械设备按规定的大修间隔台班进行必要的检修，以恢复机械正常功能所需的费用。

（3）维护费

维护费是指施工机械在规定的耐用总台班内，按规定的维护间隔进行各级维护和临时故障排除所需的费用。

（4）安拆费及场外运费

安拆费是指施工机械在现场进行安装与拆卸所需的人工、材料、机械和试运转费用以及机械辅助设施的折旧、搭设、拆除等费用；场外运费是指施工机械整体或分体自停放地点运至施工现场或由一施工地点运至另一施工地点的运输、装卸、辅助材料及架线等费用。

安拆费及场外运费根据施工机械不同分为计入台班单价、单独计算和不计算 3 种类型。

①移动较为频繁的小型机械及部分中型机械，其安拆费及场外运费应计入台班单价。

$$台班安拆费及场外运费＝\frac{一次安拆费及场外运费×年平均安拆次数}{年工作台班}$$

②移动有一定难度的特、大型（少数中型）机械，其安拆费及场外运费应单独计算。

③不需安装、拆卸且自身又能开行的机械和固定在车间不需安装、拆卸及运输的机械，其安拆费及场外运费不计算。

④自升式塔式起重机安装、拆卸费用的超高起点及其增加费,由各地确定。

(5)人工费

人工费是指机上司机(司炉)和其他操作人员的工作日人工费及上述人员在施工机械规定的年工作台班以外的人工费。

$$台班人工费=\frac{人工消耗量×(1+年制度工作日×年工作台班)×人工单价}{年工作台班}$$

(6)燃料动力费

燃料动力费是指施工机械在运转作业中所耗用的固体燃料(煤、木柴)、液体燃料及水、电等费用。

$$燃料动力费=\sum 台班燃料动力消耗量 × 燃料动力单价$$

$$台班燃料动力消耗量=\frac{实测数×4+定额平均值+调查平均值}{6}$$

(7)养路费及车船使用费

养路费及车船使用费是指施工机械按照国家和有关部门规定应缴纳的年养路费、年车船使用税、年保险费及年检费用等。

$$养路费及车船使用费=\frac{年养路费+年车船使用税+年保险费+年检费用}{年工作台班}$$

2)影响机械台班单价变动的因素

①施工机械的价格是影响机械台班单价的重要因素。

②机械使用年限不仅影响折旧费提取,也影响大修理费和经常修理费的开支。

③机械的供求关系、使用效率、管理水平直接影响机械台班单价。

④政府征收税费的规定等。

3.3.4 施工仪器仪表台班单价

根据《建设工程施工仪器仪表台班费用编制规则》的规定,施工仪器仪表划分为7个类别:自动化仪表及系统、电工仪器仪表、光学仪器、分析仪表、试验机、电子和通信测量仪器仪表、专用仪器仪表。

施工仪器仪表台班单价由4项费用组成,包括折旧费、维护费、校验费和动力费。施工仪器仪表台班单价中的费用组成不包括检测软件的相关费用。

1)折旧费

施工仪器仪表台班折旧费是指施工仪器仪表在耐用总台班内,陆续收回其原值的费用。计算公式为:

$$台班折旧费=\frac{施工仪器仪表原值×(1-残值率)}{耐用总台班}$$

①施工仪器仪表原值应按以下方法取定:

a. 对从施工企业采集的成交价格,各地区、部门可结合本地区、部门的实际情况,综合确定施工仪器仪表原值。

b. 对从施工仪器仪表展销会采集的参考价格或从施工仪器仪表生产厂、经销商采集的销售价格,各地区、各部门可结合本地区、本部门的实际情况,测算价格调整系数取定施工仪器仪表原值。

c.对类别、名称、性能规格相同而生产厂家不同的施工仪器仪表,各地区、各部门可根据施工企业实际购进情况,综合取定施工仪器仪表原值。

d.对进口与国产施工仪器仪表性能规格相同的,应以国产为准取定施工仪器仪表原值。

e.进口施工仪器仪表原值应按编制期国内市场价格取定。

f.施工仪器仪表原值应按不含一次运杂费和采购保管费的价格取定。

②残值率是指施工仪器仪表报废时回收其残余价值占施工仪器仪表原值的百分比。残值率应按国家有关规定取定。

③耐用总台班是指施工仪器仪表从开始投入使用至报废前所积累的工作总台班数量。耐用总台班应按相关技术指标取定。

$$耐用总台班=年工作台班×折旧年限$$

a.年工作台班是指施工仪器仪表在一个年度内使用的台班数量。

$$年工作台班=年制度工作日×年使用率$$

年制度工作日应按国家规定制度工作日执行,年使用率应按实际使用情况综合取定。

b.折旧年限是指施工仪器仪表逐年计提折旧费的年限。折旧年限应按国家有关规定取定。

2)维护费

施工仪器仪表台班维护费是指施工仪器仪表各级维护、临时故障排除所需的费用以及为保证仪器仪表正常使用所需备件(备品)的维护费用。计算公式为:

$$台班维护费=\frac{年维护费}{年工作台班}$$

年维护费是指施工仪器仪表在一个年度内发生的维护费用。年维护费应按相关技术指标结合市场价格综合取定。

3)校验费

施工仪器仪表台班校验费是指按国家与地方政府规定的标定与检验的费用。计算公式为:

$$台班校验费=\frac{年校验费}{年工作台班}$$

年校验费是指施工仪器仪表在一个年度内发生的校验费用。年校验费应按相关技术指标取定。

4)动力费

施工仪器仪表台班动力费是指施工仪器仪表在施工过程中所耗用的电费。计算公式为:

$$台班动力费=台班耗电量×电价$$

①台班耗电量应根据施工仪器仪表不同类别,按相关技术指标综合取定。

②电价应执行编制期工程造价管理机构发布的信息价格。

3.4 工程计价定额

3.4.1 预算定额

预算定额

1)预算定额概念

预算定额是指在合理的施工组织设计、正常施工条件下,生产一个规定计量单位合格产品所需的人工、材料和机械台班的社会平均消耗量标准。它是计算建筑安装产品价格的基础。

预算定额是工程建设中的一项重要的技术经济文件,它的各项指标反映了在完成规定计量单位,符合设计标准和施工及验收规范要求的分项工程消耗的或劳动和物化劳动的数量限度。这种限度最终决定单项工程和单位工程的成本和造价。

2)预算定额的作用

①预算定额是编制施工图预算、确定建筑安装工程造价的基础。

施工图设计一经确定,工程预算造价就取决于预算定额水平和人工、材料及机械台班的价格。预算定额起控制劳动消耗、材料消耗和机械台班使用的作用,进而起控制建筑产品价格的作用。

②预算定额是编制施工组织设计的依据。

施工组织设计的重要任务之一是确定施工中所需人力、物力的供求量,并作出最佳安排。施工单位在缺乏本企业施工定额的情况下,根据预算定额,也能比较精确地计算出施工中各项资源的需要量,为有计划地组织材料采购和预制件加工、劳动力和施工机械的调配,提供可靠的计算依据。

③预算定额是工程价款支付的依据。

按进度支付工程款,需要根据预算定额将已完分项工程的造价算出。单位工程验收后,再按竣工工程量、预算定额和施工合同规定进行结算,以保证建设单位建设资金的合理使用和施工单位的经济收入。

④预算定额是施工单位进行经济活动分析的依据。

预算定额规定的物化劳动和劳动消耗指标,是施工单位在生产经营中允许消耗的最高标准。施工单位必须以预算定额作为评价企业工作的重要标准,作为努力实现的目标。施工单位可根据预算定额对施工中的劳动、材料、机械的消耗情况进行具体分析,以便找出并克服低功效、高消耗的薄弱环节,提高竞争能力。只有在施工中尽量降低劳动消耗,采用新技术提高劳动者素质,提高劳动生产率,才能取得较好的经济效果。

⑤预算定额是编制概算定额的基础。

概算定额是在预算定额的基础上综合扩大编制的。利用预算定额作为编制依据,不仅可以节省编制工作的大量人力、物力和时间,还可以使概算定额在水平上与预算定额保持一致,以免造成执行中的不一致。

⑥预算定额是合理编制招标标底、投标报价的基础。

在深化改革中,预算定额的指令性作用被日益削弱,而施工单位按照工程个别成本报价的指导性作用仍然存在,因此,预算定额作为编制标底的依据和施工企业报价的基础性作用仍将存在,这也是由预算定额本身的科学性和权威性决定的。

3) 预算定额的编制方法

(1) 人工工日消耗量的计算

预算定额中人工工日消耗量是指在正常施工条件下,生产单位合格产品必需消耗的人工工日数量,是由分项工程所综合的各个工序劳动定额包括的基本用工、其他用工两个部分组成的。

人工工日消耗水平有两种确定方法:一种是以劳动定额为基础确定的;另一种是以现场观察测定资料为基础计算的,主要用于遇到劳动定额缺项时,采用现场工作日写实等测时方法测定和计算定额的人工消耗量。

①基本用工。

基本用工是指完成单位合格产品所必需消耗的技术工种用工。按技术工种相应的劳动定额人工定额计算,以不同工种列出定额工日。基本用工包括:

a. 完成定额计量单位的主要用工。

$$基本用工 = \sum (综合取定的工程量 \times 劳动定额)$$

b. 按劳动定额规定应增加计算的用工量。

c. 由于预算定额是以劳动定额子目综合扩大的,包括的工作内容较多,需要另外增加用工,列入基本用工内。

②其他用工。

a. 超运距用工:超运距是指劳动定额中已包括的材料、半成品场内水平搬运距离与预算定额所考虑的现场材料、半成品堆放地点到操作地点的水平运输距离之差。

$$超运距 = 预算定额取定运距 - 劳动定额已包括的运距$$

b. 辅助用工:是指技术工种劳动定额内不包括而在预算定额内又必须考虑的用工,如机械土方工程配合用工、材料加工(筛砂、洗石)、电焊点火用工等。

$$辅助用工 = \sum (材料加工数量 \times 相应的加工劳动定额)$$

c. 人工幅度差:即预算定额与劳动定额的差额,主要是指在劳动定额中未包括而在正常施工情况下不可避免但又很难准确计量的用工和各种工时损失。包括各工种间的工序搭接及交叉作业相互配合或影响所发生的停歇用工;施工机械在单位工程之间转移及临时水电线路移动所造成的停工;质量检查和隐蔽工程验收工作的影响;班组操作地点转移用工;工序交接时对前一工序不可避免的修整用工;施工中不可避免的其他零星用工。

$$人工幅度差 = (基本用工 + 辅助用工 + 超运距用工) \times 人工幅度差系数$$

其中,人工幅度差系数一般为 10% ~ 15%。

在预算定额中,人工幅度差的用工量列入其他用工量中。

(2) 材料消耗量的计算

材料消耗量是指完成单位合格产品必需消耗的材料数量,包括:主要材料,指直接构成工程实体的材料,其中也包括成品、半成品的材料;辅助材料,也是构成工程实体除主要材料外的其他材料,如垫木、钉子、铅丝等;其他材料,指用量少,难以计量的零星用料,如棉纱、编号用的油漆等。

材料消耗量的计算方法主要有：凡有标准规格的材料，按规范要求计算定额计量单位的耗用量，如砖、防水卷材、块料面层等；凡设计图纸标注尺寸及下料要求的按设计图纸尺寸计算材料净用量，如钢筋工程等；换算法，如各种胶结、涂料等材料的配合比用料，可以根据要求条件换算，得出材料用量；测定法，包括实验室试验法和现场观察法。

材料损耗量是指在正常条件下不可避免的材料损耗，如现场内材料运输及施工操作过程中的损耗等。

$$材料损耗率 = \frac{损耗量}{净用量} \times 100\%$$

$$材料消耗量 = 材料净用量 + 损耗量$$

（3）机械台班消耗量的计算

预算定额中的机械台班消耗量是指在正常施工条件下，生产单位合格产品（分部分项工程或结构构件）必需消耗的某种型号施工机械的台班数量。

①根据施工定额确定机械台班消耗量的计算。

将施工定额或劳动定额中机械台班产量加机械幅度差计算预算定额的机械台班消耗量。机械台班幅度差是指在正常施工组织条件下不可避免的机械空转时间、施工技术原因的中断及合理停滞时间、因供电供水故障及水电线路移动检修而发生的运转中断时间、因气候变化或机械本身故障影响工时利用的时间、施工机械转移及配套机械相互影响损失的时间、配合机械施工的工人因与其他工种交叉造成的间歇时间、因检查工程质量造成的机械停歇时间、工程收尾和工作量不饱满造成的机械停歇时间等。

大型机械幅度差系数：土方机械为25%，打桩机械为33%，吊装机械为30%，砂浆、混凝土搅拌机由于按小组配用，以小组产量计算机械台班产量，不另增加机械幅度差。其他分部工程中，如钢筋加工、木材、水磨石等各项专用机械的幅度差为10%。

$$预算定额机械耗用台班 = 施工定额机械耗用台班 \times (1 + 机械幅度差系数)$$

②以现场测定资料为基础确定机械台班消耗量。

如遇到施工定额（劳动定额）缺项者，则需依据单位时间完成的产量测定为基础确定机械台班消耗量。

3.4.2　概算定额

1）概算定额的概念

概算定额以扩大结构构件、分部工程或扩大分项工程为研究对象，以预算定额为基础，根据通用设计或标准图等资料，经过适当综合扩大，规定完成一定计量单位的合格产品，所需人工、材料、机械台班等消耗量的数量标准。

建筑安装工程概算定额基价又称为扩大单位估价表，是确定概算定额单位产品所需全部材料费、人工费、施工机械使用费之和的文件，是概算定额在各地区以价格表现的具体形式。

$$概算定额基价 = 概算定额材料费 + 概算定额人工费 + 概算定额施工机械使用费$$

其中：

$$概算定额材料费 = \sum (材料概算定额消耗量 \times 材料预算价格)$$

$$概算定额人工费 = \sum（人工概算定额消耗量 × 人工工资单价）$$

$$概算定额机械费 = \sum（施工机械概算定额消耗量 × 机械台班单价）$$

概算定额是预算定额的合并与扩大,将预算定额中有联系的若干个分项工程项目综合为一个概算定额项目。例如,砖基础概算定额项目通常以砖基础为主,综合了平整场地、挖沟槽(坑)、铺设垫层、砌砖基础、铺设防潮层、回填土及运土等预算定额项目。

2)概算定额的作用

①概算定额是初步设计阶段编制建设项目设计概算的依据。

②概算定额是设计方案比较的依据。

③概算定额是编制主要材料需要量的计算基础。

④概算定额是编制概算指标的基础。

3)概算定额的内容与形式

与预算定额表现形式一样,概算定额分文字说明部分和定额项目表。

文字说明包括总说明和章说明。其中,总说明描述概算定额的编制依据、使用范围、包括的内容及作用、应遵守的规则及建筑面积的计算规则等;章说明主要说明本章包括的综合工作及工程量计算规则等。

定额项目表是概算定额的主要内容,由若干定额项目组成。每个表由工作内容、定额表及附注说明组成。定额表中有定额编号、计量单位、概算价格,以及人工、材料、机械台班消耗量指标。

3.4.3 概算指标

1)概算指标的概念

建筑安装工程概算指标通常是以整个建筑物和构筑物为对象,以建筑面积、体积或成套设备的台或组为计量单位而规定的人工、材料和机械台班的消耗量标准和造价指标。

建筑安装工程概算指标比概算定额具有更加概括与扩大的特点。

2)概算指标的作用

①概算指标可以作为编制投资估算的参考。

②概算指标中的主要材料指标可作为计算主要材料用量的依据。

③概算指标是设计单位进行设计方案比较和优选的依据。

④概算指标是编制固定资产投资计划、确定投资额的主要依据。

3)概算指标与概算定额的区别

(1)对象不同

概算定额以单位扩大分项工程或单位扩大结构构件为对象。概算指标以整栋建筑物和构筑物为对象。概算指标比概算定额更加综合和扩大。

(2)确定各种消耗量指标的依据不同

概算定额以预算定额为基础,通过计算、综合确定各种消耗量指标。概算指标中的各种消耗量指标主要来自预算或结算资料。

4）概算指标的编制原则

①按平均水平确定概算指标的原则。

②概算指标的内容和表现形式，要贯彻简明适用的原则。

③概算指标的编制依据必须具有代表性。

5）概算指标的内容

概算指标由文字说明和列表形式的指标以及必要的附录组成。

（1）建筑工程指标

建筑工程指标包括房屋建筑、构筑物。一般是以建筑面积、建筑体积、"座"、"个"等为计算单位，附以必要的示意图或单线平面图，列出综合指标：元/m² 或元/m³。说明自然条件、建筑物的类型、结构形式及各部位中的结构主要特点、主要工程量等。

（2）安装工程指标

设备以"t"或"台"为计算单位，也有以设备购置费或设备原价的百分比表示，工艺管道一般以"t"为计算单位，通讯电话站安装以"站"为计算单位。列出指标编号、项目名称、规格、综合指标之后，一般还要列出其中的人工费，必要时还要列出主材费和辅材费。

3.4.4 投资估算指标

1）投资估算指标及作用

工程建设投资估算指标是编制建设项目建议书、可行性研究报告等前期工作阶段投资估算的依据，也可以作为编制固定资产长远规划投资额的参考。估算指标的正确制定对提高投资估算的准确度，对建设项目的合理评估、正确决策具有重要意义。

2）投资估算指标的内容

投资估算指标分为建设项目综合指标、单项工程指标和单位工程指标 3 个层次。

（1）建设项目综合指标

建设项目综合指标一般以项目的综合生产能力为单位投资，包括单项工程投资、工程建设其他费用和预备费等，如元/t、元/kW 或以使用功能表示，如医院床位：元/床。

（2）单项工程指标

单项工程指标一般以单项工程生产能力为单位投资，如元/t 或其他单位表示。如变配电站：元/（kV·A）；锅炉房：元/蒸汽吨；供水站：元/m³；办公室、仓库、宿舍、住宅等房屋则区别不同结构形式，以元/m² 表示。单项工程估算指标，包括构成该单项工程全部费用的估算费用。

（3）单位工程指标

单位工程指标包括构成该单位工程的全部建筑安装工程费用，不包括工程建设的其他费用。

3.4.5 企业定额

1）企业定额的概念

所谓企业定额，是指建筑安装企业根据企业自身的技术水平和管理水平，所

企业定额

确定的完成单位合格产品必需消耗的人工、材料和施工机械台班,以及其他生产经营要素的数量标准。

企业定额反映了企业的施工生产与生产消费之间的数量关系,不仅能体现企业个别的劳动生产率和技术装备水平,也是衡量企业管理水平的标尺,是企业加强集约经营、精细管理的前提和主要手段。

在工程量清单计价模式下,每个企业均应拥有反映自己企业能力的企业定额,企业定额的定额水平与企业的技术和管理水平相适应,企业的技术和管理水平不同,企业定额的定额水平也就不同。从一定意义上讲,企业定额是企业的商业秘密,是企业参与市场竞争的核心竞争能力的具体表现。

作为企业定额,必须具备以下特点:

①其各项平均消耗要比社会平均水平低,体现其先进性。

②可以表现本企业在某些方面的技术优势。

③可以表现本企业局部或全面管理方面的优势。

④所有匹配的单价都是动态的,具有市场性。

⑤与施工方案能全面接轨。

2)企业定额编制

(1)企业定额编制内容

企业定额编制的内容包括编制方案、总说明、工程量计算规则、定额项目划分、定额水平的测定(工、料、机消耗水平及管理成本费的测算和制定)、定额水平的测算、定额编制基础资料的整理归类和编写。具体编制内容包括:

①工程实体消耗定额,即构成工程实体的分部(项)工程的工、料、机的定额消耗量。

②措施性消耗定额,即措施性消耗量,是指为保证工程正常施工所采用的措施消耗,是根据工程当时当地的情况以及施工经验进行的合理配置。应包括模板的选择、配置与周转,脚手架的合理使用与搭拆,各种机械设备的合理配置等措施性项目。

③由计费规则、计价程序、有关规定及相关说明组成的编制规定。

企业定额的构成及表现形式应视编制的目的而定,可以参照统一定额,也可以采用灵活多变的形式,以满足需要和便于使用为准。例如,企业定额的编制目的如果是控制工耗和计算工人劳动报酬,应采取劳动定额的形式;如果是为了企业进行工程成本核算,以及为投标报价提供依据,应采取施工定额或单位估价表的形式。

(2)企业定额编制方法

编制企业定额的方法有很多,与其他类型定额的编制方法基本一致。概括起来,主要有定额修正法、经验统计法、现场观察测定法、理论计算法等。

①定额修正法的思路是以已有的全国(地区)定额、行业定额等为蓝本,结合企业实际情况和工程量清单计价规范等的要求,调整定额的结构、项目范围等,在自行测算的基础上形成企业定额。

②经验统计法是对企业在建和完工项目的资料数据,运用抽样统计的方法,对有关项目的消耗数据进行统计测算,最终形成自己的定额消耗数据。这种方法充分利用了企业的实际数据,对常见的项目有较高的准确性。但这种方法对企业历史资料和数据的要求较高,依赖性较强,一旦数据有误,造成的误差相当大。

③现场观察测定法是我国多年来专业测定定额的常用方法。这种方法的特点是能够把现场工时消耗情况和施工组织技术条件联系起来加以观察、测时、计量和分析,以获得该施工过程的技术组织条件下工时消耗的有技术根据的基础资料。这种方法技术简便、应用面广、资料全面,适用于影响工程造价大的主要项目及新技术、新工艺、新施工方法的劳动力消耗和机械台班水平的测定。

④理论计算法是根据施工图纸、施工规范及材料规格,用理论计算的方法求出定额中的理论消耗量,将理论消耗量加上合理的损耗,得出定额实际消耗水平的方法。

理论计算法在编制定额时不能独立使用,只有与统计分析法(用来测算损耗率)相结合才能共同完成定额子目的编制。

这些方法各有优缺点,它们不是绝对独立的,实际工作过程中可以结合起来使用,互为补充,互为验证。企业应根据实际需要,确定适合自己的方法体系。

3.5 工程造价信息

3.5.1 工程造价信息的概念及内容

1)工程造价信息的概念

工程造价信息是一切有关工程造价的特征、状态及其变动的消息组合。

在工程承发包市场和工程建设中,工程造价是最灵敏的调节器和指示器,无论是政府工程造价主管部门还是工程承发包者,都要通过接收工程造价信息来了解工程建设市场动态,预测工程造价发展,决定政府的工程造价政策和工程承发包价。因此,工程造价主管部门和工程承发包者都要接收、加工、传递和利用工程造价信息。工程造价信息作为一种社会资源,在工程建设中的地位日趋明显,特别是随着我国逐步推行工程量清单计价制度,工程价格从政府计划的指令性价格向市场定价转化,而在市场定价的过程中,信息起着举足轻重的作用,因此工程造价信息的累积至关重要。

2)工程造价信息包括的主要内容

广义上讲,所有对工程造价的确定和控制过程起作用的资料都可以称为工程造价信息,如各种定额资料、标准规范、政策文件等。通常意义的工程造价信息主要指三类造价信息,这三类信息最能体现信息动态性的变化特征,并且在工程价格的市场机制中起重要作用。这三类主要工程造价信息分别如下:

(1)价格信息

价格信息包括各种建筑材料、装修材料、安装材料、施工机械、人工工资等的最新市场价格。这些信息是比较初级的,一般没有经过系统的加工处理。

(2)指数

指数主要指根据原始价格信息加工整理得到的各种工程造价指数。

(3)已完或在建工程信息

已完或在建工程的各种造价信息,可以为拟建或在建工程的造价确定与控制提供依据。

这种信息也称为工程造价资料。

3.5.2　工程造价指数

1）工程造价指数的概念

工程造价指数是反映一定时期价格变化对工程造价影响程度的一种指标,它是调整工程造价价差的依据。

工程造价指数反映了报告期与基期相比的价格变动程度和趋势,在工程造价管理中,工程造价指数可以帮助分析价格变动趋势及其原因,估计工程造价变化对宏观经济的影响,是承发包双方进行工程估价和结算的重要依据。

2）工程造价指数的分类

（1）按照工程范围、类别、用途分类

①单项价格指数。分别反映各类工程的人工、材料、施工机械及主要设备报告期价格对基期价格的变化程度的指标。可利用它研究主要单项价格变化的情况及趋势。如人工费价格指数、主要材料价格指数、施工机械台班价格指数、主要设备价格指数等。

②综合造价指数。综合反映各类项目或单项工程人工费、材料费、施工机械使用费和设备费等报告期价格对基期价格变化而影响工程造价程度的指标,是研究造价总水平变动趋势和程度的主要依据。如建筑安装工程造价指数、建设项目或单项工程造价指数、建筑安装工程直接费造价指数、其他直接费及间接费造价指数、工程建设其他费用造价指数等。

（2）按造价资料期限长短分类

①时点造价指数是不同时点价格对比计算的相对数。

②月指数是不同月份价格对比计算的相对数。

③季指数是不同季度价格对比计算的相对数。

④年指数是不同年度价格对比计算的相对数。

（3）按不同基期分类

①定基指数:是各时期价格与某固定时期的价格对比后编制的指数。

②环比指数:是各时期价格都以其前一期价格为基础计算的造价指数。例如,与上月对比计算的指数为月环比指数。

3）工程造价指数的编制

（1）工料机价格指数的编制

人工、材料、机械台班等要素价格指数的编制是编制建筑安装工程造价指数的基础。

$$工料机价格指数 = \frac{P_n}{P_0}$$

式中　P_n——报告期人工费、施工机械台班和材料、设备预算价格。

　　　　P_0——基期人工费、施工机械台班和材料、设备预算价格。

（2）建筑安装工程造价指数的编制

建筑安装工程造价指数是一种综合性极强的价格指数,可按照下列公式计算。

安装工程造价指数 = 人工费指数 × 基期人工费占建筑安装工程造价比例 + $\sum$（单项材

料价格指数 × 基期该单项材料费占建筑安装工程造价比例）+

$\sum$（单项施工机械台班指数 × 基期该单项机械费占建筑安装工程造价比例）+ 其他直接费、间接费综合指数 × 基期其他直接费、间接费占建筑安装工程造价比例

（3）设备工器具价格指数的编制

设备工器具的种类、品种和规格繁多，其指数一般可选择其中用量大、价格高、变动多的主要设备工器具的购置数量和单价进行登记，按下列公式进行计算：

$$设备工器具价格指数 = \frac{\sum（报告期设备工器具单价 × 报告期购置数量）}{\sum（基期设备工器具单价 × 报告期购置数量）}$$

4）建设项目或单项工程造价指数的编制

建设项目或单项工程造价指数 = 建筑安装工程造价指数 × 基期建筑安装工程费占总造价的比例 + $\sum$（单项设备价格指数 × 基期该项设备费占总造价的比例）+ 工程建设其他费用指数 × 基期工程建设其他费用占总造价的比例

或

$$建设项目或单项工程造价指数 = \frac{报告期建设项目或单项工程造价}{\frac{报告期建筑安装工程费}{建筑安装工程造价指数} + \frac{报告期设备工器具费用}{设备工器具价格指数} + \frac{报告期工程建设其他费}{工程建设其他费指数}}$$

【例3.8】 某建设项目投资额及分项价格指数资料见表3.2。求工程造价指数。

表3.2 某建设项目的投资额和价格指数

费用项目	投资额/万元	分项价格指数/%
投资额合计	5 600	—
建筑安装工程投资	2 400	107.4
设备工器具投资	2 360	105.6
工程建设其他投资	840	105

解 建设工程造价指数 $= \frac{2\ 400}{5\ 600} \times 107.4\% + \frac{2\ 360}{5\ 600} \times 105.6\% + \frac{840}{5\ 600} \times 105\% = 106.28\%$

说明报告期投资价格比对比的基期上升了6.28%。

3.5.3 工程造价资料的积累

1）工程造价资料的概念

工程造价资料是指已竣工和在建的有关工程可行性研究、估算、设计概算、施工图预算、工程竣工结算、竣工决算、单位工程施工成本以及新材料、新结构、新设备、新施工工艺等建筑安装工程分部分项的单价分析等资料。

工程造价资料是工程造价宏观管理、决策的基础，是制定和修订投资估算指标、概预算定额和其他技术经济指标以及研究工程造价变化规律的基础，是编制、审查、评估项目建议书，可行性研究报告投资估算，进行设计方案比较，编制设计概算、投标报价的重要参考，也可作为核定固定资产价值、考核投资效果的参考。

工程造价资料可分为以下几种：

①工程造价资料可按照其不同工程类型如厂房、铁路、住宅、公建、市政工程等进行划分。

②工程造价资料按照其不同阶段，一般分为项目可行性研究、投资估算、初步设计概算、施工图预算、工程量清单和报价、竣工结算、竣工决算等。

③工程造价资料按照其组成特点，一般分为建设项目、单项工程和单位工程造价资料，同时也包括有关新材料、新工艺、新设备、新技术的分部分项工程造价资料。

2）工程造价资料积累的内容

工程造价资料积累的内容应包括"量"（主要包括工程量、材料数量、设备数量）和"价"，还包括对造价确实有重要影响的技术经济条件，如工程概况、建设条件等。

（1）建设项目和单项工程造价资料

①对造价有主要影响的技术经济条件，如项目建设标准、建设工期、建设地点等。

②主要的工程量、主要的材料量和主要设备的名称、型号、规格、数量及价格等。

③投资估算、概算、预算、竣工结算、决算及造价指数等。

（2）单位工程造价资料

单位工程造价资料包括工程的内容、建筑结构特征、主要工程量、主要材料的用量和单位、人工工日和人工费以及相应的造价。

（3）其他

有关新材料、新工艺、新设备、新技术分部分项工程的人工工日、主要材料用量、机械台班用量。

3）工程造价资料的管理

（1）建立造价资料积累制度

建立工程造价资料积累制度是工程造价计价依据极其重要的基础性工作。全面系统地积累和利用工程造价资料，建立稳定的造价资料积累制度，对我国加强工程造价管理，合理确定和有效控制工程造价具有十分重要的意义。

工程造价资料积累的工作量非常大，涉及面也非常广，应当依靠各级政府有关部门和行业组织进行组织管理。企业和相关的工程造价咨询企业也需要建立造价资料积累制度，才能适应新时期的工程造价确定和控制的需要。

（2）资料数据库的建立和网络管理

开发通用的工程造价资料管理程序，推广使用计算机建立工程造价资料的资料数据库，提高工程造价资料的适用性和可靠性。

为了便于进行数据的统一管理和信息交流，必须设计出一套科学、系统的编码体系。有了统一的工程分类与相应的编码后，就可进行数据的搜集、整理和输入工作，从而得到不同层次的造价资料数据库。

工程造价资料数据库的建立，必须严格遵守统一的标准和规范。

本章小结

本章对装配式建筑定额编制原理进行了讲解，主要介绍了建筑安装工程人工、材料、机械台班定额消耗量和单价的确定方法；阐述了预算定额、概算定额、概算指标、投资估算指标、企业定额的原理；讲解了工程造价信息的相关知识。通过以上内容，使读者对装配式建筑定额编制原理有了系统性的理解。

课后习题

1. 简述工人工作时间消耗的分类。
2. 简述材料单价的组成内容及计算方法。
3. 预算定额的作用是什么?
4. 简述概算指标与概算定额的区别。
5. 按定额反映的生产要素消耗内容,建设工程定额有哪些?

第2篇
装配式建筑工程计量篇

4 建筑面积计算

【知识目标】
(1)熟悉现行建筑面积的计算规范；
(2)掌握建筑面积的含义；
(3)了解建筑面积的计算思路,掌握建筑面积的计算规则。
【能力目标】
能结合图纸灵活应用建筑面积计算规范,准确计算工程项目建筑面积。
【素质目标】
(1)培养好学深思的探究态度和与时俱进的学习精神；
(2)培养一丝不苟的工匠精神,严谨和实事求是的工作作风；
(3)培养正确的人生观、价值观及团队合作精神。

4.1 建筑面积概述

4.1.1 建筑面积的概念

建筑面积是建筑物(包括墙体)所形成的楼地面面积,按自然层外墙结构外围水平面积之和计算,包括附属于建筑物的室外阳台、雨篷、檐廊、室外楼梯、室外走廊等。

自然层:按楼地面结构分层的楼层。

外墙结构:不包括装饰层、保温隔热层、防潮层、保护层等附加层厚度的外墙本身的结构。

4.1.2 建筑面积的作用

①建筑面积是衡量建筑技术经济效果的重要指标。

建筑面积是计算单位面积的人工消耗量、主要材料消耗量指标和单位面积的造价指标等的基础数据,是基本建设投资、建设项目可行性研究、建筑工程施工、竣工验收、工程造价管理过程中一系列工作的重要指标。

②建筑面积是划分建筑工程类别的重要标准之一。

③建筑面积是计算某些分部分项工程费用的重要依据。建筑面积可以用于某些分项工

程(如平整场地、综合脚手架、高层建筑施工增加费等)工程量的计算。

4.2 建筑面积计算规范

4.2.1 建筑面积的组成

1)使用面积

使用面积是指建筑物各层平面布置中直接为生产或生活使用的净面积总和,如客厅、卧室、厨房、卫生间等。

2)辅助面积

辅助面积是指建筑物各层平面布置中为辅助生产或生活服务所占的净面积总和,如楼梯间、电梯井、走道等。

3)结构面积

结构面积是指建筑物各层平面布置中的墙体、柱等结构所占的面积总和。

使用面积与辅助面积的总和称为"有效面积"。

4.2.2 《建筑工程建筑面积计算规范》常用术语

1)建筑空间

建筑空间是以建筑界面限定的、供人们生活和活动的场所。

具备可出入、可利用条件(设计中可能标明了使用用途,也可能没有标明使用用途或使用用途不明确)的围合空间,均属于建筑空间。可出入是指人能够正常进出,如通过门、门洞、楼梯等进出;如果进出时必须通过窗、栏杆、检修孔,则不属于可出入。

2)勒脚

在房屋外墙接近地面部位设置的饰面保护构造称为勒脚,勒脚示意图如图4.1所示。

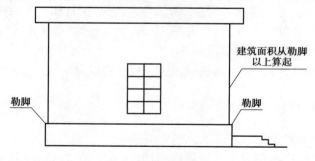

图4.1 勒脚示意图

3)自然层

自然层是按楼地面结构分层的楼层。

4）结构层

结构层是整体结构体系中承重的楼板层,如图4.2所示。特指整体结构体系中承重的楼层,包括梁、板等构件。结构层承受整个楼层的全部荷载,并对楼层的隔声、防火等起主要作用。

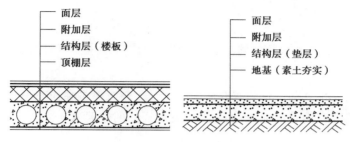

图4.2 结构层示意图

5）结构净高

结构净高是指楼面或地面结构层上表面至上部结构层下表面之间的垂直距离。

6）结构层高

结构层高是指楼面或地面结构层上表面至上部结构层上表面之间的垂直距离。

7）围护结构

围合建筑空间的墙体、门、窗。明确了围护结构只包括3种部件,即墙体、门、窗。

8）围护设施

为保障安全而设置的栏杆、栏板等围挡。明确了栏板、栏杆不属于围护结构。

9）地下室

室内地平面低于室外地平面的高度超过室内净高的1/2的房间,如图4.3所示。

10）半地下室

室内地平面低于室外地平面的高度超过室内净高的1/3,且不超过1/2的房间,如图4.4所示。

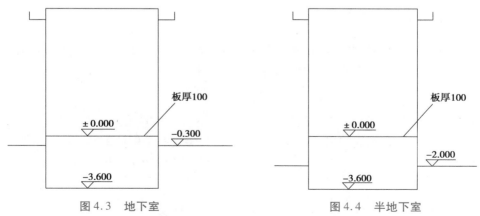

图4.3 地下室   图4.4 半地下室

11）架空层

架空层是指仅有结构支撑而无外围护结构的开敞空间层。

架空层

12）走廊

走廊是建筑物中的水平交通空间。

13）架空走廊

架空走廊是专门设置在建筑物的二层或二层以上,作为不同建筑物之间水平交通的空间。

14）落地橱窗

落地橱窗是指突出外墙面且根基落地的橱窗。在商业建筑临街面设置的下槛落地,可落在室外地坪也可落在室内首层地板,用来展览各种样品的玻璃窗。

15）凸窗（飘窗）

凸窗是指凸出建筑物外墙面的窗户。

凸窗（飘窗）既作为窗,有别于楼（地）板的延伸,也就是不能把楼（地）板延伸出去的窗称为凸窗（飘窗）。凸窗（飘窗）的窗台应只是墙面的一部分且距（楼）地面应有一定的高度。

16）檐廊

檐廊是建筑物挑檐下的水平交通空间,是附属在建筑物底层外墙有屋檐作为顶盖,其下部一般有柱或栏杆、栏板等的水平交通空间。

17）挑廊

挑廊是挑出建筑物外墙的水平交通空间。

18）门斗

门斗是建筑物入口处两道门之间的空间。

19）门廊

门廊是建筑物入口前有顶棚的半围合空间。

门廊是在建筑物出入口,无门、三面或二面有墙,上部有板（或借用上部楼板）围护的部位。

20）楼梯

由连续行走的梯级、休息平台和维护安全的栏杆（或栏板）、扶手以及相应的支托结构组成的作为楼层之间垂直交通使用的建筑部件。

21）台阶

台阶是指建筑物出入口不同标高地面或同楼层不同标高处设置的供人行走的阶梯式构件。室外台阶还包括与建筑物出入口连接处的平台。架空的阶梯形踏步,起点至终点的高度达到该建筑物一个自然层及以上的称为楼梯,在一个自然层以内的称为台阶。

22）阳台

阳台是附设于建筑物外墙,设有栏杆或栏板,可供人活动的室外空间。

阳台主要有 3 个属性:一是阳台是敷设在建筑物外墙的建筑部件;二是阳台应有栏杆、栏板等围护设施;三是阳台是室外空间。

阳台有两种情况:一种是在外墙外和主体结构外的阳台;另一种是在外墙外、主体结构内的阳台。

23) 露台

露台是设置在屋面、首层地面或雨篷上的供人室外活动的有围护设施的平台。

露台应满足4个条件:一是位置,设置在屋面、地面或雨篷顶;二是可出入;三是有围护设施;四是无盖。这4个条件必须同时满足。设置在首层并有围护设施的平台,如其上层为同体量阳台,则该平台应视为阳台,按阳台的规则计算建筑面积。

24) 雨篷

雨篷是建筑出入口上方为遮挡雨水而设置的部件。

25) 主体结构

接受、承担和传递建设工程所有上部荷载,维持上部结构整体性、稳定性和安全性的有机联系的构造,俗称承重结构或受力体系,是承受"所有上部荷载"的体系。

26) 变形缝

变形缝是防止建筑物在某些因素作用下引起开裂甚至破坏而预留的构造缝。

变形缝是指在建筑物中因温差、不均匀沉降以及地震而可能引起结构破坏变形的敏感部位或其他必要的部位,预先设缝将建筑物断开,令断开后建筑物的各部分成为独立的单元,或者是划分为简单、规则的段,并令各段之间的缝达到一定的宽度,以能够适应变形的需要。根据外界破坏因素的不同,变形缝一般分为伸缩缝、沉降缝、抗震缝3种。

27) 骑楼

骑楼是指建筑底层沿街面后退且留出公共人行空间的建筑物,如图4.5所示。也指沿街二层以上用承重柱支撑骑跨在公共人行空间之上,其底层沿街面后退的建筑物。

28) 过街楼

过街楼是指当有道路在建筑群穿过时,为保证建筑物之间的功能联系,设置跨越道路上空使两边建筑相连接的建筑物,如图4.6所示。

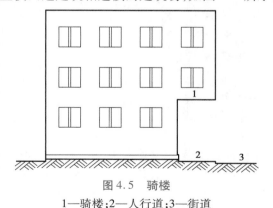

图 4.5　骑楼
1—骑楼;2—人行道;3—街道

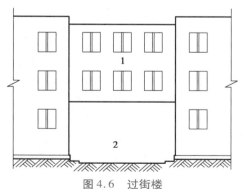

图 4.6　过街楼
1—过街楼;2—建筑物通道

29) 建筑物通道

建筑物通道为穿过建筑物而设置的空间。

4.2.3 建筑面积计算规则与方法

1）不计算建筑面积的范围

①与建筑物内不相连通的建筑部件（依附于建筑物外墙外不与户室开门连通，起装饰作用的敞开式挑台（廊）、平台，以及不与阳台相通的空调室外机搁板（箱）等设备平台部件）。

②骑楼、过街楼底层的开放公共空间和建筑物通道。

③舞台及后台悬挂幕布和布景的天桥、挑台等（影剧院的舞台和为舞台服务的可供上人维修、悬挂幕布、布置灯光及布景等搭设的天桥和挑台等构件设施）。

④露台、露天游泳池、花架、屋顶的水箱及装饰性结构构件。

⑤建筑物内的操作平台、上料平台、安装箱和罐体的平台。

建筑物内不构成结构层的操作平台、上料平台（包括工业厂房、搅拌站和料仓等建筑中的设备操作控制平台、上料平台等），其主要是为室内构筑物或设备服务的独立上人设施，因此不计算建筑面积。

⑥勒脚、附墙柱、垛、台阶、墙面抹灰、装饰面、镶贴块料面层、装饰性幕墙，主体结构外的空调室外机搁板（箱）、构件、配件，挑出宽度在2.10 m以下的无柱雨篷和顶盖高度达到或超过两个楼层的无柱雨篷。

附墙柱是指非结构性的装饰柱。

⑦外墙内楼板上设置的内窗台，窗台与室内地面高差在0.45 m及以上的，不计算建筑面积。

⑧室外爬梯不计算建筑面积。室外钢楼梯需要区分具体用途，如专用于消防楼梯，则不计算建筑面积，如果是建筑物的唯一通道，兼用于消防，则需按室外楼梯计算建筑面积。

⑨无围护结构的观光电梯。

⑩建筑物以外的地下人防通道，独立的烟囱、烟道、地沟、油（水）罐、气柜、水塔、贮油（水）池、贮仓、栈桥等构筑物。

2）计算建筑面积的范围

①建筑物的建筑面积应按自然层外墙结构外围水平面积之和计算。结构层高在2.20 m及以上的，应计算全面积；结构层高在2.20 m以下的，应计算1/2面积。

【例4.1】 某单层房屋平面和剖面图如图4.7所示，请计算该房屋建筑面积。

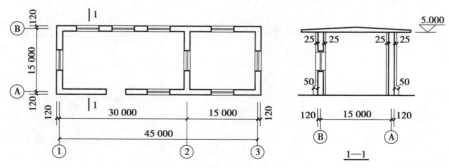

图4.7 某建筑物首层示意图

解 $S=(45+0.12\times2)\text{ m}\times(15+0.12\times2)\text{ m}=689.46\text{ m}^2$

②建筑物内设有局部楼层时,对局部楼层的二层及二层以上的楼层,有围护结构的应按其围护结构外围水平面积计算,无围护结构的应按其结构底板水平面积计算,且结构层高在2.20 m及以上的,应计算全面积;结构层高在2.20 m以下的,应计算1/2面积,如图4.8所示。

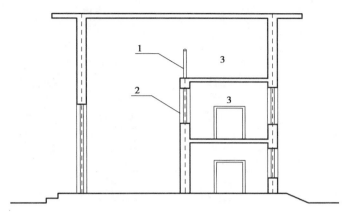

图4.8　建筑物内的局部楼层

1—围护设施;2—围护结构;3—局部楼层

③对形成建筑空间的坡屋顶(图4.9):

a.结构净高在2.10 m及以上的部位应计算全面积;

b.结构净高在1.20 m及以上至2.10 m以下的部位应计算1/2面积;

c.结构净高在1.20 m以下的部位不应计算建筑面积。

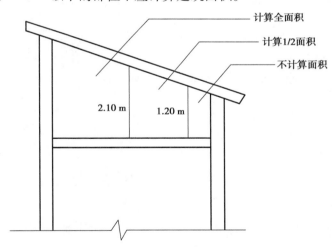

图4.9　坡屋面建筑面积计算示意图

④对场馆看台下的建筑空间:

a.结构净高在2.10 m及以上的部位应计算全面积;

b.结构净高在1.20 m及以上至2.10 m以下的部位应计算1/2面积;

c.结构净高在1.20 m以下的部位不应计算建筑面积。

场馆看台下的建筑空间因其上部结构多为斜板,所以采用净高的尺寸划定建筑面积的计算范围和对应规则。室内单独设置的有围护设施的悬挑看台,因其看台上部设有顶盖且可供人使用,所以按看台板的结构底板水平投影计算建筑面积。"有顶盖无围护结构的场馆看台"所称的"场馆"为专业术语,指各种"场"类建筑,如体育场、足球场、网球场、带看台的风雨操场等。

室内单独设置的有围护设施的悬挑看台,应按看台结构底板水平投影面积计算建筑面积。

有顶盖无围护结构的场馆看台应按其顶盖水平投影面积的 1/2 计算面积。

【例4.2】 计算图4.10中体育馆看台的建筑面积。

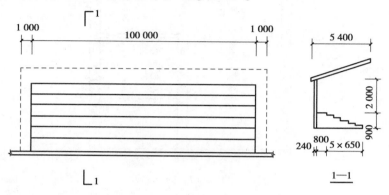

图4.10　体育馆看台示意图

解 $S=5.400 \text{ m}×(100.00+1.0×2)\text{ m}×\dfrac{1}{2}=275.4 \text{ m}^2$

⑤地下室(图4.11)、半地下室应按其结构外围水平面积计算。结构层高在2.20 m及以上的,应计算全面积;结构层高在2.20 m以下的,应计算1/2面积。

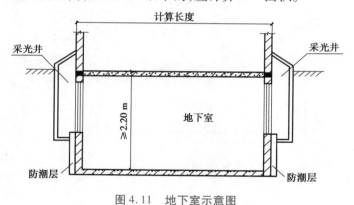

图4.11　地下室示意图

⑥出入口外墙外侧坡道有顶盖的部位,应按其外墙结构外围水平面积的1/2计算面积。

出入口坡道分有顶盖出入口坡道和无顶盖出入口坡道,出入口坡道顶盖的挑出长度,为顶盖结构外边线至外墙结构外边线的长度;顶盖以设计图纸为准,对后增加及建设单位自行增加的顶盖等,不计算建筑面积。顶盖不分材料种类(如钢筋混凝土顶盖、彩钢板顶盖、阳光板顶盖等)。出入口示意图如图4.12所示。

⑦建筑物架空层及坡地建筑物吊脚架空层,应按其顶板水平投影计算建筑面积。结构层高在2.20 m及以上的,应计算全面积;结构层高在2.20 m以下的,应计算1/2面积。建筑物吊脚架空层示意图如图4.13所示。

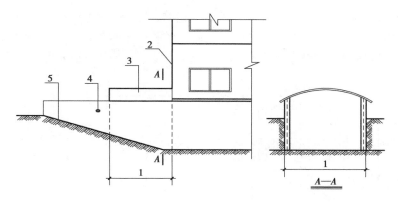

图 4.12 出入口示意图

1—计算 1/2 投影面积部位;2—主体建筑;3—出入口顶盖;4—封闭出入口侧墙;5—出入口坡道

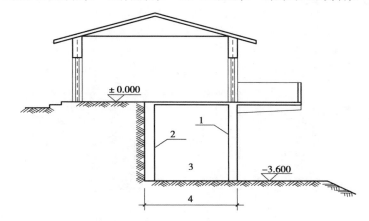

图 4.13 建筑物吊脚架空层示意图

【例 4.3】 如图 4.14 所示,计算坡地建筑架空层及二层建筑物的建筑面积。

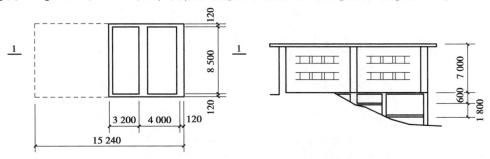

图 4.14 某坡地建筑示意图

解 $S=\left(15.24\times8.74\times2+4.12\times8.74+3.2\times8.74\times\dfrac{1}{2}\right)\ \text{m}^2=302.44\ \text{m}^2$

⑧建筑物的门厅、大厅应按一层计算建筑面积,门厅、大厅内设置的走廊应按走廊结构底板水平投影面积计算建筑面积。

a.结构层高在 2.20 m 及以上的,应计算全面积;

b.结构层高在 2.20 m 以下的,应计算 1/2 面积。

⑨对建筑物间的架空走廊,有顶盖和围护设施的,应按其围护结构外围水平面积计算全面积;无围护结构、有围护设施的,应按其结构底板水平投影面积计算 1/2 面积,如图 4.15 所示;建筑物间的有围护设施、无顶盖的架空走廊,应按其结构底板水平投影面积计算 1/2 面积。

图 4.15　无围护结构的架空走廊

1—栏杆;2—架空走廊

图 4.16　有围护结构的架空走廊

⑩对立体书库、立体仓库、立体车库,有围护结构的,应按其围护结构外围水平面积计算建筑面积;无围护结构、有围护设施的,应按其结构底板水平投影面积计算建筑面积。无结构层的应按一层计算,有结构层的应按其结构层面积分别计算。

a.结构层高在 2.20 m 及以上的,应计算全面积;

b.结构层高在 2.20 m 以下的,应计算 1/2 面积。

起局部分隔、存储等作用的书架层、货架层或可升降的立体钢结构停车层均不属于结构层,故该部分分层不计算建筑面积。

⑪有围护结构的舞台灯光控制室,应按其围护结构外围水平面积计算。结构层高在 2.20 m 及以上的,应计算全面积;结构层高在 2.20 m 以下的,应计算 1/2 面积。

⑫附属在建筑物外墙的落地橱窗,应按其围护结构外围水平面积计算。

结构层高在 2.20 m 及以上的,应计算全面积;结构层高在 2.20 m 以下的,应计算 1/2 面积。

⑬外墙内楼板上设置的内窗台,窗台与室内地面结构高差在 0.45 m 以下且结构净高在 2.10 m 以下的,计算 1/2 面积;窗台与室内地面结构高差在 0.45 m 以下且结构净高在 2.10 m 及以上的,应计算全面积。

⑭有围护设施的室外走廊(挑廊),应按其结构底板水平投影面积计算 1/2 面积;有围护设施(或柱、或栏杆、栏板)的檐廊,应按其围护设施(或柱)外围水平面积计算 1/2 面积,如图 4.17 所示。

有围护设施的檐廊

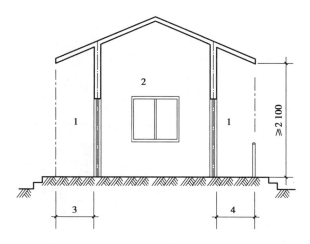

图 4.17　檐廊示意图

1—檐廊;2—室内;3—不计算建筑面积部位;4—计算 1/2 建筑面积部位

⑮门斗应按其围护结构外围水平面积计算建筑面积,且结构层高在 2.20 m 及以上的,应计算全面积;结构层高在 2.20 m 以下的,应计算 1/2 面积,如图 4.18 所示。

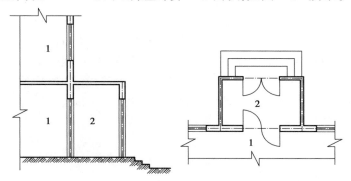

图 4.18　门斗示意图

1—室内;2—门斗

【例 4.4】　计算如图 4.19 所示建筑物门斗的建筑面积。

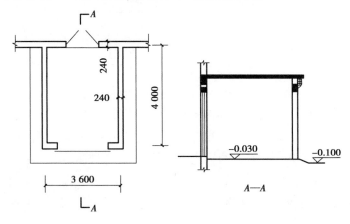

图 4.19　建筑物门斗

解 （3.6+0.24）m×4 m=15.36 m²

⑯门廊应按其顶板的水平投影面积的 1/2 计算建筑面积;有柱雨篷应按其结构板水平投影面积的 1/2 计算建筑面积;无柱雨篷的结构外边线至外墙结构外边线的宽度在 2.10 m 及以上的,应按雨篷结构板的水平投影面积的 1/2 计算建筑面积。

【例4.5】 计算如图 4.20 所示的门廊建筑面积。

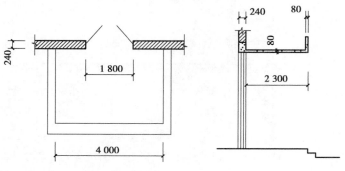

图 4.20 带门廊的建筑物

解 $S=2.3 \text{ m}×(4+0.08) \text{ m}×1/2=4.692 \text{ m}^2$

⑰设在建筑物顶部的、有围护结构的楼梯间、水箱间、电梯机房等,结构层高在 2.20 m 及以上的,应计算全面积;结构层高在 2.20 m 以下的,应计算 1/2 面积。

⑱围护结构不垂直于水平面的楼层,应按其底板面的外墙外围水平面积计算,如图 4.21 所示。结构净高在 2.10 m 及以上的部位,应计算全面积;结构净高在 1.20 m 及以上至 2.10 m 以下的部位,应计算 1/2 面积;结构净高在 1.20 m 以下的部位,不应计算建筑面积。

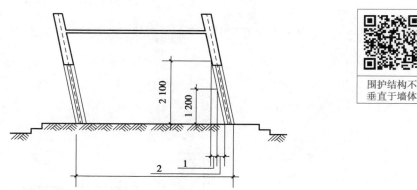

围护结构不垂直于墙体

图 4.21 围护结构不垂直于水平面的建筑物
1—计算 1/2 建筑面积部位;2—不计算建筑面积部位

⑲建筑物的室内楼梯、电梯井（图 4.22）、提物井、管道井、通风排气竖井、烟道,应并入建筑物的自然层计算建筑面积。有顶盖的采光井（图 4.23）应按一层计算面积,且结构净高在 2.10 m 及以上的,应计算全面积;结构净高在 2.10 m 以下的,应计算 1/2 面积。

⑳室外楼梯应并入所依附建筑物的自然层,并应按其水平投影面积的 1/2 计算建筑面积。

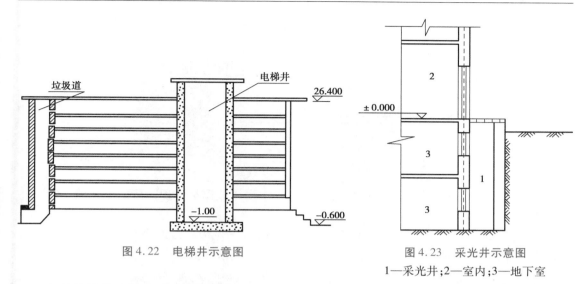

图 4.22 电梯井示意图

图 4.23 采光井示意图
1—采光井;2—室内;3—地下室

室外楼梯作为连接该建筑物层与层之间交通不可缺少的基本部件,无论从其功能还是工程计价的要求来说,均需计算建筑面积。层数为室外楼梯所依附的楼层数,即梯段部分投影到建筑物范围的层数。利用室外楼梯下部的建筑空间不得重复计算建筑面积;利用地势砌筑的为室外踏步,不计算建筑面积。

㉑在主体结构内的阳台,应按其结构外围水平面积计算全面积;在主体结构外的阳台,应按其结构底板水平投影面积计算 1/2 面积。

建筑物的阳台,不论其形式如何,均以建筑物主体结构为界分别计算建筑面积。

【例 4.6】 计算如图 4.24 所示建筑物阳台的建筑面积。

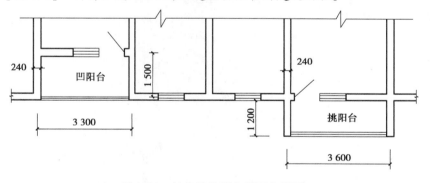

阳台面积计算

图 4.24 某建筑物阳台平面布置图

解 $S = \left[(3.3-0.24) \times 1.5 \times 1 + 1.2 \times (3.6+0.24) \times \dfrac{1}{2} \right] \text{ m}^2 = 4.60 \text{ m}^2$

㉒有顶盖无围护结构的车棚、货棚、站台、加油站、收费站等,应按其顶盖水平投影面积的 1/2 计算建筑面积。

【例 4.7】 计算如图 4.25 所示火车站单排柱站台的建筑面积。

解 $30 \text{ m} \times 6 \text{ m} \times \dfrac{1}{2} = 90 \text{ m}^2$

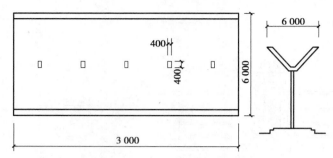

图 4.25　火车站单排柱站台

㉓以幕墙作为围护结构的建筑物,应按幕墙外边线计算建筑面积。装饰性幕墙不计算建筑面积。

幕墙以其在建筑物中所起的作用和功能来区分,直接作为外墙起围护作用的幕墙,按其外边线计算建筑面积;设置在建筑物墙体外起装饰作用的幕墙,不计算建筑面积。

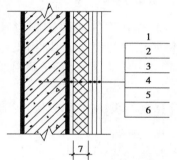

图 4.26　建筑外墙保温材料做法图
1—墙体;2—黏结胶浆;3—保温材料;4—标准网;
5—加强网;6—抹面胶浆;7—计算建筑面积部位

㉔建筑物的外墙外保温层(图 4.26),应按其保温材料的水平截面积计算,并计入自然层的建筑面积。

㉕与室内相通的变形缝,应按其自然层合并在建筑物的建筑面积内计算。对高低联跨的建筑物,当高低跨内部连通时,其变形缝应计算在低跨面积内。

㉖对建筑物内的设备层、管道层、避难层等有结构层的楼层,结构层高在 2.20 m 及以上的,应计算全面积;结构层高在 2.20 m 以下的,应计算 1/2 面积。

【例4.8】　某住宅楼底层平面图如图 4.27 所示。已知内、外墙厚均为 240 mm,房屋层高为 2.9 m,设有悬挑雨篷及非封闭阳台,试计算住宅底层建筑面积。

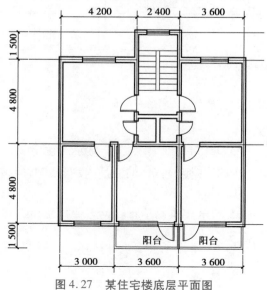

图 4.27　某住宅楼底层平面图

房屋建筑面积按勒脚以上结构外围水平面积计算,应为:

房屋建筑面积=[(3+3.6+3.6+0.12×2)×(4.8+4.8+0.12×2)+(2.4+0.12×2)×(1.5-0.12+0.12)]m² =(102.73+3.96)m² =106.69 m²

凸阳台建筑面积=[0.5×(3.6+3.6)×(1.5-0.12)]m² =4.97 m²

住宅底层建筑面积=106.69 m² +4.97 m² =111.66 m²

本章小结

本章对建筑面积计算规范中涉及的建筑物有关部位的名词作出了解释,并详细讲解了建筑面积计算范围、计算方法和不计算建筑面积的范围。

课后习题

1. 建筑面积包括使用面积、辅助面积和(　　　)。

A. 居住面积　　　　B. 结构面积　　　　C. 有效面积　　　　D. 生活或生产使用的净面积

2. 某建筑物为23层,电梯间围护结构外围长2 m、宽2 m,电梯间出屋面高2 m,则该电梯间的建筑面积为(　　　)。

A. 90 m²　　　　B. 92 m²　　　　C. 94 m²　　　　D. 88 m²

3. 下列项目按水平投影面积的1/2计算建筑面积的有(　　　)。

A. 挑阳台　　　　B. 架空走廊　　　　C. 屋顶水箱　　　　D. 屋顶电梯机房

4. 雨篷结构的外边线至外墙结构外边线的宽度超过(　　　)者,应按雨篷结构板的水平投影面积的1/2计算。

A. 1 m　　　　B. 1.5 m　　　　C. 2 m　　　　D. 2.1 m

5. 某单层建筑物层高2.1 m,外墙外围水平投影面积为150 m²,该建筑物建筑面积为(　　　)。

A. 150 m²　　　　B. 75 m²　　　　C. 50 m²　　　　D. 0 m²

6. 建筑物的首层建筑面积按照(　　　)计算。

A. 外墙勒脚外围建筑尺寸　　　　B. 外墙勒脚外围结构尺寸

C. 外墙勒脚以上外围建筑尺寸　　　　D. 外墙勒脚以上外围结构尺寸

7. 建筑物内的门厅、大厅,其建筑面积(　　　)计算。

A. 按结构外围水平面积　　　　B. 不论其高度如何均按一层计算建筑面积

C. 按自然层水平投影面积　　　　D. 按门厅、大厅的净面积

8. 管道井按(　　　)计算建筑面积。

A. 自然层　　　　B. 能够计算面积的层数

C. 一层　　　　D. 层高大于2.1 m的层数

9. 形成建筑空间的坡屋顶,结构净高(　　　)的部位不应计算面积。

A. 在1.20 m及以上　　　　B. 在1.20 m以下

C. 在2.10 m及以上　　　　D. 在2.10 m以下

10. 多层建筑物各层结构层高(　　　)应计算全面积。

A. 2.10 m者　　　　B. 在2.10 m及以上者

C. 2.20 m者　　　　D. 在2.20 m及以上者

5　建筑工程工程量计算

【知识目标】

(1)掌握工程量计算方法;

(2)掌握建筑工程各分部分项工程的清单工程量计算规则;

(3)掌握建筑工程各分部分项工程的定额工程量计算规则。

【能力目标】

(1)能熟练进行建筑工程各分部分项工程量的清单工程量的计算;

(2)能熟练进行建筑工程各分部分项工程量的定额工程量的计算。

【素质目标】

(1)培养好学深思的探究态度和与时俱进的学习习惯;

(2)培养精益求精、一丝不苟的工作态度,严谨、实事求是的工作作风;

(3)培养诚实守信、客观公正、坚持准则、廉洁自律的职业道德;

(4)培养团队协作、管理统筹、沟通协调、自信表达的职业素养。

5.1　工程量计算概述

5.1.1　工程量的概念

工程量是以自然计量单位或物理计量单位表示的各个分项工程或结构构件的实物数量。

物理计量单位是指需经量度的具有一定物理意义的计量单位,如重量以"kg"或"t"为计量单位,长度以"m"为计量单位,面积以"m²"为计量单位,体积以"m³"为计量单位等。例如,10 t钢筋就是以物理计量单位表示的钢筋工程量。

自然计量单位是指不需要量度的具有某种自然属性的计量单位,如套、个、组、台、座等计量单位。

工程量一般有清单工程量和定额工程量两种。

①清单工程量是根据设计的图纸及清单规范的计算规则计算的某一清单项目的实体工程量。本书清单工程量根据《房屋建筑与装饰工程工程量计算规范》(GB 50854—2013)(以下简称《清单规范》)和《重庆市建设工程工程量计算规则》(CQJLGZ—2013)的规定进行

计算。

②定额工程量则是根据设计的施工图纸、施工方案及地区建筑工程计价定额计算规则,以物理单位表示的某一定额分项工程的实体工程量,其工作内容仅包括定额分项工程工作内容。本书定额工程量根据《重庆市房屋建筑与装饰工程计价定额》(CQJZZSDE—2018)、《重庆市装配式建筑工程计价定额》(CQZPDE—2018)、《重庆市绿色建筑工程计价定额》(CQLSJZDE—2018)等规定进行计算。

5.1.2 工程量计算的意义

工程量计算是指建设工程项目以工程设计图纸、施工组织设计或施工方案及有关技术经济文件为依据,按照相关工程国家标准的计算规则、计量单位等规定,进行工程数量的计算活动,在工程建设中简称为工程计量。

工程量计算工作是整个预算编制过程中最繁重的一道工序,准确计算工程量是编制预算非常重要的环节。

①工程量是施工企业合理安排施工进度,组织现场劳动力、材料以及机械的重要依据。

②工程量是施工企业向建设投资单位结算工程价款的重要依据。

③工程计价以工程量为基本依据,工程量计算的准确与否直接影响工程造价的准确性。

5.1.3 工程量计算的依据

工程量计算的依据主要有:

①经审定通过的施工设计图纸和说明;

②工程量清单和计价定额;

③经审定通过的施工组织设计和施工方案;

④经审定通过的其他有关技术经济文件。

5.1.4 工程量计算的一般规则

工程量必须按照工程量计算规则进行正确计算。计算工程量时应注意:按设计图纸所列项目的工程内容和计量单位,必须与国家或地方现行的工程内容和工程量计算规则相一致,不得随意更改。

1)工程量计算有效位数的规定

工程量计算时每一项目汇总的有效位数应遵守以下规定:

①以"t"为单位,应保留小数点后三位数字,第四位四舍五入。

②以"m""m²""m³""kg"为单位,应保留小数点后两位数字,第三位小数四舍五入。

③以"个""件""根""组""系统"等为单位,应取整数。

2)工程量计算的方法

计算工程量时应区别不同情况,一般采用以下几种方法:

(1)按顺时针的顺序计算

从图纸左上角开始,按顺时针方向依次进行计算,绕图一周后又重新回到起点。这种方法一般用于墙砌体、带形基础等构件计算,能有效防止漏算和重复计算。

（2）按构件的编号顺序计算

结构图中分布在不同部位、不同种类、不同型号的构件，为了便于计算和复核，按同类构件的编号顺序统计数量，然后进行计算。

（3）按定额分部分项顺序计算

本方法是按照定额的章节顺序和子目顺序依次计算。例如，土石方工程、桩基础工程、脚手架工程、砌体工程、混凝土及钢筋混凝土工程、金属结构工程、门窗工程、木结构工程、楼地面工程、屋面工程等。

（4）按施工顺序计算

本方法是按施工的先后顺序依次计算工程量。如基础工程量的计算，按施工顺序依次列项计算：场地平整、挖土方、基础垫层、基础、防潮层、基础回填土、余土运输（借土运输）。

（5）按先横后竖、先上后下、先左后右的顺序计算

本方法是指在计算内墙砌体、内墙基础、内墙装饰工程量时，可按先横墙后竖墙的顺序进行计算。计算横墙时先上后下，横墙间断时先左后右；计算竖墙时先左后右，竖墙间断时先上后下。

（6）按轴线编号计算

为了方便计算和复核结构比较复杂的工程量，可按图纸上所标注的轴线编号顺序计算。例如，在同一平面中，带形基础的长度和宽度不一致时，可按Ⓐ轴①～③轴，Ⓑ轴⑤、⑦轴的顺序计算。

5.2　土石方工程

5.2.1　土石方工程清单工程量计算

土石方工程包括土方工程、石方工程和回填，即平整场地、挖一般土石方、挖沟槽土石方、挖基坑土石方、回填方等项目。

1）土方工程清单工程量计算规则

土方工程清单工程量计算规则如下，其清单设置要求见表5.1。

①平整场地工程量按设计图示尺寸以建筑物首层建筑面积计算。建筑物地下室结构外边线凸出首层结构外边线时，其凸出部分的建筑面积合并计算。

平整场地是指平整至设计标高后，建筑物场地厚度≤±300 mm局部就地挖、填、运、找平，其示意图如图5.1所示。

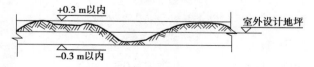

图5.1　平整场地示意图

②挖一般土方按设计图示尺寸以体积计算。重庆市规定，挖一般土方应按设计图示尺寸体积加放坡工程量计算。

挖填土石方厚度>±300 mm的竖向布置挖土或山坡切土,以及建筑物场地厚度≤±300 mm以内的全挖、全填土方按挖一般土方项目编码列项。

表5.1 土方工程(编号:010101)

项目编码	项目名称	项目特征	计量单位	工作内容
010101001	平整场地	1. 土壤类别; 2. 弃土运距; 3. 取土运距	m²	1. 土方挖填; 2. 场地找平; 3. 运输
010101002	挖一般土方	1. 土壤类别; 2. 挖土深度; 3. 弃土运距	m³	1. 排地表水; 2. 土方开挖; 3. 围护(挡土板)及拆除; 4. 基底钎探; 5. 运输
010101003	挖沟槽土方			
010101004	挖基坑土方			
010101005	冻土开挖	1. 冻土厚度; 2. 弃土运距		1. 爆破; 2. 开挖; 3. 清理; 4. 运输
010101006	挖淤泥、流砂	1. 挖掘深度; 2. 弃淤泥、流砂距离		1. 开挖; 2. 运输
010101007	管沟土方	1. 土壤类别; 2. 管外径; 3. 挖沟深度; 4. 回填要求	1. m 2. m³	1. 排地表水; 2. 土方开挖; 3. 围护(挡土板)、支撑; 4. 运输; 5. 回填

注:①挖土方平均厚度应按自然地面测量标高至设计地坪标高间的平均厚度确定。基础土方开挖深度应按基础垫层底表面标高至交付施工场地标高确定,无交付施工场地标高时,应按自然地面标高确定。

②挖土方如需截桩头时,应按桩基工程相关项目列项。

③桩间挖土不扣除桩的体积,并在项目特征中加以描述。

④弃、取土运距可以不描述,但应注明由投标人根据施工现场实际情况自行考虑,决定报价。

⑤土方体积应按挖掘前的天然密实体积计算。非天然密实土方应按表5.2折算。

⑥挖方出现流砂、淤泥时,如设计未明确,在编制工程量清单时,其工程数量可为暂估量,结算时应根据实际情况由发包人与承包人双方现场签证确认工程量。

⑦管沟土方项目适用于管道(给排水、工业、电力、通信)、光(电)缆沟[包括人(手)孔、接口坑]及连接井(检查井)等。

③挖沟槽土方、挖基坑土方按设计图示尺寸以基础垫层底面积乘以挖土深度计算。

沟槽、基坑、一般土方的划分为:底宽≤7 m且底长>3倍底宽为沟槽;底长≤3倍底宽且底面积≤150 m²为基坑;超出上述范围则为一般土方。

需要注意的是:挖沟槽、基坑、一般土方因工作面和放坡增加的工程量(管沟工作面增加的工程量)是否并入各土方工程量中,应按各省、自治区、直辖市或行业建设主管部门的规定实施。根据《重庆市建设工程工程量计算规则》(CQJLGZ—2013)的规定,挖沟槽、基坑、一般土方因工作面和放坡增加的工程量并入各土方工程量中,编制工程量清单和办理工程结算时,如设计或批准的施工组织设计方案有规定时按规定计算;无规定时,放坡系数按表5.3中三类土规定计算,加宽工作面按表5.4和表5.5的规定计算。

④冻土开挖按设计图示尺寸开挖面积乘以厚度以体积计算。

⑤挖淤泥、流砂按设计图示位置、界限以体积计算。

⑥管沟土方:以"m"计量,按设计图示以管道中心线长度计算;以"m³"计量,按设计图示管底垫层面积乘以挖土深度计算;无管底垫层按管外径的水平投影面积乘以挖土深度计算。不扣除各类井的长度,井的土方并入。

表5.2 土方体积折算系数表

天然密实度体积	虚方体积	夯实后体积	松填体积
0.77	1.00	0.67	0.83
1.00	1.30	0.87	1.08
1.15	1.50	1.00	1.25
0.92	1.20	0.80	1.00

注:①虚方指未经碾压、堆积时间≤1年的土壤。

②本表按《全国统一建筑工程预算工程量计算规则》(GJDGZ 101—1995)整理。

③设计密实超过规定的,填方体积按工程设计要求执行;无设计要求的,按各省、自治区、直辖市或行业建设行政主管部门规定的系数执行。

表5.3 土方放坡起点深度和放坡系数表

土类别	放坡起点/m	人工挖土	机械挖土		
			在坑内作业	在坑上作业	顺沟槽在坑上作业
一、二类土	1.20	1:0.5	1:0.33	1:0.75	1:0.5
三类土	1.50	1:0.33	1:0.25	1:0.67	1:0.33
四类土	2.00	1:0.25	1:0.10	1:0.33	1:0.25

注:①沟槽、基坑中土类别不同时,分别按其放坡起点、放坡系数,根据不同土类别厚度加权平均计算。

②计算放坡时,在交接处的重复工程量不予扣除,原槽、坑作基础垫层时,放坡自垫层上表面开始计算。

表5.4 基础施工所需工作面宽度计算表

基础材料	每边各增加工作面宽度/mm
砖基础	200
浆砌毛石、条石基础	150
混凝土基础垫层支模板	300
混凝土基础支模板	300
基础垂直面做防水层	1 000(防水层面)

注:本表按《全国统一建筑工程预算工程量计算规则》(GJDGZ 101—1995)整理。

表5.5　管沟施工每侧所需工作面宽度计算表

管沟材料	管道结构宽/mm			
	≤500	≤1 000	≤2 500	>2 500
混凝土及钢筋混凝土管道/mm	400	500	600	700
其他材质管道/mm	300	400	500	600

注:①本表按《全国统一建筑工程预算工程量计算规则》(GJDGZ 101—1995)整理。
　　②管道结构宽:有管座的按基础外缘,无管座的按管道外径。

2)石方工程清单工程量计算规则

石方工程量清单项目中将石方工程分为挖一般石方、挖沟槽石方、挖基坑石方、挖管沟石方等项目,其工程量计算规则如下,清单设置规则见表5.6。

①挖一般石方按设计图示尺寸以体积计算。

②挖沟槽石方、挖基坑石方按设计图示尺寸基础或垫层底面积乘以挖石深度以体积计算。

③挖管沟石方:以"m"计量,按设计图示以管道中心线长度计算;以"m³"计量,按设计图示截面积乘以长度计算。

表5.6　石方工程(编号:010102)

项目编码	项目名称	项目特征	计量单位	工作内容
010102001	挖一般石方	1.岩石类别; 2.开凿深度; 3.弃碴运距	m³	1.排地表水; 2.凿石; 3.运输
010102002	挖沟槽石方			
010102003	挖基坑石方			
010102004	挖管沟石方	1.岩石类别; 2.管外径; 3.挖沟深度	1. m 2. m³	1.排地表水; 2.凿石; 3.回填; 4.运输

其中:

a.挖石应按自然地面测量标高至设计地坪标高的平均厚度确定。基础石方开挖深度应按基础垫层底表面标高至交付施工场地标高确定,无交付施工场地标高时,应按自然地面标高确定。

b.厚度>±300 mm的竖向布置挖石或山坡凿石应按挖一般石方项目编码列项。

c.沟槽、基坑、一般石方的划分:底宽≤7 m且底长>3倍底宽为沟槽;底长≤3倍底宽且底面积≤150 m²为基坑;超出上述范围则为一般石方。

d.弃碴运距可以不描述,但应注明由投标人根据施工现场实际情况自行考虑,再决定报价。

e.岩石分类应按表5.7确定。

表5.7　岩石分类表

岩石分类		代表性岩石	开挖方法
极软岩		1.全风化的各种岩石； 2.各种半成岩	部分用手凿工具，部分用爆破法开挖
软质岩	软岩	1.强风化的坚硬岩或较硬岩； 2.中等风化—强风化的较软岩； 3.未风化—微风化的页岩、泥岩、泥质砂岩等	用风镐和爆破法开挖
	较软岩	1.中等风化—强风化的坚硬岩或较硬岩； 2.未风化—微风化的凝灰岩、千枚岩、泥灰岩、砂质泥岩等	用爆破法开挖
硬质岩	较硬岩	1.微风化的坚硬岩； 2.未风化—微风化的大理岩、板岩、石灰岩、白云岩、钙质砂岩等	用爆破法开挖
	坚硬岩	未风化—微风化的花岗岩、闪长岩、辉绿岩、玄武岩、安山岩、片麻岩、石英砂岩、硅质砾岩、硅质石灰岩等	用爆破法开挖

注：本表根据《工程岩体分级标准》（GB/T 50218—2014）和《岩土工程勘察规范》（GB 50021—2001,2009 年版）整理。

f. 石方体积应按挖掘前的天然密实体积计算。非天然密实石方应按表5.8 折算。

表5.8　石方体积折算系数表

石方类别	天然密实度体积	虚方体积	松填体积	码方
石方	1.0	1.54	1.31	—
块石	1.0	1.75	1.43	1.67
砂夹石	1.0	1.07	0.94	—

g. 管沟石方项目适用于管道（给排水、工业、电力、通信）、光（电）缆沟［包括人（手）孔、接口坑］及连接井（检查井）等。

3）沟槽、基坑土石方工程清单计量公式

（1）沟槽土石方工程量计算公式

沟槽土方工程量的表达式如下：

$$沟槽体积(V_{挖})= 沟槽长度(L)×沟槽断面面积(S_槽)$$

沟槽长度 L：外墙沟槽长度按图示中心线长度计算（$L_中$），内墙沟槽长度按槽底净长计算（$L_槽$）。

①直壁形式（不放坡、不设挡土板），如图 5.2 所示，计算公式为：

$$V = (a + 2c)LH$$

式中　a——垫层（或基础）宽度；

　　　c——增加工作面宽度，其取值可参照表 5.4；

　　　H——挖土深度。

②支挡土板，如图 5.3 所示，计算公式为：

$$V = (a + 2c + 0.2)LH$$

式中 0.2——支挡土板增加的工作面宽度。

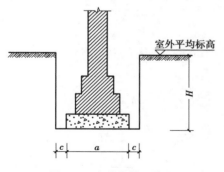

图 5.2 直壁沟槽示意图

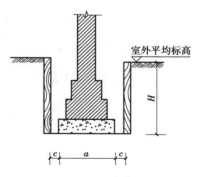

图 5.3 支挡土板沟槽示意图

③垫层底面放坡,如图 5.4 所示,计算公式为:

$$V = (a + 2c + kH)LH$$

式中 k——放坡系数,其取值可参照表 5.3。

④由垫层上表面放坡(垫层采用原槽浇筑时),如图 5.5 所示,计算公式为:

$$V = [aH_2 + (a + kH_1)]H_1L$$

式中 H_1——垫层上表面至沟槽上口的深度;

H_2——垫层厚度。

由垫层上表面放坡(垫层采用原槽浇筑时)

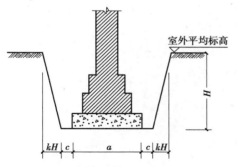

图 5.4 垫层底面放坡示意图

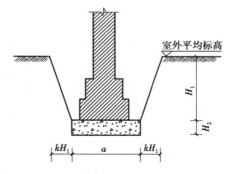

图 5.5 垫层上表面放坡示意图

注意,沟槽交接处放坡产生的重复工程量不予扣除,如图 5.6 所示。

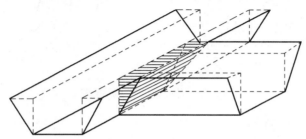

图 5.6 沟槽放坡时交接处重复工程量示意图

(2)基坑土石方工程量计算公式

凡长边小于短边 3 倍者,且底面积(不含加宽工作面)在 150 m² 以内,执行基坑定额子目。

①方形基坑不放坡、不支挡土板,计算公式为:

$$V = (a + 2c)(b + 2c)H$$

②方形基坑四面支挡土板,计算公式为:

$$V = (a + 2c + 2 \times 0.1)(b + 2c + 2 \times 0.1)H$$

③方形基坑需要放坡,如图5.7所示,计算公式为:

$$V = (a + 2c + kH)(b + 2c + kH)H + \frac{1}{3}k^2H^3$$

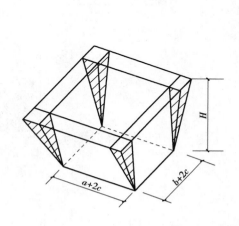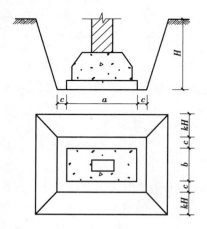

图5.7　方形基坑放坡示意图

④圆形基坑放坡,如图5.8所示,计算公式为:

$$V = \frac{1}{3}\pi H(R_1^2 + R_2^2 + R_1 R_2)$$

式中　R_1——下底半径,$R_1 = r + c$;

　　　R_2——上口半径,$R_2 = R_1 + kH$。

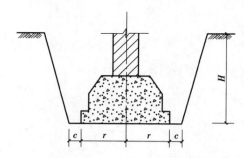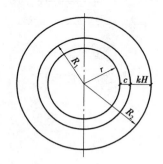

图5.8　圆形基坑放坡示意图

4)回填清单工程量计算

(1)回填工程量计算规则

回填工程包括回填土和余方弃置两个清单子项,计算规则如下,清单设置规则见表5.9。

①回填方按设计图示尺寸以体积计算。

a.场地回填:回填面积乘以平均回填厚度。

b. 室内回填：主墙间面积乘以回填厚度，不扣除间隔墙。

c. 基础回填：按挖方清单项目工程量减去自然地坪以下埋设的基础体积(包括基础垫层及其他构筑物)。

②余方弃置按挖方清单项目工程量减去利用回填方体积(正数)计算。

表5.9 回填(编号:010103)

项目编码	项目名称	项目特征	计量单位	工作内容
010103001	回填方	1. 密实度要求； 2. 填方材料品种； 3. 填方粒径要求； 4. 填方来源、运距	m³	1. 运输； 2. 回填； 3. 压实
010103002	余方弃置	1. 废弃料品种； 2. 运距		余方点装料运输至弃置点

(2)回填土工程量计算公式

①基槽、基坑回填土工程量计算公式：

$$V_{基础回填土} = V_{挖} - V_{设计室外地坪以下埋设的构件体积}$$

②室内房心回填土工程量计算公式：

$$V_{房心回填} = 室内净面积 \times 回填厚度$$
$$回填厚度 = 室内外高差 - 面层厚度与垫层厚度之和$$

(3)土方运输

$$余土方运输量 = 挖方量 - 填方量 \times 填方压实系数$$
$$借土方运输量 = 需填方量 \times 填方压实系数$$

5)土石方工程量清单计算示例

【例5.1】 某沟槽深2.5 m,计算长度为30 m,混凝土垫层底宽为3 m,采用放坡开挖,放坡坡度为1:0.5,每边增加工作面宽度为300 mm,试计算该沟槽开挖工程量。

解 该沟槽的开挖工程量为：

$$V = (a + 2c + kH)LH$$
$$= (3 + 2 \times 0.3 + 0.5 \times 2.5)m \times 30\ m \times 2.5\ m$$
$$= 348.75\ m^3$$

【例5.2】 某工程基础平面图和剖面图如图5.9所示,试计算土方工程量。已知土壤为一类土,混凝土垫层体积为14.68 m³,砖基础体积为37.30 m³,地面垫层、面层厚度共85 mm。

解 因为开挖深度 $H = 1.1$ m,小于一类土放坡起点深度1.50 m,所以不用放坡或支挡土板。因为垫层采用支模浇筑,所以周边应增加支模工作面300 mm。

1)基数计算

$$L_{外} = (11.88 + 10.38)m \times 2 = 44.52\ m$$
$$L_{中} = (11.4 + 0.24 \times 2 - 0.18 \times 2)m \times 2 + (9.9 + 0.24 \times 2 - 0.18 \times 2)m \times 2 = 43.08\ m$$
$$L_{内} = (4.8 - 0.12 \times 2)m \times 4 + (9.9 - 0.12 \times 2)m \times 2 = 37.56\ m$$
$$S_{底} = 11.88\ m \times 10.38\ m = 123.31\ m^2$$

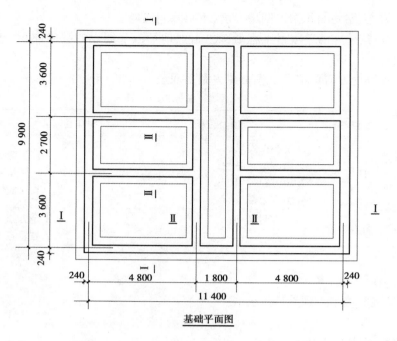

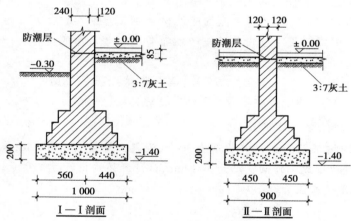

图 5.9　某工程基础平面图及剖面图

2）工程量计算

（1）平整场地工程量

$$S = S_{底} = 123.31 \ m^2$$

（2）挖沟槽工程量

$V = (a + 2c)LH$

$L_{中} = (11.4 + 0.24 \times 2 - 0.18 \times 2)m \times 2 + (9.9 + 0.24 \times 2 - 0.18 \times 2)m \times 2 = 43.08 \ m$

外墙挖沟槽 $V_{外} = (1.0 + 2 \times 0.3)m \times 1.1 \ m \times 43.08 \ m = 75.82 \ m^3$

$L_{槽} = (9.9 - 0.44 \times 2 - 0.3 \times 2) \times 2 + (4.8 - 0.44 - 0.45 - 0.3 \times 2) \times 4$

$\quad = 16.84 \ m + 13.24 \ m = 30.08 \ m$

内墙挖沟槽 $V_{内} = (0.9 + 0.3 \times 2)m \times 1.1 \ m \times 30.08 \ m = 49.63 \ m^3$

$$V_挖 = V_外 + V_内 = 75.82\ m + 49.63\ m = 125.45\ m^3$$

（3）回填土工程量

$$V_{基础回填} = V_挖 - V_{设计室外地坪以下埋设的构件体积}$$

$$= 125.45\ m^3 - 14.68\ m^3 - 37.30\ m^3 = 73.47\ m^3$$

$$V_{房心回填} = (S_底 - L_中 × 墙厚 - L_内 × 墙厚) × h$$

$$= [(123.31 - 43.08 × 0.36 - 37.56 × 0.24) × (0.3 - 0.085)]\ m^3$$

$$= 21.24\ m^3$$

（4）土方运输工程量

$$V_运 = V_挖 - V_{基础回填} - V_{房心回填}$$

$$= 125.45\ m^3 - 73.47\ m^3 - 21.24\ m^3 = 30.74\ m^3$$

5.2.2　土石方定额工程量计算

①平整场地工程量按设计图示尺寸以建筑物首层建筑面积计算。建筑物地下室结构外边线突出首层结构外边线时，其突出部分的建筑面积合并计算。

②土石方的开挖、运输，均按开挖前的天然密实体积以"m³"计算。土方体积按表5.2折算。

③挖土石方。

a.挖一般土石方工程量按设计图示尺寸体积加放坡工程量计算。

b.挖沟槽、基坑土石方工程量，按设计图示尺寸以基础或垫层底面积乘以挖土深度加工作面及放坡工程量以"m³"计算。

c.开挖深度按图示槽、坑底面至自然地面（场地平整的按平整后的标高）高度计算。

d.人工挖沟槽、基坑如在同一沟槽、基坑内，有土有石时，按其土层与岩石不同深度分别计算工程量，按土层与岩石对应深度执行相应定额子目。

④挖淤泥、流砂工程量按设计图示位置、界限以"m³"计算。

⑤挖一般土方、沟槽、基坑土方放坡应根据设计或批准的施工组织设计要求的放坡系数计算。如设计或批准的施工组织设计无规定时，放坡系数按表5.10规定计算；石方放坡应根据设计或批准的施工组织设计要求的放坡系数计算。

表5.10　放坡系数表

人工挖土	机械开挖土方		放坡起点深度/m
土方	在沟槽、坑底	在沟槽、坑边	土方
1:0.3	1:0.25	1:0.67	1.5

a.计算土方放坡时，在交接处所产生的重复工程量不予扣除。

b.挖沟槽、基坑土方垫层为原槽浇筑时，加宽工作面从基础外缘边起算；垫层浇筑需支模时，加宽工作面从垫层外缘边起算。

c.如放坡处重复量过大，其计算总量等于或大于大开挖方量时，应按大开挖规定计算土方工程量。

d. 槽、坑土方开挖支挡土板时,土方放坡不另行计算。

⑥沟槽、基坑工作面宽度按设计规定计算,如无设计规定时,按表 5.11 计算。

表 5.11 工作面增加宽度表

建筑工程		构筑物	
基础材料	每侧工作面宽/mm	无防潮层/mm	有防潮层/mm
砖基础	200		
浆砌条石、块(片)石	250		
混凝土基础支模板者	400	400	600
混凝土垫层支模板者	150		
基础垂面做砂浆防潮层	400(自防潮层面)		
基础垂面做防水防腐层	1 000(自防水防腐层)		
支挡土板100(另加)			

【例 5.3】 某基坑垫层的双向尺寸为 3.60 m×4.00 m,垫层底面距设计室外地坪 3.10 m。已知:普通土,垫层采用支模浇筑。分别计算下列条件下的土方工程量:

①当采用放坡开挖;

②当采用支挡土板开挖。

解 因为垫层底面积=3.6 m×4.0 m=14.4 m²<150 m²,所以属于挖基坑。

又因为是普通土,开挖深度 $H=3.10$ m,大于普通土放坡起点深度 1.50 m,所以应放坡或支挡土板开挖计算。

a. 当采用放坡开挖:

查表 5.10,放坡系数 $k=0.3$,因为垫层采用支模浇筑,查表 5.11,所以周边应增加支模工作面 150 mm。

土方工程量:

$$V = (a + 2c + kH) \times (b + 2c + kH)H + \frac{1}{3}k^2H^3$$

$$= \left[(4.0 + 2 \times 0.15 + 0.3 \times 3.1) \times (3.6 + 2 \times 0.15 + 0.3 \times 3.1) \times 3.1 + \frac{1}{3} \times 0.3^2 \times 3.1^3 \right] m^3$$

$$= 79.202 \ m^3$$

b. 当支挡土板开挖时:

因为垫层采用支模浇筑,所以周边应增加支模工作面 150 mm;又因为采用支挡土板挖土,所以周边应再增加工作面 100 mm。

土方工程量:

$$V = (a + 2c + 2 \times 0.1) \times (b + 2c + 2 \times 0.1) \times H$$

$$= \left[(4.0 + 2 \times 0.15 + 2 \times 0.1) \times (3.6 + 2 \times 0.15 + 2 \times 0.1) \times 3.1 \right] m^3$$

$$= 57.195 \ m^3$$

5.3　基础工程

基础工程主要介绍现浇混凝土基础和桩基工程量的计算。

5.3.1　现浇混凝土基础的类型

根据基础的构造形式,基础可分为桩基础、条形基础、独立基础、满堂基础等。

1)桩基础

桩是置于岩土中的柱形构件。一般房屋基础中,桩基的主要作用是将承受的上部竖向荷载,通过较弱地层传至深部较坚硬的、压缩性小的土层或岩层。

桩基础由基桩和连接在桩顶的承台共同组成,如图 5.10 所示。若桩身全部埋于土中,承台底面与土体接触,则称为低承台桩基;若桩身上部露出地面而承台底位于地面以上,则称为高承台桩基。

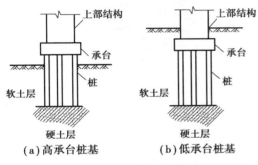

图 5.10　桩基础示意图

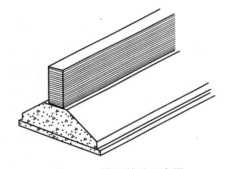

图 5.11　带形基础示意图

2)带形基础

带形基础又称条形基础,是指基础长度远远大于宽度的一种基础形式,如图 5.11 所示。按上部结构分为墙下条形基础和柱下条形基础。

3)独立基础

当建筑物上部结构采用框架结构或单层排架结构承重时,基础常采用方形、圆柱形和多边形等形式的独立式基础,这类基础称为独立基础,也称为单独基础。独立基础通常有阶形基础、锥形基础和杯形基础等形式,如图 5.12 所示。

图 5.12　独立基础示意图

4)满堂基础

用板梁墙柱组合浇筑而成的基础,称为满堂基础,如图5.13和图5.14所示。一般有板式(也称无梁式)满堂基础、梁板式(也称片筏式)满堂基础和箱形基础3种形式。

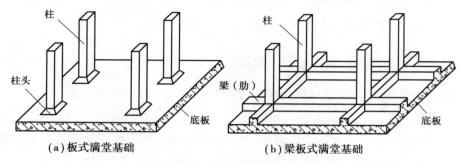

(a)板式满堂基础　　　　　(b)梁板式满堂基础

图5.13　满堂基础示意图

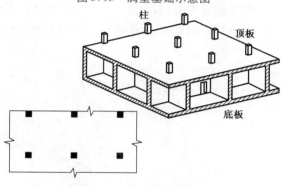

图5.14　箱式基础示意图

5.3.2　现浇混凝土基础工程量计算

1)现浇混凝土基础清单工程量计算

(1)工程量计算规则

现浇钢筋混凝土基础包含垫层、带形基础、独立基础、满堂基础、桩承台基础、设备基础等项目,其工程量计算按设计图示尺寸以体积计算,不扣除伸入承台基础的桩头所占体积。其清单设置规则见表5.12。

(2)清单工程量计算公式及例题

①带形基础。其外形呈长条状,基础工程量可按基础断面面积乘以计算长度以"m³"计算,带形基础断面形式一般有矩形、锥形、带肋锥形。

a.断面为矩形,工程量计算公式为:

$$V = S \times L$$

$$S = Bh$$

式中　L——带形基础长度,外墙取外墙基础中心线$L_{中}$,内墙取基底净长线$L_{基}$;

　　　S——断面面积。

　　　B——基础宽度;

　　　h——基础高度。

表 5.12　现浇混凝土基础(编码:010501)

项目编码	项目名称	项目特征	计量单位	工作内容
010501001	垫层	1. 混凝土种类; 2. 混凝土强度等级	m³	1. 模板及支撑制作、安装、拆除、堆放、运输及清理模内杂物、刷隔离剂; 2. 混凝土制作、运输、浇筑、振捣、养护
010501002	带形基础			
010501003	独立基础			
010501004	满堂基础			
010501005	桩承台基础			
010501006	设备基础	1. 混凝土种类; 2. 混凝土强度等级; 3. 灌浆材料及其强度等级	m³	

注:①有肋带形基础、无肋带形基础应分别编码列项,并注明肋高。

②箱式满堂基础中柱、梁、墙、板可按柱、梁、墙、板分别编码列项;箱式满堂基础按底板满堂基础项目列项。

③框架式设备基础中柱、梁、墙、板可按柱、梁、墙、板分别编码列项;基础部分按设备基础编码列项。

④毛石混凝土基础,项目特征应描述毛石所占比例。

　　b.断面为锥形,如图 5.15 所示,搭接部分可分解为 2 个三棱锥和半个长方体,工程量计算公式为:

$$V = S \times L + 2V_2$$

$$S = Bh_2 + \frac{(B + b)h_1}{2}$$

$$V_2 = V_{搭} = 2V_{三棱锥} + \frac{1}{2}V_{长方体} = L_{搭}\, h_1\, \frac{B + 2b}{6}$$

$$L_{搭} = \frac{B - b}{2}$$

式中　B——基底宽度;

　　　　b——基顶宽度;

　　　　h_1——梯形部分高度;

　　　　h_2——矩形部分高度;

　　　　V_2——T 形接头搭接,由两个三棱锥与半个长方形体积组成。

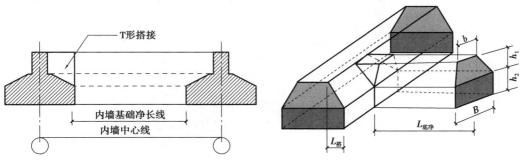

图 5.15　搭接示意图 1

c.断面为带肋锥形,如图 5.16 所示,工程量计算公式为:

$$V = S \times L + 2V_2$$

$$S = Bh_2 + \frac{(B+b)h_1}{2} + bH$$

$$V_2 = V_{搭} = L_{搭}\left[h_1 \times \frac{B+2b}{6} + bH\right]$$

$$L_{搭} = \frac{B-b}{2}$$

式中 H——肋梁高度。

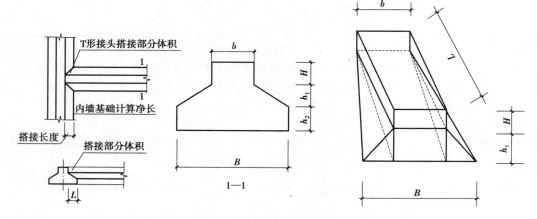

图 5.16   搭接示意图 2

【例 5.4】   某现浇钢筋混凝土带形基础尺寸,如图 5.17 所示,混凝土强度等级为 C30,计算现浇钢筋混凝土带形基础混凝土工程量。

解   图 5.17 中的带形基础为无肋带形基础,断面为锥形。

$$V = S \times L + 2V_2$$

$$S \times L = \left[Bh_2 + \frac{(B+b)h_1}{2}\right]L$$

$$= \left[1.20 \times 0.15 + (1.20 + 0.60) \times 0.10 \times \frac{1}{2}\right]\text{m}^2 \times (8.00 + 4.60 \times 2 + 4.60 - 0.6 \times 2)\text{m}$$

$$= 5.562 \ \text{m}^3$$

$$V_2 = V_{搭} = 2V_{三棱锥} + \frac{1}{2}V_{长方体} = \frac{L_{搭}h_1(B+2b)}{6}$$

$$= \frac{0.3 \times 0.1 \times (1.2 + 2 \times 0.6)}{6} \ \text{m}^3 = 0.012 \ \text{m}^3$$

$$V = S \times L + 2V_2 = 5.562 \ \text{m}^3 + 2 \times 0.012 \ \text{m}^3 = 5.586 \ \text{m}^3$$

②独立基础。独立基础的高度从垫层上表面计算至柱基上表面,如图 5.18 所示。

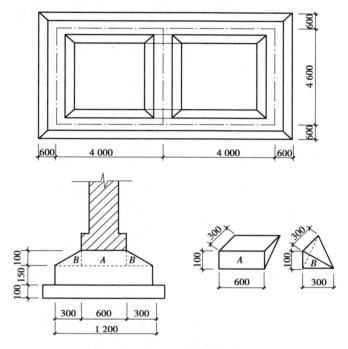

图 5.17　基础平面图及剖面图

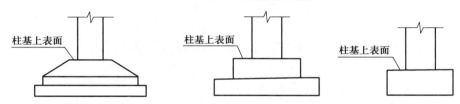

图 5.18　基础分界线

其中,四棱锥台形独立基础,如图 5.19 所示,其计算公式为:

$$V = \frac{1}{3} \times (S_{上} + S_{下} + \sqrt{S_{上} \times S_{下}}) \times H$$

式中　$S_{上}$——四棱台上底面面积;

　　　　$S_{下}$——四棱台下底面面积;

　　　　H——四棱台计算高度。

【例 5.5】　计算图 5.20 中现浇钢筋混凝土杯形基础工程量。

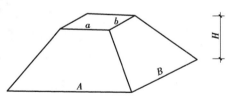

图 5.19　四棱台形独立基础

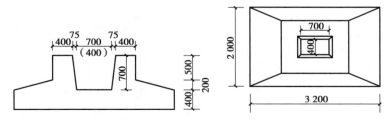

图 5.20　杯形基础平面图及剖面图

解 杯形基础总体积分为底部立方体、中部棱台体、上部立方体三者之和,再扣除杯口空心棱台体部分。

$$V_{底} = (3.2 \times 2 \times 0.4 \times 0.2)\,m^3 = 0.512\ m^3$$

$$V_{中} = \left\{ \frac{1}{3} \left[3.2 \times 2 + (0.4 \times 2 + 0.075 \times 2 + 0.7) \times (0.4 \times 2 + 0.075 \times 2 + 0.4) + \right. \right.$$
$$\left. \left. \sqrt{6.4 \times 1.65 \times 1.35} \right] \times 0.2 \right\} m^3 = 0.827\ m^3$$

$$V_{上} = (1.65 \times 1.35 \times 0.5)\,m^3 = 1.114\ m^3$$

$$V_{空} = \left\{ \frac{1}{3} \times \left[0.7 \times 0.4 + (0.4 + 0.075 \times 2) \times (0.7 + 0.075 \times 2) + \right. \right.$$
$$\left. \left. \sqrt{0.28 \times 0.55 \times 0.85} \right] \times 0.7 \right\} m^3 = 0.259\ m^3$$

杯形基础体积 $V_{总} = (0.512 + 0.827 + 1.114 - 0.259)\,m^3 = 2.194\ m^3$

2)现浇混凝土基础定额工程量计算

现浇混凝土基础定额工程量计算规则如下:

①无梁式满堂基础,其倒转的柱头(帽)并入基础计算,肋形满堂基础的梁、板合并计算。

②有肋带形基础,肋高与肋宽之比在5∶1以上时,肋与带形基础应分别计算。

③箱式基础应按满堂基础(底板)、柱、墙、梁、板(顶板)分别计算。

④框架式设备基础应按基础、柱、梁、板分别计算。

⑤计算混凝土承台工程量时,不扣除伸入承台基础的桩头所占体积。

5.3.3 桩基础工程量计算

1)挖孔桩土石方工程量计算

(1)挖孔桩土石方清单工程量计算

①挖孔桩土石方清单工程量计算规则。挖孔桩土石方工程量按设计图示尺寸(含护壁)截面积乘以挖孔深度以立方米计算,其清单项目设置规则见表5.13。

表5.13 挖孔桩土石方工程量清单设置规则

项目编码	项目名称	项目特征	计量单位	工作内容
010302004	挖孔桩土(石)方	1. 地层情况; 2. 挖孔深度; 3. 弃土(石)运距	m³	1. 排地表水; 2. 挖土、凿石; 3. 基底钎探; 4. 运输

注:①地层情况按规定,并根据岩土工程勘察报告按单位工程各地层所占比例(包括范围值)进行描述。对无法准确描述的地层情况,可注明由投标人根据岩土工程勘察报告自行决定报价。

②挖孔桩土石方适用于机械挖孔桩和人工挖孔桩。

②挖孔桩计算公式。挖孔桩体积由桩身直段、扩大头两个部分组成。其中，桩身直段体积按圆柱体积计算。扩大头体积分为扩大头直段、扩大头圆台和球冠体，如图 5.21 所示。

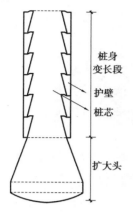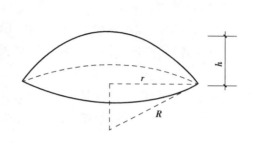

图 5.21 挖孔桩示意图

挖孔桩体积由以下几个部分组成：

a. 圆台的体积计算公式为：

$$V_台 = \frac{1}{3}\pi h(R^2 + Rr + r^2)$$

b. 球冠体的体积计算公式为：

$$V_{球冠体} = \pi h^2\left(R - \frac{h}{3}\right)$$

由于施工图中一般只标注 r 的尺寸，而 r 与 R 的关系为：

$$r^2 = R^2 - (R - h)^2$$

则

$$R = \frac{r^2 + h^2}{2h}$$

公式变换为：

$$V_{球冠体} = \frac{\pi h(3r^2 + h^2)}{6}$$

式中　r——平切圆半径（也就是扩大头的半径）；

　　　h——球冠体的高度。

（2）挖孔桩土石方定额工程量计算

①机械钻孔桩。旋挖机械钻孔灌注桩土（石）方工程量按设计图示桩的截面积乘以桩孔中心线深度以"m³"计算；成孔深度为自然地面至桩底的深度；机械钻孔灌注桩土（石）方工程量按设计桩长以"m"计算。

②人工挖孔桩。

a. 人工挖孔桩土石方工程量以设计桩的截面积（含护壁）乘以桩孔中心线深度以"m³"

计算。

b.人工挖孔桩,如在同一桩孔内,有土有石时,按其土层与岩石不同深度分别计算工程量,并执行相应定额子目。

2)挖孔桩混凝土工程量计算

(1)挖孔桩混凝土清单工程量计算规则

桩基工程工程量计算规则如下,其清单设置规则见表5.14。

①预制钢筋混凝土方桩、预制钢筋混凝土管桩:以"m"计量,按设计图示尺寸以桩长(包括桩尖)计算;以"m³"计量,按设计图示截面乘以桩长(包括桩尖)以实体积计算;以"根"计量,按设计图示数量计算。

②泥浆护壁成孔灌注桩、沉管灌注桩、干作业成孔灌注桩:以"m"计量,按设计图示尺寸以桩长(包括桩尖)计算;以"m³"计量,按不同截面在桩上范围内以体积计算;以"根"计量,按设计图示数量计算。

③人工挖孔灌注桩:以"m³"计量,按桩芯混凝土体积计算;以"根"计量,按设计图示数量计算。

④钻孔压浆桩:以"m"计量,按设计图示尺寸以桩长计算;以"根"计量,按设计图示数量计算。

⑤灌注桩后压浆按设计图示以注浆孔数计算。

表5.14 挖孔桩混凝土工程

项目编码	项目名称	项目特征	计量单位	工作内容
010301001	预制钢筋混凝土方桩	1.地层情况; 2.送桩深度、桩长; 3.桩截面; 4.桩倾斜度; 5.沉桩方法; 6.接桩方式; 7.混凝土强度等级	1.m 2.m³ 3.根	1.工作平台搭拆; 2.桩基竖拆、移位; 3.沉桩; 4.接桩; 5.送桩
010301002	预制钢筋混凝土管桩	1.地层情况; 2.送桩深度、桩长; 3.桩外径、壁厚; 4.桩倾斜度; 5.沉桩方法; 6.桩尖类型; 7.混凝土强度等级; 8.填充材料种类; 9.防护材料种类		1.工作平台搭拆; 2.桩基竖拆、移位; 3.沉桩; 4.接桩; 5.送桩; 6.桩尖制作安装; 7.填充材料、刷防护材料

续表

项目编码	项目名称	项目特征	计量单位	工作内容
010302001	泥浆护壁成孔灌注桩	1.地层情况； 2.空桩长度、桩长； 3.桩径； 4.成孔方法； 5.护筒类型、长度； 6.混凝土种类、强度等级	1.m 2.m³ 3.根	1.护筒埋设； 2.成孔、固壁； 3.混凝土制作、运输、灌注、养护； 4.土方、废泥浆外运； 5.打桩场地硬化及泥浆池、泥浆沟
010302002	沉管灌注桩	1.地层情况； 2.空桩长度、桩长； 3.复打长度； 4.桩径； 5.沉管方法； 6.桩尖类型； 7.混凝土种类、强度等级		1.打(沉)拔钢管； 2.桩尖制作、安装； 3.混凝土制作、运输、灌注、养护
010302003	干作业成孔灌注桩	1.地层情况； 2.空桩长度、桩长； 3.桩径； 4.扩孔直径、高度； 5.成孔方法； 6.混凝土种类、强度等级		1.成孔、扩孔； 2.混凝土制作、运输、灌注、振捣、养护
010302005	人工挖孔灌注桩	1.桩芯长度； 2.桩芯直径、扩底直径、扩底高度； 3.护壁厚度、高度； 4.护壁混凝土种类、强度等级； 5.桩芯混凝土种类、强度等级	1.m³ 2.根	1.护壁制作； 2.混凝土制作、运输、灌注、振捣、养护
010302006	钻孔压浆桩	1.地层情况； 2.空钻长度、桩长； 3.钻孔直径； 4.水泥强度等级	1.m 2.根	钻孔、下注浆管、投放骨料、浆液制作、运输、压浆
010302007	灌注桩后压浆	1.注浆导管材料、规格； 2.注浆导管长度； 3.单孔注浆量； 4.水泥强度等级	孔	1.注浆导管制作、安装； 2.浆液制作、运输、压浆

注:①地层情况按规定,并根据岩土工程勘察报告按单位工程各地层所占比例(包括范围值)进行描述。对无法准确描述的地层情况,可注明由投标人根据岩土工程勘察报告自行决定报价。

②项目特征中的桩长应包括桩尖,空桩长度=孔深-桩长,孔深为自然地面至设计桩底的深度。

③项目特征中的桩截面(桩径)、混凝土强度等级、桩类型等可直接用标准图代号或设计桩型进行描述。

（2）挖孔桩混凝土定额工程量计算

①机械钻孔灌注混凝土桩（含旋挖桩）工程量按设计截面面积乘以桩长（长度加 600 mm）以"m^3"计算。

②人工挖孔灌注桩桩芯混凝土：工程量按单根设计桩长乘以设计断面以"m^3"计算。

挖孔桩混凝土
定额工程量计算

【例5.6】 某工程采用人工挖孔灌注桩基础，设计情况如图5.22所示，桩数10根，护壁混凝土采用现场搅拌，强度等级为C25，桩芯采用商品混凝土，强度等级为C25，土方采用场内转运。地层情况自上而下为：四类土厚10 m，强风化泥岩（极软岩）厚1 m，以下为中风化泥岩（软岩），试分别依据清单工程量规则和定额工程量规则计算人工挖孔桩的土石方量以及混凝土工程量（不考虑空桩和凿桩头）。

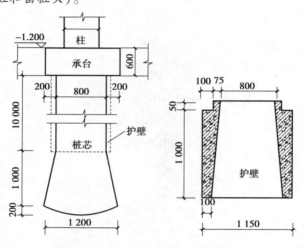

图5.22 人工挖孔桩示意图

解 1）人工挖孔桩土石方工程量

（1）清单工程量

①桩身直段工程量：

$$V_{桩身} = \pi \times \left(\frac{1.15}{2}\right)^2 \times 10 \ m^3 = 10.38 \ m^3$$

②扩大头圆台工程量：

$$V_{扩大头直段} = \frac{1}{3} \times \pi \times (0.4^2 + 0.6^2 + 0.4 \times 0.6) m^3 = 0.8 \ m^3$$

③扩大头球缺：

$$V_{球缺} = \pi \times 0.2 \times 0.2 \times \left(R - \frac{0.2}{3}\right)$$

$$R = \frac{0.6 \times 0.6 + 0.2 \times 0.2}{2} \times 0.4 \ m = 1 \ m$$

$$V_{球缺} = 0.12 \ m^3$$

④挖孔桩工程量：

$$V = 10 \times (10.38 + 0.8 + 0.12) m^3 = 113 \ m^3$$

（2）定额工程量

由于同一桩孔内，有土和石，因此需分别计算工程量。

①土方工程量：
$$V = \pi \times \left(\frac{1.15}{2}\right)^2 \times 10 \times 10 \ \text{m}^3 = 103.82 \ \text{m}^3$$

②强风化泥岩工程量：
$$V = \frac{1}{3} \times \pi \times 1 \times (0.4^2 + 0.6^2 + 0.4 \times 0.6) \times 10 \ \text{m}^3 = 80 \ \text{m}^3$$

③中风化泥岩工程量：
$$V_{球缺} = \pi \times 0.2 \times 0.2 \times \left(R - \frac{0.2}{3}\right) \times 10$$
$$R = \frac{0.6 \times 0.6 + 0.2 \times 0.2}{2} \times 0.4 \ \text{m} = 1 \ \text{m}$$
$$V_{球缺} = 1.2 \ \text{m}^3$$

2）人工挖孔灌注桩混凝土工程量

（1）护壁混凝土

$V = V_{圆柱} - V_{圆台桩身}$

$$V_{圆柱} = \pi \times \left(\frac{1.15}{2}\right)^2 \times 10 \times 10 \ \text{m}^3 = 103.82 \ \text{m}^3$$
$$V_{圆台桩身} = \frac{1}{3} \times \pi \times 1 \times (0.4^2 + 0.475^2 + 0.4 \times 475) \times 10 \times 10 \ \text{m}^3 = 60.25 \ \text{m}^3$$
$$V = V_{圆柱} - V_{圆台桩身} = 103.82 \ \text{m}^3 - 60.25 \ \text{m}^3 = 43.57 \ \text{m}^3$$

（2）人工挖孔桩混凝土

$$V = V_{有护壁段} + V_{无护壁段}$$
$$V_{有护壁段} = V_{圆台桩身} = 60.25 \ \text{m}^3$$
$$V_{无护壁段} = V_{扩大头直段} + V_{球缺} = (0.8 + 0.12) \times 10 \ \text{m}^3 = 92 \ \text{m}^3$$
$$V = V_{有护壁段} + V_{无护壁段} = 60.25 \ \text{m}^3 + 92 \ \text{m}^3 = 152.25 \ \text{m}^3$$

【例5.7】 某工程采用旋挖机干式作业成孔灌注桩，设计灌注桩50根，混凝土强度C30，桩径为1 000 mm，设计桩长20 m，入岩1 m。设计地坪标高为-0.6 m，桩顶设计标高为-3.6 m，不考虑凿除桩头，如图5.23所示，计算灌注桩土石方工程量及混凝土工程量。

解 1）灌注桩土石方工程量计算

由于设计桩长为20 m，嵌岩深度为2 m，因此，挖土深度为(23.6-0.6-2)m=21 m。

（1）挖土方工程量
$$V = \pi \times 0.5^2 \times 21 \times 50 \ \text{m}^3 = 824.25 \ \text{m}^3$$

（2）挖石方工程量
$$V = \pi \times 0.5^2 \times 2 \times 50 \ \text{m}^3 = 78.5 \ \text{m}^3$$

2）灌注桩混凝土工程量计算

（1）清单工程量
$$V = \pi \times 0.5^2 \times 20 \times 50 \ \text{m}^3 = 785 \ \text{m}^3$$

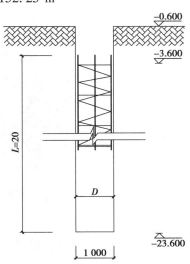

图5.23　灌注桩示意图

（2）定额工程量

$$V = \pi \times 0.5^2 \times (20 + 0.6) \times 50 \ m^3 = 808.55 \ m^3$$

5.4 砌筑工程

5.4.1 砌筑工程清单工程量计算

砌筑工程分为砖砌体、砌块砌体、石砌体和垫层。这里主要介绍砖砌体中砖基础、砖砌挖孔桩护壁、砖墙、砌体墙、砖柱、砌体柱、垫层等分部分项工程量计算，其他部分查询《房屋建筑与装饰工程工程量计算规范》（GB 50854—2013）。砌筑工程清单设置要求见表5.15和表5.16。

1）砖基础

砖基础按设计图示尺寸以体积计算，包括附墙垛基础宽出部分体积，扣除地梁（圈梁）、构造柱所占体积，不扣除基础大放脚T形接头处的重叠部分及嵌入基础内的钢筋、铁件、管道、基础砂浆防潮层和单个面积≤0.3 m² 的孔洞所占体积，靠墙暖气沟的挑檐不增加。其中，基础长度：外墙按外墙中心线，内墙按内墙净长线计算。"砖基础"项目适用于各种类型的砖基础：柱基础、墙基础、管道基础等。

基础与墙（柱）身分界：基础与墙（柱）身使用同一种材料时，以设计室内地坪为界，有地下室者，以地下室室内设计地面为界，以下为基础，以上为墙（柱）身，如图5.24所示。基础与墙身使用不同材料时，位于设计室内地面高度≤±300 mm 时，以不同材料为分界线，高度>±300 mm 时，以设计室内地面为分界线。

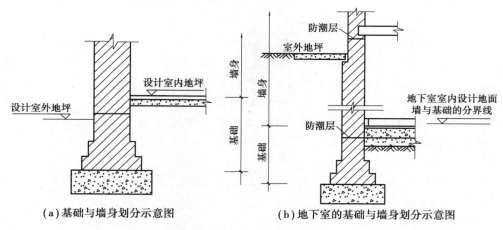

（a）基础与墙身划分示意图　　　　（b）地下室的基础与墙身划分示意图

图5.24　砖基础与墙身分界示意图（基础与墙身使用同一种材料时）

2）砖砌挖孔桩护壁

砖砌挖孔桩护壁按设计图示尺寸以"m³"计算。

3）砖墙、砌块墙

实心砖墙、多孔砖墙、空心砖墙、砌块墙按设计图示尺寸以体积计算，扣除门窗、洞口、嵌入墙内的钢筋混凝土柱、梁、圈梁、挑梁、过梁及凹进墙内的壁龛、管槽、暖气槽、消火栓箱所占体积,不扣除梁头、板头、檩头、垫木、木楞头、沿缘木、木砖、门窗走头、砖墙内加固钢筋、木筋、铁件、钢管及单个面积≤0.3 m²的孔洞所占的体积。凸出墙面的腰线、挑檐、压顶、窗台线、虎头砖、门窗套的体积亦不增加。凸出墙面的砖垛并入墙体体积内计算。

（1）墙长度

外墙按中心线、内墙按净长计算。

（2）墙高度

①外墙:斜(坡)屋面无檐口天棚者算至屋面板底,如图5.25所示;有屋架且室内外均有天棚者算至屋架下弦底另加200 mm,如图5.26所示;无天棚者算至屋架下弦底另加300 mm,出檐宽度超过600 mm时按实砌高度计算,如图5.27所示;与钢筋混凝土楼板隔层者算至板顶。平屋顶算至钢筋混凝土板底,如图5.28所示。有框架梁时算至梁底。

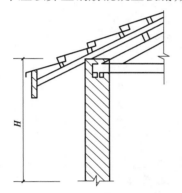

图 5.25 斜(坡)屋面无檐口天棚

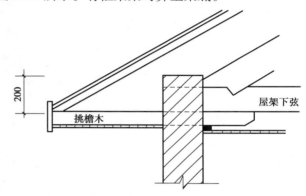

图 5.26 室内外均有顶棚时,外墙高度示意图

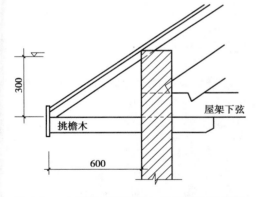

图 5.27 有屋架,无顶棚时,外墙高度示意图

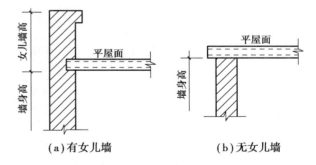

(a)有女儿墙　　　(b)无女儿墙

图 5.28 平屋面外墙墙身高度示意图

②内墙:位于屋架下弦者,算至屋架下弦底,如图5.29所示;无屋架者算至天棚底另加100 mm,如图5.30所示;有钢筋混凝土楼板隔层者算至楼板顶;有框架梁时算至梁底。

③女儿墙:从屋面板上表面算至女儿墙顶面(如有混凝土压顶时算至压顶下表面)。

④内、外山墙:按其平均高度计算,如图5.31所示。

（3）框架间墙

不分内外墙,按墙体净尺寸以体积计算。

（4）围墙

高度算至压顶上表面(如有混凝土压顶时算至压顶下表面),围墙柱并入围墙体积内。

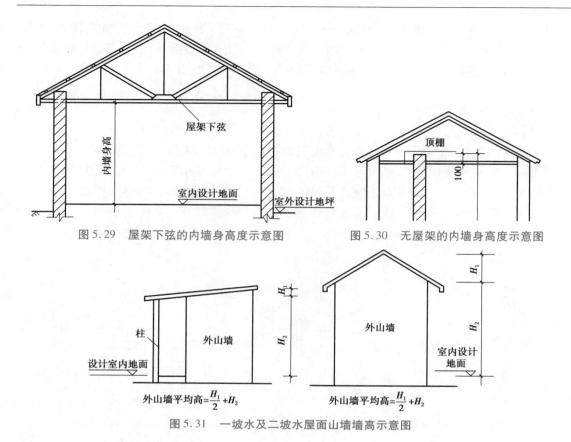

图 5.29 屋架下弦的内墙身高度示意图   图 5.30 无屋架的内墙身高度示意图

外山墙平均高 $=\dfrac{H_1}{2}+H_2$ 外山墙平均高 $=\dfrac{H_1}{2}+H_2$

图 5.31 一坡水及二坡水屋面山墙墙高示意图

4)实心砖柱、多孔砖柱

实心砖柱、多孔砖柱按设计图示尺寸以体积计算,扣除混凝土及钢筋混凝土梁垫、梁头、板头所占体积。

砖围墙以设计室外地坪为界,以下为基础,以上为墙身。砖砌体和砌块砌体分别见表 5.15 和表 5.16。

表 5.15 砖砌体(编号:010401)

项目编码	项目名称	项目特征	计量单位	工作内容
010401001	砖基础	1.砖品种、规格、强度等级; 2.基础类型; 3.砂浆强度等级; 4.防潮层材料种类	m³	1.砂浆制作、运输; 2.砌砖; 3.防潮层铺设; 4.材料运输
010401002	砖砌挖孔桩护壁			1.砂浆制作、运输; 2.砌砖; 3.材料运输
010401003	实心砖墙	1.砖品种、规格、强度等级; 2.砂浆强度等级		1.砂浆制作、运输; 2.砌砖; 3.刮缝; 4.砖压顶砌筑; 5.材料运输
010401004	多孔砖墙	1.砖品种、规格、强度等级; 2.墙体类型; 3.砂浆强度等级、配合比		
010401005	空心砖墙			

续表

项目编码	项目名称	项目特征	计量单位	工作内容
010401009	实心砖柱	1.砖品种、规格、强度等级; 2.柱类型; 3.砂浆强度等级、配合比	m^3	1.砂浆制作、运输; 2.砌砖; 3.刮缝; 4.材料运输
010401010	多孔砖柱			

表5.16 砌块砌体(编号:010402)

项目编码	项目名称	项目特征	计量单位	工作内容
010402001	砌块墙	1.砌块品种、规格、强度等级; 2.墙体类型; 3.砂浆强度等级	m^3	1.砂浆制作、运输; 2.砌砖、砌块; 3.勾缝; 4.材料运输
010402002	砌块柱			

注:砌体内加筋、墙体拉结的制作、安装,应按本规范附录E中相关项目编码列项。

标准砖尺寸为240 mm×115 mm×53 mm,标准砖墙厚度应按表5.17计算。

表5.17 标准墙计算厚度表

砖数(厚度)	$\frac{1}{4}$	$\frac{1}{2}$	$\frac{3}{4}$	1	$1\frac{1}{2}$	2	$2\frac{1}{2}$	3
计算厚度/mm	53	115	180	240	365	490	615	740

【例5.8】 某建筑物一层平面如图5.32所示,墙厚为240 mm,板顶标高为3.3 m,板厚0.12 m。请根据图示尺寸计算砖墙的工程量。

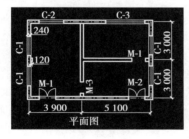

门窗表	
M-1	1 000 mm × 2 000 mm
M-2	1 200 mm × 2 000 mm
M-3	900 mm × 2 400 mm
C-1	1 500 mm × 1 500 mm
C-2	1 800 mm × 1 500 mm
C-3	3 000 mm × 1 500 mm

图5.32 某建筑物一层平面图及门窗表

解 (1)门窗面积

$$S_{M-1} = (1 \times 2 \times 2)\,m^2 = 4\ m^2$$

$$S_{M-2} = (1.2 \times 2 \times 1)\,m^2 = 2.4\ m^2$$

$$S_{M-3} = (0.9 \times 2.4 \times 1)\,m^2 = 2.16\ m^2$$

$$S_{C-1} = (1.5 \times 1.5 \times 4)\,m^2 = 9\ m^2$$

$$S_{C-2} = (1.8 \times 1.5 \times 1)\,m^2 = 2.7\ m^2$$

$$S_{C-3} = (3 \times 1.5 \times 1)\,m^2 = 4.5\ m^2$$

(2)砖墙长度计算

外墙中心线长度 $L_{中} = (3.9+5.1+0.24+3+3+0.24)\,m \times 2 = 30.96\ m$

内墙长度 $L=(3+3-0.24+5.1-0.24)\text{m}=10.62\text{ m}$

（3）砖墙的工程量计算

$$V = \left[(30.96 \times 3.3 + 10.62 \times 3.3 - 4 - 2.4 - 2.16 - 9 - 2.7 - 4.5) \times 0.24\right]\text{m}^2 = 26.99\text{ m}^3$$

5）垫层

垫层是按设计图示尺寸以"m^3"计算,其清单设置规则见表5.18。除混凝土垫层外,没有包括垫层要求的清单项目应按本表垫层项目编码列项。

表 5.18　垫层（编号:010404）

项目编码	项目名称	项目特征	计量单位	工作内容
010404001	垫层	垫层材料种类、配合比、厚度	m^3	1. 垫层材料的拌制; 2. 垫层铺设; 3. 材料运输

注:砌体内加筋、墙体拉结的制作、安装,应按本规范附录E中相关项目编码列项。

5.4.2　砌筑工程定额工程量计算

1）一般规则

标准砖砌体计算厚度,按表5.19的规定计算。

表 5.19　标准砖砌体计算厚度

设计厚度/mm	60	100	120	180	200	240	370
计算厚度/mm	53	95	115	180	200	240	365

2）砖砌体、砌块砌体

①砖基础工程量按设计图示体积以"m^3"计算。

a. 包括附墙垛基础宽出部分的体积,扣除地梁(圈梁)、构造柱所占体积,不扣除基础大放脚T形接头处的重叠部分及嵌入基础内的钢筋、铁件、管道、基础砂浆防潮层和单个面积≤0.3 m^2 的孔洞所占体积,靠墙暖气沟的挑檐不增加。

b. 基础长度:外墙按外墙中心线,内墙按内墙净长线计算。

②实心砖墙、多孔砖墙、空心砖墙、砌块墙按设计图示体积以"m^3"计算。扣除门窗、洞口、嵌入墙内的钢筋混凝土柱、梁、板、圈梁、挑梁、过梁及凹进墙内的壁龛、管槽、暖气槽、消火栓箱所占体积,不扣除梁头、板头、檩头、垫木、木楞头、沿缘木、木砖、门窗走心、砖墙内加固钢筋、木筋、铁件、钢管及单个面积≤0.3 m^2 的孔洞所占的体积。凸出墙面的腰线、挑檐、压顶、窗台线、虎头砖、门窗套的体积亦不增加。凸出墙面的砖垛并入墙体体积内计算。

A. 墙长度:外墙按中心线、内墙按净长计算。

B. 墙高度。

a. 外墙:按设计图示尺寸计算,斜(坡)屋面无檐口天棚者算至屋面板底;有屋架且室内外均有天棚者算至屋架下弦底另加200 mm;无天棚者算至屋架下弦底另加300 mm,出檐宽度超过600 mm 时按实砌高度计算;与钢筋混凝土楼板隔层者算至板顶。平屋顶算至钢筋混凝土板底。有框架梁时算至梁底。

b. 内墙:位于屋架下弦者算至屋架下弦底;无屋架者算至天棚底另加100 mm;有钢筋混

凝土楼板隔层者算至楼板顶;有框架梁时算至梁底。

　　c.女儿墙:从屋面板上表面算至女儿墙顶面(如有混凝土压顶时算至压顶下表面)。

　　d.内、外山墙:按其平均高度计算。

　　C.框架间墙:不分内外墙按墙体净尺寸以体积计算。

　　D.围墙:高度算至压顶上表面(如有混凝土压顶时算至压顶下表面),围墙柱并入围墙体积内。

　　③砖砌挖孔桩护壁及砖砌井圈按图示体积以"m³"计算。

　　④空花墙按设计图示尺寸的空花部分外形体积以"m³"计算,不扣除空花部分体积。

　　⑤砖柱按设计图示体积以"m³"计算,扣除混凝土及钢筋混凝土梁垫,扣除伸入柱内的梁头、板头所占体积。

　　⑥砖砌检查井、化粪池、零星砌体、砖地沟、砖烟(风)道按设计图示体积以"m³"计算。不扣除单个面积≤0.3 m²的孔洞所占的体积。

　　⑦砖砌台阶(不包含梯带)按设计图示尺寸水平投影面积以"m²"计算。

　　⑧成品烟(气)道按设计图示尺寸以"延长米"计算,风口、风帽、止回阀按"个"计算。

　　⑨砌体加筋按设计图示钢筋长度乘以单位理论质量以"t"计算。

　　⑩墙面勾缝按墙面垂直投影面积以"m²"计算,应扣除墙裙的抹灰面积,不扣除门窗洞口面积、抹灰腰线、门窗套所占面积,但附墙垛和门窗洞口侧壁的勾缝面积亦不增加。

5.5 混凝土及钢筋混凝土工程

　　目前,装配式建筑混凝土结构中既有 PC 构件,也有现浇构件。本节结合目前装配式建筑的实际情况,对预制构件与现浇构件的工程量计算均进行讲解。现浇或预制混凝土和钢筋混凝土构件,不扣除构件内钢筋、螺栓、预埋铁件、张拉孔道所占体积,但应扣除劲性骨架的型钢所占体积。

5.5.1 现浇混凝土工程量计算

1)现浇混凝土清单工程量计算

(1)现浇混凝土柱

按设计图示体积以"m³"计算。其清单编制规则见表5.20。

表5.20 现浇混凝土柱(编号:010502)

项目编码	项目名称	项目特征	计量单位	工作内容
010502001	矩形柱	1.混凝土种类; 2.混凝土强度等级	m³	1.模板及支架(撑)制作、安装、拆除、堆放、运输及清理模内杂物、刷隔离剂等; 2.混凝土制作、运浇、浇筑、振捣、养护
010502002	构造柱			
010502003	异形柱	1.柱形状; 2.混凝土种类; 3.混凝土强度等级		

注:混凝土种类指清水混凝土、彩色混凝土等,如在同一地区既使用预拌(商品)混凝土,又允许现场搅拌混凝土时,也应注明(下同)。

①有梁板的柱高,应自柱基上表面(或楼板上表面)至上一层楼板上表面之间的高度计算,如图5.33(a)所示。

②无梁板的柱高,应自柱基上表面(或楼板上表面)至柱帽下表面之间的高度计算,如图5.33(b)所示。

③框架柱的柱高,应自柱基上表面至柱顶高度计算,如图5.33(c)所示。

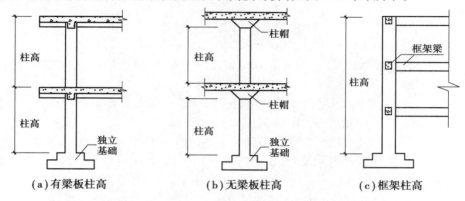

图5.33　现浇混凝土柱高示意图

④构造柱按全高计算,嵌缝墙体部分(马牙槎)并入柱身体积。构造柱示意图如图5.34所示,常见的构造柱平面形状如图5.35所示。

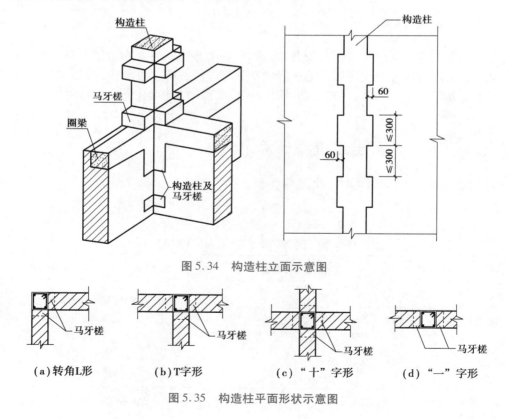

图5.34　构造柱立面示意图

（a）转角L形　　　（b）T字形　　　（c）"十"字形　　　（d）"一"字形

图5.35　构造柱平面形状示意图

⑤依附于柱上的牛腿和升板的柱帽,并入柱身体积内计算,如图 5.36 所示。

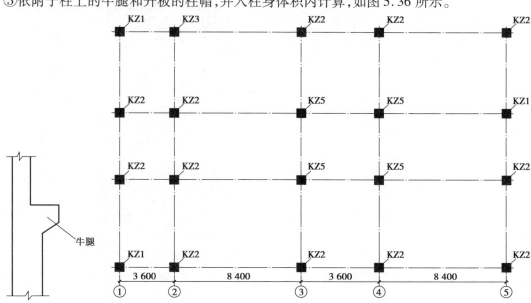

图 5.36　现浇混凝土
柱高示意图

图 5.37　现浇混凝土柱示意图

【例 5.9】　某钢筋混凝土柱 KZ1 平面如图 5.37 所示,截面尺寸见表 5.21,计算该柱的混凝土工程量。

表 5.21　现浇混凝土柱的截面尺寸

柱号	标高	$b \times h$	h_1	h_2	b_1	b_2
KZ1	−1.2 ~ 3.9	500×500	250	250	250	250
	3.9 ~ 11.7	450×500	250	200	250	250
	11.7 ~ 17.7	400×450	250	150	225	225

注:标高尺寸单位为 m,其余尺寸单位为 mm。

解　KZ1 的混凝土工程量为:

$V = [(0.5 \times 0.5 \times (3.9 + 1.2) + 0.45 \times 0.5 \times (11.7 - 3.9) + 0.4 \times 0.45 \times$

$(17.7 - 11.7)] \text{m}^3 \times 3$

$= 12.33 \text{ m}^3$

(2)现浇混凝土梁

现浇混凝土梁分为基础梁、矩形梁、异形梁、圈梁、过梁等。

按设计图示断面尺寸以体积计算,伸入墙内的梁头、梁垫并入梁体积内。清单设置规则见表 5.22。

梁长计算规则如下:

①梁与柱连接时,梁长算至柱侧面,如图 5.38 所示。

②主梁与次梁连接时,次梁长算至主梁侧面,如图 5.38 所示。

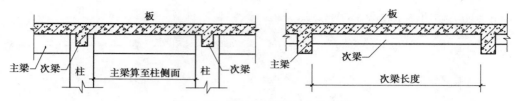

图 5.38　主、次梁计算长度示意图

表 5.22　现浇混凝土梁（编号:010503）

项目编码	项目名称	项目特征	计量单位	工作内容
010503001	基础梁	1.混凝土种类； 2.混凝土强度等级	m^3	1.模板及支架（撑）制作、安装、拆除、堆放、运输及清理模内杂物、刷隔离剂等； 2.混凝土制作、运输、浇筑、振捣、养护
010503002	矩形梁			
010503003	异形梁			
010503004	圈梁			
010503005	过梁			
010503006	弧形梁、拱形梁			

【例 5.10】　某框架梁如图 5.39 所示,柱子尺寸为 600 mm×600 mm,计算 KL10(3)的混凝土工程量。

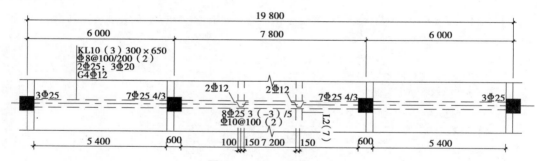

图 5.39　KL10(3)结构图

解　KL10(3)混凝土工程量

$$V = 0.3 \text{ m} \times 0.65 \text{ m} \times (5.4 + 7.8 - 0.6 + 5.4)\text{m} = 3.51 \text{ m}^3$$

（3）现浇混凝土墙

按设计图示尺寸以体积计算,扣除门窗洞口及单个面积>0.3 m²的孔洞所占体积,墙垛及凸出墙面部分并入墙体体积内计算。其清单设置规则见表 5.23。

表 5.23　现浇混凝土墙（编号:010504）

项目编码	项目名称	项目特征	计量单位	工作内容
010504001	直形墙	1.混凝土种类； 2.混凝土强度等级	m^3	1.模板及支架（撑）制作、安装、拆除、堆放、运输及清理模内杂物、刷隔离剂等； 2.混凝土制作、运输、浇筑、振捣、养护
010504002	弧形墙			
010504003	短肢剪力墙			
010504004	挡土墙			

注:短肢剪力墙是指截面厚度不大于300 mm、各肢截面高度与厚度之比的最大值大于4但不大于8的剪力墙;各肢截面高度与厚度之比的最大值不大于4的剪力墙按柱项目编码列项。

【例5.11】 某剪力墙 Q1 平面如图 5.40 所示,混凝土强度等级为 C35,标高范围为 ±0.000 ~ 4.800 m,请计算该剪力墙的混凝土工程量。

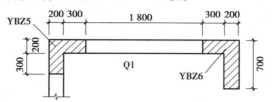

图 5.40 剪力墙平面图

解 与墙同厚的暗柱并入混凝土墙体积计算,剪力墙的 C35 混凝土工程量为:

$$V = [0.3 \times 0.2 + (0.2 + 0.3 + 1.8 + 0.3) \times 0.2 + 0.7 \times 0.2] \text{m}^2 \times 4.8 \text{ m} = 3.46 \text{ m}^3$$

(4)现浇混凝土板

按设计图示尺寸以体积计算,不扣除单个面积 ≤0.3 m² 的柱、垛以及孔洞所占体积。压形钢板混凝土楼板扣除构件内压形钢板所占体积,其清单设置要求见表5.24。

①有梁板(包括主、次梁与板)按梁、板体积之和计算。

②无梁板按板和柱帽体积之和计算,如图 5.41 所示。

③各类板伸入砌体墙内的板头并入板体积内计算,如图 5.42 所示。

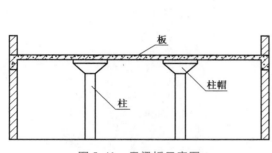

图 5.41 无梁板示意图

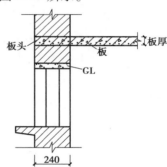

图 5.42 伸入砌体墙内板头示意图

④薄壳板的肋、基梁并入薄壳体积内计算。

⑤空心板(GBF 高强度薄壁蜂巢芯板)应扣除空心部分体积。

⑥现浇挑檐、天沟板、雨篷、阳台与板(包括屋面板、楼板)连接时,以外墙外边线为分界线;与圈梁(包括其他梁)连接时,以梁外边线为分界线。外边线以外为挑檐、天沟板、雨篷或阳台,如图 5.43 所示。

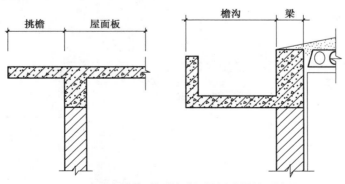

图 5.43 现浇挑檐、檐沟与板、梁划分界线示意图

表5.24 现浇混凝土板(编号:010505)

项目编码	项目名称	项目特征	计量单位	工作内容
010505001	有梁板			
010505002	无梁板			
010505003	平板			
010505004	拱板			1.模板及支架(撑)制作、安装、拆除、堆放、运输及清理模内杂物、刷隔离剂等;
010505005	薄壳板	1.混凝土种类;	m^3	
010505006	栏板	2.混凝土强度等级		
010505007	天沟(檐板)、挑檐板			2.混凝土制作、运输、浇筑、振捣、养护
010505008	雨篷、悬挑板、阳台板			
010505009	空心板			
010505010	其他板			

【例5.12】 某现浇框架结构如图5.44所示,所有柱子的截面尺寸为600 mm×600 mm,高为4.8 m,主、次梁和板均为C30混凝土,一次浇筑成型,请计算有梁板及柱的混凝土体积。

解 (1)柱混凝土体积为:

$$V_{柱} = 0.6\ m \times 0.6\ m \times 4.8\ m \times 4 = 6.91\ m^3$$

(2)有梁板混凝土体积为:

$$V_{有梁板} = V_{主梁} + V_{次梁} + V_{板}$$

$$= \{0.3 \times 0.6 \times [(6-0.6) \times 2 + (8.4-0.6) \times 2] \times 4 + 0.2 \times 0.55 \times (6-0.6) +$$
$$(8.4 - 0.15 \times 2 - 0.2) \times (6-0.3) \times 0.11 - 0.15 \times 0.3 \times 2\}\ m^3 = 24.47\ m^3$$

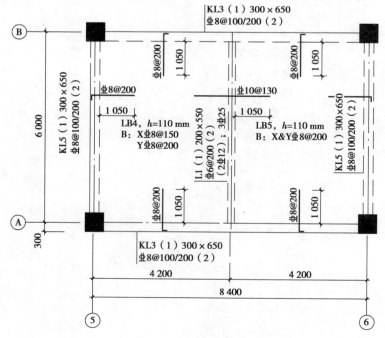

图5.44 某现浇结构施工平面图

【例5.13】 雨篷施工如图5.45所示,请计算该雨篷混凝土的工程量。

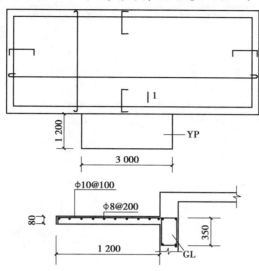

图5.45 雨篷施工图

解 雨篷的混凝土工程量为:

$$S = 1.2 \text{ m} \times 3 \text{ m} \times 0.08 \text{ m} = 0.29 \text{ m}^3$$

(5)现浇混凝土楼梯

整体楼梯(包括直形楼梯、弧形楼梯):以"m²"计量,按设计图示尺寸以水平投影面积计算,不扣除宽度≤500 mm的楼梯井,伸入墙内部分亦不增加,其中,水平投影面积包括休息平台、平台梁、斜梁及楼梯的连接梁;以"m³"计量,按设计图示尺寸以体积计算。

当整体楼梯与现浇楼层板无梯梁连接时,以楼梯的最后一个踏步边缘加300 mm为界。

其清单设置规则见表5.25。

表5.25 现浇混凝土楼梯(编号:010506)

项目编码	项目名称	项目特征	计量单位	工作内容
010506001	直形楼梯	1. 混凝土种类; 2. 混凝土强度等级	1. m² 2. m³	1. 模板及支架(撑)制作、安装、拆除、堆放、运输及清理模内杂物、刷隔离剂等; 2. 混凝土制作、运输、浇筑、振捣、养护
010506002	弧形楼梯			

【例5.14】 计算如图5.46所示的楼梯的混凝土工程量。

解 该楼梯的混凝土工程量为:

$$S = (1.23 + 3.0 + 0.2)\text{m} \times (1.23 + 0.5 + 1.23)\text{m} = 13.11 \text{ m}^2$$

(6)现浇混凝土其他构件

①台阶计算规则为:以"m²"计量,按设计图示尺寸水平投影面积计算;以"m³"计量,按设计图示尺寸以体积计算。架空式混凝土台阶,按现浇楼梯计算。

【例5.15】 请计算图5.47中台阶的工程量。

解 台阶的工程量为:

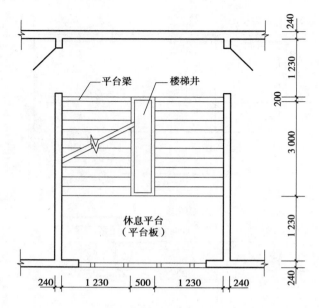

图 5.46 楼梯施工图

$$S = \left[(8.4 + 0.3 \times 4) \times 0.3 \times 3 + (2.75 - 0.3) \times 0.3 \times 3 \times 2\right] \text{m}^2 = 21.69 \text{ m}^2$$

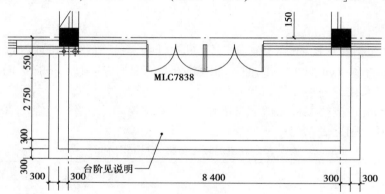

图 5.47 台阶平面图

②散水、坡道、室外地坪按设计图示尺寸水平投影面积计算,不扣除单个面积≤0.3 m^2 的孔洞所占面积。

③电缆沟、地沟按设计图示以中心线长度计算。

④扶手、压顶以"m"计量,按设计图示的中心线延长米计算;或以"m^3"计量,按设计图示尺寸以体积计算。

⑤化粪池、检查井按设计图示尺寸以体积计算;或以"座"计量,按设计图示数量计算。

⑥其他构件按设计图示尺寸以体积计算。现浇混凝土小型池槽、垫块、门框等,应按其他构件项目编码列项。

(7)后浇带

后浇带按设计图示尺寸以体积计算,其清单设置规则见表5.26。

表 5.26　后浇带(编号:010508)

项目编码	项目名称	项目特征	计量单位	工作内容
010508001	后浇带	1. 混凝土种类; 2. 混凝土强度等级	m³	1. 模板及支架(撑)制作、安装、拆除、堆放、运输及清理模内杂物、刷隔离剂等; 2. 混凝土制作、运输、浇筑、振捣、养护及混凝土交接面、钢筋等的清理

2)现浇混凝土定额工程量计算

混凝土的工程量按设计图示体积以"m³"计算(楼梯、雨篷、悬挑板、散水、防滑坡道除外)。不扣除构件内钢筋、螺栓、预埋铁件及单个面积 0.3 m² 以内的孔洞所占体积。

(1)柱

①柱高。

a.有梁板的柱高,应以柱基上表面(或梁板上表面)至上一层楼板上表面之间的高度计算。

b.无梁板的柱高,应以柱基上表面(或楼板上表面)至柱帽下表面之间的高度计算。

c.有楼隔层的柱高,应以柱基上表面至梁上表面高度计算。

d.无楼隔层的柱高,应以柱基上表面至柱顶高度计算。

②依附于柱的牛腿,并入柱身体积内计算。

③构造柱(抗震柱)应包括马牙槎的体积在内,以"m³"计算。

(2)梁

①梁与柱(墙)连接时,梁长算至柱(墙)侧面。

②次梁与主梁连接时,次梁长算至主梁侧面。

③伸入砌体墙内的梁头、梁垫体积,并入梁体积内计算。

④梁的高度算至梁顶,不扣除板的厚度。

⑤预应力梁按设计图示体积(扣除空心部分)以"m³"计算。

(3)板

①有梁板(包括主、次梁与板)按梁、板体积合并计算。

②无梁板按板和柱头(帽)的体积之和计算。

③各类板伸入砌体墙内的板头并入板体积内计算。

④复合空心板应扣除空心楼板筒芯、箱体等所占体积。

⑤薄壳板的肋、基梁并入薄壳体积内计算。

(4)墙

①与混凝土墙同厚的暗柱(梁)并入混凝土墙体积计算。

②墙垛与凸出部分小于墙厚的 1.5 倍(不含 1.5 倍)者,并入墙体工程量内计算。

(5)其他

①整体楼梯(包括休息平台、平台梁、斜梁及楼梯的连接梁)按水平投影面积以"m²"计算,不扣除宽度小于 500 mm 的楼梯井,伸入墙内部分亦不增加。当整体楼梯与现浇楼层板无梯梁连接且无楼梯间时,以楼梯的最后一个踏步边缘加 300 mm 为界。

②弧形及螺旋形楼梯(包括休息平台、平台梁、斜梁及楼梯的连接梁)以水平投影面积以

"m²"计算。

③台阶混凝土按实体体积以"m³"计算,台阶与平台连接时,应算至最上层踏步外沿加300 mm。

④栏板、栏杆工程量以"m³"计算,伸入砌体墙内部分合并计算。

⑤雨篷(悬挑板)按水平投影面积以"m²"计算。挑梁、边梁的工程量并入折算体积内。

⑥钢骨混凝土构件应按实扣除型钢骨架所占体积计算。

⑦原槽(坑)浇筑混凝土垫层,满堂(筏板)基础、桩承台基础、基础梁时,混凝土工程量按设计周边(长、宽)尺寸每边增加 20 mm 计算;原槽(坑)浇筑混凝土带形、独立、杯形、高杯(长颈)基础时,混凝土工程量按设计周边(长、宽)尺寸每边增加 50 mm 计算。

⑧楼地面垫层按设计图示体积以"m³"计算,应扣除凸出地面的构筑物、设备基础、室外铁道、地沟等所占的体积,但不扣除柱、垛、间壁墙、附墙烟囱及单个面积≤0.3 m² 孔洞所占的面积,而门洞、空圈、暖气包槽、壁龛的开口部分面积亦不增加。

⑨散水、防滑坡道按设计图示水平投影面积以"m²"计算。

5.5.2　装配式混凝土工程量计算

装配式建筑预制构件制作、运输、安装,均按成品构件设计图示尺寸的实体积以"m³"计算,依附于成品构件制作的各类保温层、饰面层的体积并入相应构件安装中计算,不扣除构件内钢筋、预埋铁件、预埋螺栓、配管、套管、线盒及单个面积≤0.3 m² 的孔洞、线箱所占体积,构件外露钢筋体积也不再增加。

1)PC 构件清单工程量计算

(1)预制混凝土柱

预制混凝土柱主要有矩形柱和异形柱两种,以"m³"计量,按设计图示尺寸以体积计算;或以"根"计量,按设计图纸尺寸以数量计算。需注意,若以"根"计量,必须描述单件体积。其清单设置规则见表 5.27。

PC构件工程量计算(柱)

表 5.27　预制混凝土柱(编号:010509)

项目编码	项目名称	项目特征	计量单位	工作内容
010509001	矩形柱	1. 图代号; 2. 单件体积; 3. 安装高度; 4. 混凝土强度等级; 5. 砂浆(细石混凝土)强度等级、配合比	1. m³ 2. 根	1. 模板制作、安装、拆除、堆放、运输及清理模内杂物、刷隔离剂等; 2. 混凝土制作、运输、浇筑、振捣、养护; 3. 构件运输、安装; 4. 砂浆制作、运输; 5. 接头灌缝、养护
010509002	异形柱			

【例 5.16】　PC 柱 KZ-1 施工图,如图 5.48、图 5.49 所示,计算预制柱 KZ1 的工程量。

解　PC 柱 KZ1 工程量计算如下:

由图可知,KZ1 截面尺寸为 350 mm×350 mm,柱高为 3.7 m−0.02 m = 3.68 m,由平面图知,KZ1 数量为 4 根。

PC 柱 KZ1 工程量 $V = 0.35\ \text{m} \times 0.35\ \text{m} \times 3.68\ \text{m} \times 4 = 1.8\ \text{m}^3$

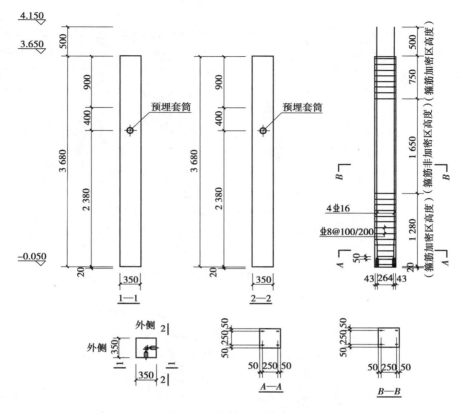

图 5.48 预制 KZ1 施工图

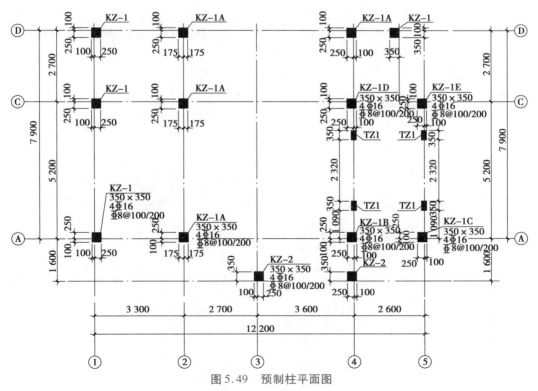

图 5.49 预制柱平面图

（2）PC 叠合梁

预制混凝土梁，以"m³"为单位，按设计图纸尺寸以体积计算；或以"根"为单位，按设计图纸尺寸以数量计算。需注意，若以"根"计量，必须描述单件体积，其清单设置规则见表5.28。

PC构件工程量
计算（叠合梁）

表 5.28　预制混凝土梁（编号：010510）

项目编码	项目名称	项目特征	计量单位	工作内容
010510001	矩形梁	1.图代号； 2.单件体积； 3.安装高度； 4.混凝土强度等级； 5.砂浆（细石混凝土）强度等级、配合比	1. m³ 2. 根	1.模板制作、安装、拆除、堆放、运输及清理模内杂物、刷隔离剂等； 2.混凝土制作、运输、浇筑、振捣、养护； 3.构件运输、安装； 4.砂浆制作、运输； 5.接头灌缝、养护
010510002	异形梁			
010510003	过梁			
010510004	拱形梁			
010510005	鱼腹式吊车梁			
010510006	其他梁			

【例 5.17】　叠合梁如图 5.50 和图 5.51 所示，计算图中 PC 叠合梁的混凝土工程量。

解　PC 叠合梁的混凝土工程量为：

$$V = \left[(0.25 \times 0.38 + 0.05 \times 0.12) \times 2.905 - (0.12 + 0.15) \times 0.5 \times 0.03 \right] \text{m}^3 = 0.29 \text{ m}^3$$

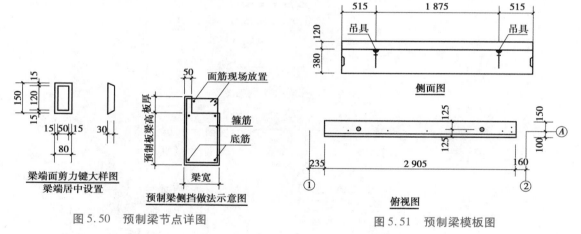

图 5.50　预制梁节点详图　　　　　　　　　　图 5.51　预制梁模板图

（3）预制混凝土屋架

预制混凝土屋架包括折线型、组合型、薄腹型、门式刚架、天窗架，以"m³"计量，按设计图纸尺寸以体积计算；或以"榀"计量，按设计图纸尺寸以数量计算，其清单设置规则见表5.30。其中，以"榀"计量，必须描述单件体积，三角形屋架按表5.29中的折线形屋架项目编码列项。

表 5.29　预制混凝土屋架（编号：010511）

项目编码	项目名称	项目特征	计量单位	工作内容
010511001	折线型	1.图代号； 2.单件体积； 3.安装高度； 4.混凝土强度等级； 5.砂浆（细石混凝土）强度等级、配合比	1. m³ 2. 榀	1.模板制作、安装、拆除、堆放、运输及清理模内杂物、刷隔离剂等； 2.混凝土制作、运输、浇筑、振捣、养护； 3.构件运输、安装； 4.砂浆制作、运输； 5.接头灌缝、养护
010511002	组合型			
010511003	薄腹型			
010511004	门式刚架			
010511005	天窗架			

（4）PC 墙板

PC 墙板以"m³"为单位，按设计图纸尺寸以体积计算，不扣除单个面积≤300 mm×300 mm 的孔洞所占体积，扣除空心板孔洞体积；或以"块"为单位，按设计图纸尺寸以数量计算。需注意，若以"块"计量，必须描述单件体积。

【例5.18】 某不带洞口预制内墙施工图，如图5.52所示，计算 C35 混凝土 PC 墙的工程量。

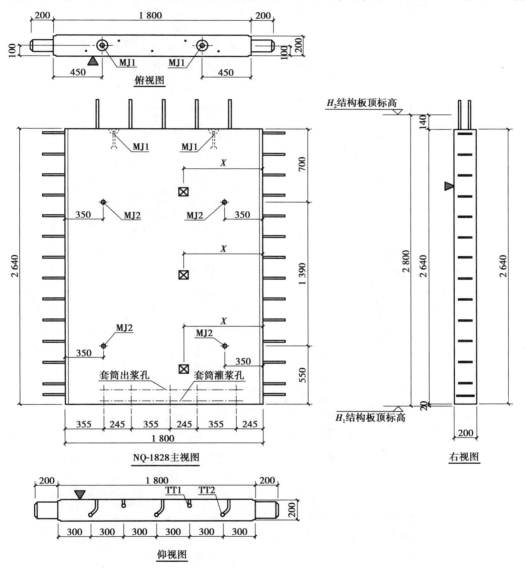

图5.52 PC 墙施工图

解 C35 混凝土 PC 墙的工程量为：
$$V = 墙长 × 墙高 × 墙厚 = 2.64 \text{ m} × 1.8 \text{ m} × 0.2 \text{ m} = 0.95 \text{ m}^3$$

【例5.19】 某带一个门洞预制内墙施工图，如图5.53所示，计算 C35 混凝土 PC 墙的工程量。

解 预制内墙的混凝土工程量为：

$$V = (墙宽 \times 墙高 - 门窗洞口面积) \times 墙厚$$
$$= (2.4 \times 2.64 - 1 \times 2.13)\,m^2 \times 0.2\,m = 0.84\,m^3$$

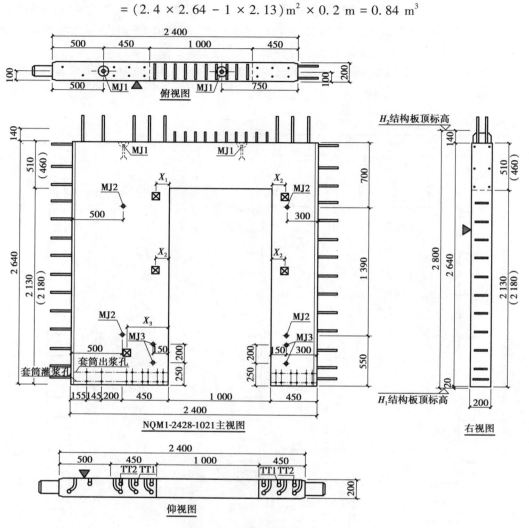

图 5.53　预制内墙板施工图

（5）预制混凝土板

预制混凝土板包括平板、空心板、槽形板、网架板、折线板、带肋板、大型板、沟盖板、井盖板、井圈等,计算规则如下。其清单设置规则见表5.30。

①平板、空心板、槽形板、网架板、折线板、带肋板、大型板以"m^3"计量,按设计图纸尺寸以体积计算,不扣除单个面积≤300 mm×300 mm 的孔洞所占体积,扣除空心板孔洞体积;或以"块"计量,按设计图纸尺寸以数量计算。

②沟盖板、井盖板、井圈以"m^3"计量,按设计图纸尺寸以体积计算;或以"块"或"套"计量,按设计图纸尺寸以数量计算。

需注意,若以"块、套"计量,必须描述单件体积。不带肋的预制遮阳板、雨篷板、挑檐板、栏板,应按平板项目编码列项。预制 F 形板、双 T 形板、单肋板和带反挑檐的雨篷板、挑檐板、遮阳板等,应按带肋板项目编码列项。预制大型墙板、大型楼板、大型屋面板等,按大型板项目编码列项。

表5.30 预制混凝土板(编号:010512)

项目编码	项目名称	项目特征	计量单位	工作内容
010512001	平板	1. 图代号; 2. 单件体积; 3. 安装高度; 4. 混凝土强度等级; 5. 砂浆(细石混凝土)强度等级、配合比	1. m³ 2. 块	1. 模板制作、安装、拆除、堆放、运输及清理模内杂物、刷隔离剂等; 2. 混凝土制作、运输、浇筑、振捣、养护; 3. 构件运输、安装; 4. 砂浆制作、运输; 5. 接头灌缝、养护
010512002	空心板			
010512003	槽形板			
010512004	网架板			
010512005	折线板			
010512006	带肋板			
010512007	大型板			
010512008	沟盖板、井盖板、井圈	1. 单件体积; 2. 安装高度; 3. 混凝土强度等级; 4. 砂浆强度等级、配合比	1. m³ 2. 块(套)	

【例5.20】 某工程叠合板施工图如图5.54所示,计算该预制板的工程量。

解 板长3 m,板宽1.955 m,板厚0.06 m(板边斜边忽略不计),叠合板工程量为:

$$V = 3 \text{ m} \times 1.955 \text{ m} \times 0.06 \text{ m} = 0.35 \text{ m}^3$$

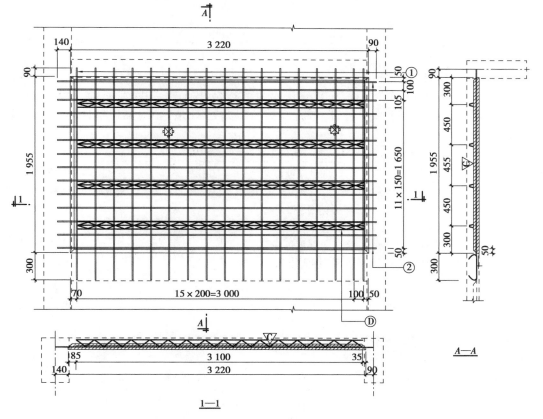

图5.54 PC叠合板施工图

【例5.21】 某PC阳台板施工图如图5.55所示,计算PC阳台板的混凝土工程量。

解 PC阳台板的混凝土工程量为:

$V = [(0.91-0.05) \times (3.38-0.15 \times 2) \times 0.13 + 0.15 \times (0.12+0.13+0.15) \times (0.91+0.1+3.38+0.02+0.91+0.1)]m^3 = 0.67\ m^3$

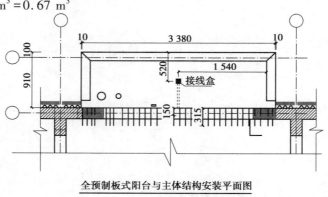

全预制板式阳台与主体结构安装平面图

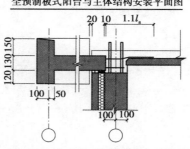

全预制板式阳台与主体结构连接节点图

图5.55 PC阳台板施工图

(6)PC楼梯段

预制混凝土楼梯以"m^3"计量,按设计图纸尺寸以体积计算,扣除空心踏步板空洞体积;或以"段"计量,按设计图示数量计算。需注意,若以"段"计量,必须描述单件体积。其清单设置规则见表5.31。

表5.31 预制混凝土楼梯(编号:010513)

项目编码	项目名称	项目特征	计量单位	工作内容
010513001	楼梯	1.楼梯类型; 2.单件体积; 3.混凝土强度等级; 4.砂浆(细石混凝土)强度等级	1. m^3 2.段	1.模板制作、安装、拆除、堆放、运输及清理模内杂物、刷隔离剂等; 2.混凝土制作、运输、浇筑、振捣、养护; 3.构件运输、安装; 4.砂浆制作、运输; 5.接头灌缝、养护

【例5.22】 某工程预制楼梯施工图如图5.56所示,计算该楼梯的混凝土工程量。

解 该楼梯的混凝土工程量为:

楼梯工程量 = 梯板混凝土体积 + 三角踏步的体积 + 平台的体积 = $[(2.753 + \sqrt{2.08^2 + 1.29^2}) \times 0.5 \times 0.13 \times 1.195 + 0.26 \times 0.161\ 1 \times 0.5 \times 1.195 \times 8 + (0.4+0.356) \times 0.5 \times 0.18 \times 1.195 + (0.184+0.4) \times 0.5 \times 0.18 \times 1.25 + 0.161\ 1 \times (0.4-0.184) \times 0.5 \times 1.25]m^3 = 0.77\ m^3$

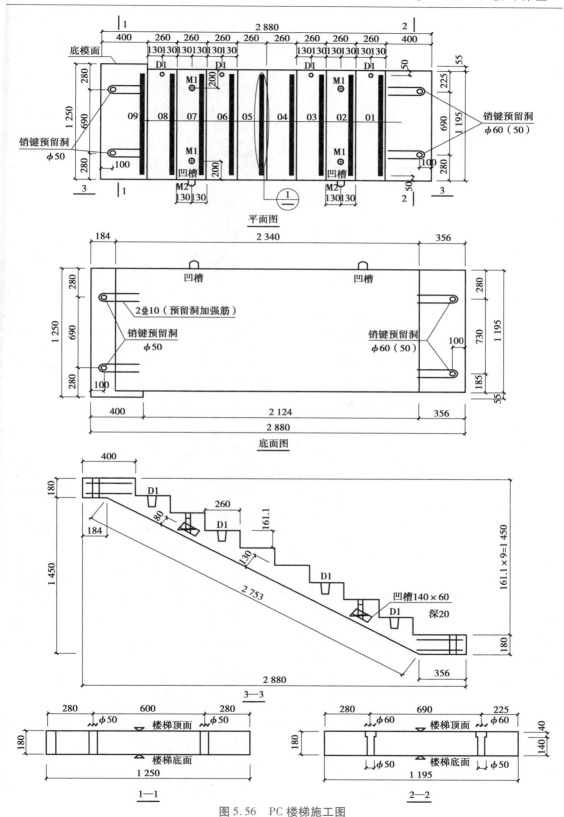

图 5.56 PC 楼梯施工图

（7）其他预制构件

其他预制构件的计算规则：以"m³"计量，按设计图示尺寸以体积计算，不扣除单个面积≤300 mm×300 mm的孔洞所占体积，扣除烟道、垃圾道、通风道的孔洞所占体积；以"m²"计量，按设计图示尺寸以面积计算，不扣除单个面积≤300 mm×300 mm的孔洞所占面积；以"根、块、套"计量，按设计图示尺寸以数量计算。其清单设置规则见表5.32，其中，以"块、根"计量的，必须描述单件体积。

表5.32 其他预制构件（编号:010514）

项目编码	项目名称	项目特征	计量单位	工作内容
010514001	垃圾道、通风道、烟道	1.单件体积； 2.混凝土强度等级； 3.砂浆强度等级	1. m³ 2. m² 3.根（块、套）	1.模板制作、安装、拆除、堆放、运输及清理模内杂物、刷隔离剂等； 2.混凝土制作、运输、浇筑、振捣、养护； 3.构件运输、安装； 4.砂浆制作、运输； 5.接头灌缝、养护
010514002	其他构件	1.单件体积； 2.构件类型； 3.混凝土强度等级； 4.砂浆强度等级		

注:预制钢筋混凝土小型池槽、压顶、扶手、垫块、隔热板、花格等，按本表中其他构件项目编码列项。

2）装配式建筑后浇段工程量计算

后浇混凝土是指在装配整体式结构中，用于与预制混凝土构件连接形成整体构件的现场浇筑混凝土。后浇段属于现浇混凝土，此处单列，以讲解其工程量的计算。

后浇混凝土浇捣工程量，按设计图示尺寸的实体积以"m³"计算，不扣除混凝土内钢筋、预埋铁件及单个面积≤0.3 m³的孔洞所占体积。后浇段主要包括连接PC墙、连接PC柱的后浇段，PC叠合剪力墙、PC叠合梁、PC叠合板的后浇段，梁、柱的接头部分。其中，PC剪力墙（槽）的混凝土体积不计算在内，叠合楼板或整体楼板之间设计采用现浇混凝土板带拼缝的，板带混凝土浇捣并入后浇混凝土叠合梁、板内计算。

（1）PC墙的竖向接缝后浇混凝土体积

墙板或柱等预制垂直构件之间设计采用现浇混凝土墙连接的，当连接墙的长度在2 m以内时，执行后浇混凝土连接墙、柱定额子目；长度超过2 m时，仍按《重庆市房屋建筑与装饰工程计价定额》中"混凝土及钢筋混凝土工程"的相应定额子目及规定执行。

PC墙的竖向接缝

PC墙的竖向接缝相对比较规范，截面以矩形为主，后浇混凝土的工程量计算比较简单。

【例5.23】 某装配式剪力墙结构，PC剪力墙厚200 mm，抗震等级为2级，混凝土强度等级为C35，标高范围为±0.000~4.800 m，计算图5.57和图5.58中剪力墙的竖向接缝的后浇混凝土工程量。

解 ①图5.57中后浇混凝土的体积：

$$V_1 = [(0.2 \times 0.5 + 0.2 \times 0.3) \times (4.800 - 0.000)] \text{m}^3 = 0.768 \text{ m}^3$$

②图5.58中后浇混凝土体积：

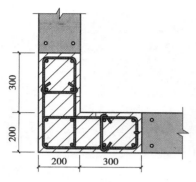
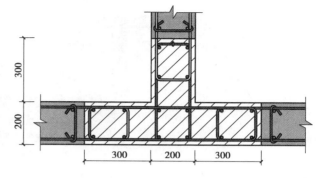

图 5.57　剪力墙在转角墙处的竖向接缝构造详图　　图 5.58　剪力墙在有翼墙处的竖向接缝构造详图

$$V_2 = [(0.2 \times 0.8 + 0.2 \times 0.3) \times (4.800 - 0.000)] \text{m}^3 = 1.056 \text{ m}^3$$

PC 剪力墙的 C35 后浇混凝土工程量 $V = V_1 + V_2 = 0.768 \text{ m}^3 + 1.056 \text{ m}^3 = 1.82 \text{ m}^3$

（2）PC 墙的水平接缝后浇混凝土体积

PC墙的水平接缝

PC 墙的水平接缝主要有 3 种情况：水平接缝上下预制墙厚度相同时，如图 5.59 所示；当接缝上下预制墙的厚度发生变化时，后浇混凝土的厚度为上下预制墙墙厚的较大值，如图 5.60 所示；当后浇段位于顶层时，后浇段厚度无变化，如图 5.61 所示。

【例 5.24】　某装配式剪力墙混凝土强度等级为 C35，抗震等级为 2 级，接缝详图如图 5.62 所示，计算该水平接缝的后浇混凝土体积。

解　由图可知，接缝上下墙厚相同，均为 200 mm，接头的标高范围为 4.200 ~ 4.800 m，接缝长为 2 000 mm，其后浇混凝土体积：

$$V = 0.2 \text{ m} \times 2 \text{ m} \times (4.800 - 4.200) \text{m} = 0.24 \text{ m}^3$$

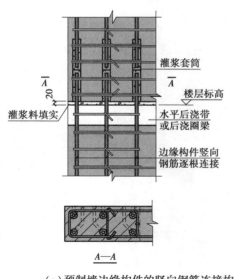
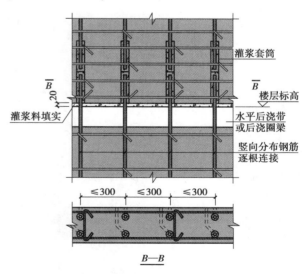

（a）预制墙边缘构件的竖向钢筋连接构造　　　（b）预制墙竖向分布钢筋逐根连接
　　　（钢筋套筒灌浆连接）　　　　　　　　　　　（钢筋套筒灌浆连接）

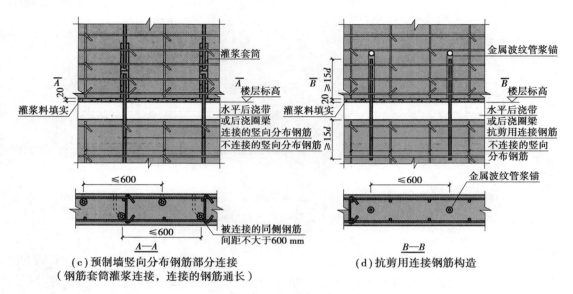

(c) 预制墙竖向分布钢筋部分连接　　　　　(d) 抗剪用连接钢筋构造
（钢筋套筒灌浆连接，连接的钢筋通长）

图 5.59　预制墙截面无变化后浇段示意图

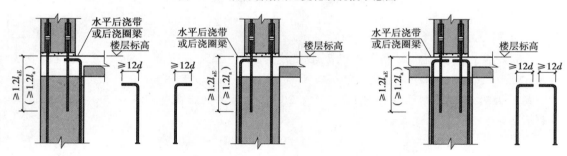

图 5.60　预制墙变截面处后浇段示意图

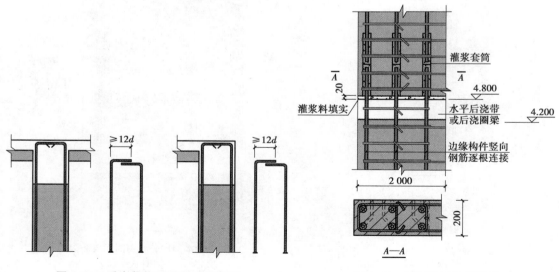

图 5.61　后浇段位于顶层时示意图　　　　图 5.62　预制墙后浇段详图

（3）预制梁与 PC 墙的连接后浇混凝土体积

预制梁与 PC 墙的接缝后浇混凝土主要包括水平后浇梁和预制墙缺口两个部分,如图 5.63 所示。

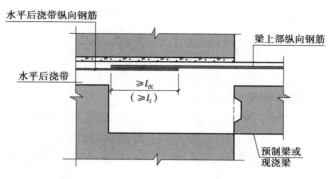

图 5.63　预制梁与 PC 墙的接缝构造大样

【例 5.25】　已知某装配式混凝土建筑工程预制梁与预制墙的接缝构造,如图 5.64 所示,剪力墙的墙厚为 200 mm,墙的缺口尺寸为 600 mm×300 mm,后浇圈梁的截面为 300 mm× 300 mm,后浇圈梁的长度为 1 500 mm,计算后浇段的混凝土体积。

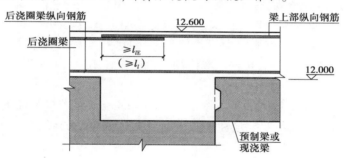

图 5.64　现浇梁与预制墙后浇段详图

解　后浇段的混凝土体积 $V=(0.3×0.3×1.5+0.6×0.3×0.2) \text{m}^3 = 0.171 \text{ m}^3$

3）PC 构件定额工程量计算

（1）《重庆市装配式建筑工程计价定额》（CQZPDE—2018）定额说明

①本定额所称的装配式混凝土结构工程,是指预制混凝土构件通过可靠的连接方式装配而成的混凝土结构,包括装配整体式混凝土结构、全装配混凝土结构。

②预制构件安装。

a.预制构件的制作及 50 km 以内的运输费用包含在构件成品价格内。装配式预制钢筋混凝土成品构件、钢结构成品构件价格已包含 50 km 运费及到施工现场的卸货费用,为工地价格。执行信息价时,实际运距超过 50 km 时,超过部分的运输费用按实计算;不执行信息价时,成品构件价格按建设项目实施阶段市场价格确定;实际价格与定额不同时,按价差调整处理。

b.构件安装不分构件外形尺寸、截面类型以及是否带有保温层,除另有规定者外,均按构件种类执行相应定额子目。

c.构件安装定额已包括构件固定所需临时支撑的搭设及拆除,综合考虑支撑（含支撑用的预埋铁件）种类、数量及搭设方式。

d. 柱、墙板、女儿墙等构件安装定额中,构件底部坐浆按砌筑砂浆铺筑考虑,遇设计采用灌浆料的,除灌浆材料单价换算以及扣除干混砂浆罐式搅拌机台班外,每 10 m³ 构件安装定额另行增加人工 0.7 工日,其余不变。

e. 外挂墙板、女儿墙构件安装设计要求接缝处填充保温板时,相应保温板消耗量按设计要求增加计量,其余不变。

f. 墙板安装定额不分是否带有门窗洞口,均按相应定额执行。凸(飘)窗安装定额适用于单独预制的凸(飘)窗安装,依附于外墙板制作的凸(飘)窗,并入外墙板内计算,凸(飘)窗工程量的相应定额人工和机械消耗量乘以系数 1.2。

g. 外挂墙板安装定额已综合考虑了不同连接方式,按构件类型及厚度不同执行相应定额子目。

h. 预制墙板安装设计需采用橡胶气密条时,橡胶气密条材料费可另行计算。

i. 楼梯休息平台安装按平台板结构类型不同,分别执行整体楼板或叠合楼板相应定额子目,其相应定额子目的人工、机械、材料(除预制混凝土楼板外)的消耗量乘以系数 1.3。

j. 阳台板安装不分板式或梁式,均执行同一定额子目。空调板安装定额子目适用于单独预制的空调板安装,依附于阳台板制作的栏板、翻沿、空调板,并入阳台板内计算。非悬挑的阳台板安装,分别按梁、板安装的有关规则计算并执行相应定额子目。

k. 女儿墙安装构件净高为 1.4 m 以上时,执行外墙板安装定额子目。压顶安装定额子目适用于单独预制的压顶安装,依附于女儿墙制作的压顶,并入女儿墙计算。

l. 套筒注浆不分部位、方向,按锚入套筒内的钢筋直径不同,以 φ18 以内及 φ18 以上分别编制。

m. 嵌缝、打胶定额中注胶缝的断面按 20 mm×15 mm 编制,若设计断面与定额不同时,密封胶用量按比例调整,其余不变。定额中的密封胶按硅酮耐候胶考虑,当设计采用的种类与定额不同时,材料价格允许调整。

③后浇混凝土。

a. 墙板或柱等预制垂直构件之间设计采用现浇混凝土墙连接的,当连接墙的长度在 2 m 以内时,执行后浇混凝土连接墙、柱定额子目;长度超过 2 m 时,仍按《重庆市房屋建筑与装饰工程计价定额》中"混凝土及钢筋混凝土工程"的相应定额子目及规定执行。

b. 叠合楼板或整体楼板之间设计采用现浇混凝土板带拼缝的,板带混凝土浇捣并入后浇混凝土叠合梁、板内计算。

(2)PC 构件定额工程量计算

①预制构件安装。

a. 构件安装工程量,按成品构件设计图示尺寸的实体积以"m³"计算,依附于构件制作的各类保温层、饰面层的体积并入相应构件安装中计算,不扣除构件内钢筋、预埋铁件、配管、套管、线盒及单个体积≤0.3 m³ 的孔洞、线箱等所占体积,构件外露钢筋体积亦不再增加。

b. 套筒注浆,按设计数量以"个"计算。套筒灌浆的专项检测费用,发生时按实计算。

c. 嵌缝、打胶,按构件接缝的设计图示尺寸的长度以"m"计算。

②后浇混凝土。

A. 后浇混凝土浇捣工程量,按设计图示尺寸的实体积以"m³"计算,不扣除混凝土内钢筋、预埋铁件及单个面积≤0.3 m² 的孔洞等所占体积。

B. 后浇混凝土钢筋工程量,按设计图示钢筋的长度、数量乘以钢筋单位理论质量以"t"计算,其中:

a. 钢筋接头的数量应按设计图示及规范要求计算;设计图示及规范要求未标明的,$\phi 10$以内的长钢筋按每12 m计算一个钢筋接头,$\phi 10$以上的长钢筋按每9 m计算一个钢筋接头。

b. 钢筋接头的搭接长度应按设计图示及规范要求计算,如设计要求钢筋接头采用机械连接、电渣压力焊及气压焊时,按数量以"个"计算,不再计算该处的钢筋搭接长度。

c. 钢筋工程量包括双层及多层钢筋的"铁马"数量,不包括预制构件外露钢筋的数量。

5.5.3　钢筋工程量计算

1)钢筋工程概述

钢筋工程包括现浇构件钢筋、预制构件钢筋、钢筋网片、钢筋笼等项目,其工程量计算按设计图示钢筋(网)长度(面积)乘以单位理论质量计算,以"t"为单位,即

$$钢筋工程量 = 钢筋长度 \times 单位理论重量$$

其中,单位理论重量$(\mathrm{kg/m}) = 0.006\ 17 \times d^2$(钢筋直径$d$的单位为mm)。

钢筋的搭接(接头)数量按设计图示及规范计算,设计图示及规范未标明的,以构件的单根钢筋确定。水平钢筋直径$\phi 10$以内按每12 m长计算一个搭接(接头);$\phi 10$以上按每9 m长计算一个搭接(接头)。竖向钢筋搭接(接头)按自然层计算,当自然层的层高大于9 m时,除按自然层计算外,应增加每9 m或12 m长计算的接头量。钢筋的搭接长度按设计图示及规范要求计算,如设计要求采用机械连接、电渣压力焊时,接头按数量以"个"计算,该部分钢筋不再计算其搭接用量。

钢筋工程涉及的构件形式较多,本节主要以剪力墙结构为例讲解后浇段钢筋工程量的计算。剪力墙接缝主要包括预制墙的竖向接缝、预制墙的水平接缝、预制梁与预制墙的连接。剪力墙接缝处的钢筋主要包括箍筋、竖向受力筋和纵向受力筋。

2)钢筋长度计算

钢筋长度计算主要有以下几类:

(1)通长筋

通长筋长度=构件长度-保护层厚度×2+弯钩(HPB300级钢筋)×2-弯折调整值(有弯折时)

①混凝土结构的保护层。

混凝土保护层厚度指为保护钢筋不受侵蚀,构件最外层钢筋外边缘至混凝土表面的距离,用C表示,保护层示意图如图5.65所示,其取值见表5.34。

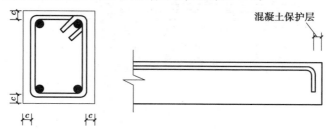

图5.65　混凝土保护层厚度示意图

表5.33　混凝土保护层的最小厚度

环境类别	板、墙/mm		梁、柱/mm	
	≤C25	≥C30	≤C25	≥C30
一	20	15	25	20
二 a	25	20	30	25
二 b	30	25	40	35
三 a	35	30	45	40
三 b	45	40	55	50

②钢筋弯折长度调整。

此处的钢筋按照钢筋中轴线计算长度,而设计中或图集中标注的是外皮尺寸,当钢筋有弯折时,则需对钢筋长度的计算值进行调整,钢筋弯折如图5.66所示,22G101—1对钢筋弯折的弯弧内直径 D 要求见表5.34。

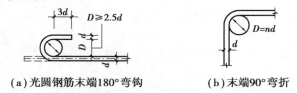

（a）光圆钢筋末端180°弯钩　　　　（b）末端90°弯折

图5.66　钢筋弯钩和弯折的弯弧内直径示意图

表5.34　钢筋弯折的最小弯弧内直径要求

钢筋类别		D_{min}
光圆钢筋		2.5d
400 MPa 级带肋钢筋		4d
500 MPa 级带肋钢筋	$d \leqslant 25$	6d
	$d > 25$	7d

以90°弯折为例,如图5.67所示。

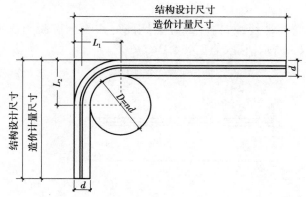

弯折调整值

图5.67　弯折调整示意图

弯折调整值的计算公式为：

弯折调整值 $=L_1+L_2-$ 弯曲圆弧中心线长度 $=(D/2+d)+(D/2+d)-\pi\times(D/2+d/2)\times2/4$
$\qquad =D+2d-\pi\times(D+d)/4$

例如，圆钢 $D=2.5d$，则弯折调整值 $=D+2d-\pi\times(D+d)/4=2.5d+2d-(2.5d+d)\times\pi/4=1.75d$

以此类推，可得到各级别钢筋的弯折调整值，见表5.35。

表5.35 常用弯折形式的弯折扣减值

弯折角度/(°)	光圆钢筋、300 MPa 级钢筋	400 MPa 级带肋钢筋	500 MPa 级带肋钢筋	
	$D=2.5d$	$D=4d$	$d\leqslant25$ $D=6d$	$d>25$ $D=7d$
135	$0.38d$	$0.11d$	$-0.25d$	$-0.42d$
90	$1.75d$	$2.08d$	$2.5d$	$2.72d$
45	$0.49d$	$0.52d$	$0.56d$	$0.59d$
30	$0.29d$	$0.3d$	$0.31d$	$0.32d$

③钢筋端部弯钩增加的长度。

常用的弯钩是135°和180°，以135°弯钩为例，其端部弯钩示意图如图5.68所示。则其端部弯钩增加长度的计算公式为：

$$端部弯钩增加长度=弯曲圆弧中心线长度-L=\pi\times\left(\frac{D}{2}+\frac{d}{2}\right)\times2\times\frac{135}{360}-\left(\frac{D}{2}+d\right)$$

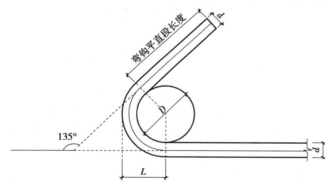

图5.68 135°端部弯钩示意图

当钢筋为HRB400级时，$D=4d$ 代入公式，可得此时端部弯钩增加长度 $=\pi\times5d\times0.375-3d=2.89d$。

以此类推，常用的不同级别的钢筋弯钩增加长度，见表5.36，表中 D 即弯弧内直径。

表5.36 钢筋端部弯钩增加长度值

弯钩角度/(°)	光圆钢筋、300 MPa 钢筋	400 MPa 级带肋钢筋	500 MPa 级带肋钢筋
	$D=2.5d$	$D=4d$	$D=6d$
180	$3.25d$	$4.86d$	$7d$
135	$1.9d$	$2.89d$	$4.25d$
90	$0.5d$	$0.93d$	$1.5d$

（2）箍筋

箍筋的计算包括箍筋单根长度的计算和箍筋根数的计算。

①箍筋单根长度的计算。

箍筋示意图如图 5.65 所示。

箍筋单根长＝箍筋外皮周长－弯折调整值＋箍筋弯钩增加长度＋弯钩平直段长度

弯钩增加长度见表 5.36，箍筋、拉筋构造如图 5.69 所示，可知平直段长度＝$\max(10d,75)$。

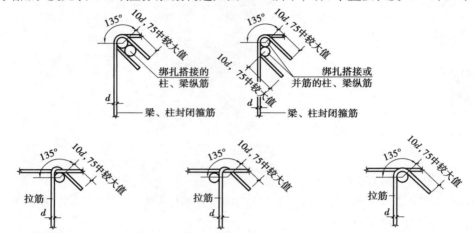

（a）拉筋同时勾住纵筋和箍筋　　（b）拉筋紧靠纵向钢筋并勾住箍筋　　（c）拉筋紧靠箍筋并勾住纵筋

图 5.69　箍筋、拉筋弯钩构造示意图

②箍筋根数的计算。

$$箍筋根数＝\frac{箍筋布置范围}{箍筋间距}+1$$

【例 5.26】　某装配式剪力墙结构，地下一层，地上两层，PC 剪力墙厚 200 mm，抗震等级为三级，混凝土强度等级为 C30，环境类别为二 a，剪力墙竖向后浇段的配筋如图 5.69 所示，首层和二层层高为 3.0 m，计算图 5.70 中剪力墙的竖向接缝的后浇段的钢筋工程量（纵筋焊接）。

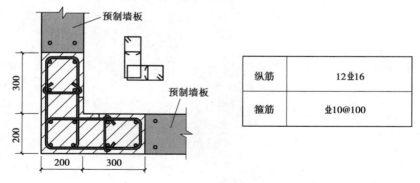

纵筋	12 ⊕16
箍筋	⊕10@100

图 5.70　剪力墙在转角墙处的竖向接缝构造详图

解　由于该工程抗震等级为三级，环境类别为二 a，剪力墙混凝土强度等级为 C35，剪力墙保护层厚度为 20 mm，剪力墙顶竖向受力筋构造如图 5.71 所示，焊接接头示意图如图 5.72 所示。该剪力墙的竖向接缝的后浇段的钢筋工程量计算见表 5.37。

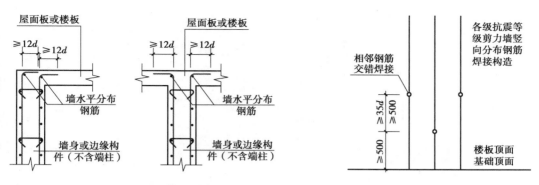

图 5.71　剪力墙顶竖向钢筋构造　　　　图 5.72　钢筋焊接连接示意图

表 5.37　后浇钢筋工程量计算

部位	钢筋信息	计算
首层竖向受力筋	12 Φ 16	①低位受力筋单根长度 = 3 000 mm ②高位受力筋单根长度 = 3 000 mm 根数分别为 6 根
二层竖向受力筋	12 Φ 16	①顶层长度 1 = 层高−板保护层厚度−500+12d−90°弯折调整值 　　　= (3 000−20−500+12×16−2.08×16)mm = 2 638.72 mm,根数为 6 根; ②顶层长度 2 = 层高−板保护层厚度−[500+max(500,35d)]+12d−90°弯折调整值 　　　= [3 000−20−500−max(500,35×16)+12×16−2.08×16]mm 　　　= 2 078.72 mm,根数为 6 根
箍筋	Φ 10@ 100	(1)1 层箍筋计算 箍筋 1 单根长 = 箍筋 2 单根长 = 截面周长−8×保护层厚度−90°弯折调整值×3+ 　　　　135°弯钩增加长度×2 + max(10d,75)×2 　　　　= [(500−20×2+200−20×2)×2+19.54×10]mm = 1 435.4 mm 箍筋 3 = 箍筋 4 = 墙厚−2×保护层厚度+2×135°弯钩增加长度+2×max(10d,75) 　　　　= (200−2×20+2×2.89d+2×10d)mm = 417.8 mm 根数 = (层高−50)/箍筋间距+1 = [(3 950−50)/100+1]根 = 40 根 (2)首层箍筋计算 单根长度同 1 层 根数 = (层高− 50)/箍筋间距+1 = [(3 000−50)/100+1]根 = 31 根
汇总		
Φ 16	长度	(3×6+3×6+2.64×6+2.08×6)m = 64.32 m
	质量	1.58 kg×64.32 = 101.63 kg
Φ 10	长度	[1.44×2×2+(1.44×2+0.42×2)×(40+31)]m = 269.88 m
	质量	0.617 kg×269.88 = 166.52 kg
Φ 16 焊接接头		每层 12 个,共 24 个

5.6 木结构工程

5.6.1 木结构清单工程量计算

1)木结构清单工程量计算规则

木结构工程主要包括木屋架、木构件、屋面木基层等。

(1)木屋架

木屋架包括木屋架和钢木屋架,其计算规则如下,清单设置规则见表5.38。

①木屋架如图5.73所示,其计算规则为:以"榀"计量,按设计图示数量计算;以"m³"计量,按设计图示的规格尺寸以体积计算。

②钢木屋架如图5.74所示,以"榀"计量,按设计图示数量计算。

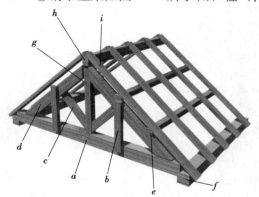

图5.73 木屋架

图5.74 钢木屋架

表5.38 木屋架(编码:010701)

项目编码	项目名称	项目特征	计量单位	工作内容
010701001	木屋架	1.跨度; 2.材料品种、规格; 3.刨光要求; 4.拉杆及夹板种类; 5.防护材料种类	1.榀 2.m³	1.制作; 2.运输; 3.安装; 4.刷防护材料
010701002	钢木屋架	1.跨度; 2.木材品种、规格; 3.刨光要求; 4.钢材品种、规格; 5.防护材料种类	榀	

注:①屋架的跨度应以上、下弦中心线两交点之间的距离计算。

②带气楼的屋架和马尾、折角以及正交部分的半屋架,按相关屋架项目编码列项。

③以"榀"计量,按标准图设计的应注明标准图代号,按非标准图设计的项目特征必须按本表要求予以描述。

（2）木构件

木构件的工程量计算如下，其清单规则见表 5.39。

①木柱、木梁，如图 5.75 所示：按设计图示尺寸以体积计算。

图 5.75　木柱、木梁

②木檩（图 5.76）及其他木构件按如下规则计算：以"m^3"计量，按设计图示尺寸以体积计算；以"m"计量，按设计图示尺寸以长度计算，按设计图示尺寸以体积或长度计算。

③木楼梯：按设计图示尺寸以水平投影面积计算，不扣除宽度≤300 mm 的楼梯井，伸入墙内部分不计算。

表 5.39　木屋架（编码:010702）

项目编码	项目名称	项目特征	计量单位	工作内容
010702001	木柱	1. 构件规格尺寸； 2. 木材种类； 3. 刨光要求； 4. 防护材料种类	m^3	1. 制作； 2. 运输； 3. 安装； 4. 刷防护材料
010702002	木梁			
010702003	木檩		1. m^3 2. m	
010702004	木楼梯	1. 楼梯形式； 2. 木材种类； 3. 刨光要求； 4. 防护材料种类	m^2	
010702005	其他木构件	1. 构件名称； 2. 构件规格尺寸； 3. 木材种类； 4. 刨光要求； 5. 防护材料种类	1. m^3 2. m	

注：①木楼梯的栏杆（栏板）、扶手，应按本规范附录 Q 中的相关项目编码列项。

②以"m"计量，项目特征必须描述构件的规格尺寸。

（3）屋面木基层

屋面木基层按设计图示尺寸以斜面积计算，不扣除房上烟囱、风帽底座、风道、小气窗、斜沟等所占面积。小气窗的出檐部分不增加面积。其清单设置要求见表 5.40。

图 5.76　木檩条

表 5.40　屋面木基层(编码:010703)

项目编码	项目名称	项目特征	计量单位	工作内容
010703001	屋面木基层	1.椽子断面尺寸及椽距; 2.望板材料种类、厚度; 3.防护材料种类	m²	1.椽子制作、安装; 2.望板制作、安装; 3.顺水条和挂瓦条制作、安装; 4.刷防护材料

2)木结构工程量清单示例

【例 5.27】　某厂房,方木屋架如图 5.77 所示,共 4 榀,现场制作,不刨光,拉杆为 φ10 的圆钢,铁件刷防锈漆一遍,轮胎式起重机安装,安装高度为 6 m。试计算该工程方木屋架工程量(以立方米为单位)。

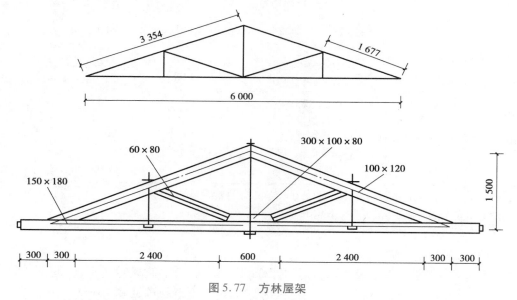

图 5.77　方林屋架

解　(1)下弦杆体积 =0.15×0.18×(0.3×2+0.3×2+2.4×2+0.6)×4 m³ =0.15×0.18×6.6×4 m³ =0.713 m³

（2）上弦杆体积＝0.10×0.12×3.354×2×4 m³＝0.322 m³

（3）斜撑体积＝0.06×0.08×1.677×2×4 m³＝0.064 m³

（4）垫木体积＝0.30×0.10×0.08×4 m³＝0.010 m³

总体积＝0.713 m³＋0.322 m³＋0.064 m³＋0.010 m³＝1.11 m³

5.6.2 木结构定额工程量计算

1）木屋架

①木屋架、檩条工程量按设计图示体积以"m³"计算，附属于其上的木夹板、垫木、风撑、挑檐木、檩条三角条，均按木料体积并入屋架、檩条工程量内。单独挑檐木并入檩条工程量内。檩托木、檩垫木已包括在定额子目内，不另计算。

②屋架的马尾、折角和正交部分半屋架，并入相连接屋架的体积内计算。

③钢木屋架区分圆、方木，按设计断面以"m³"计算。圆木屋架连接的挑檐木、支撑等为方木时，其方木木料体积乘以系数1.7折合成圆木并入屋架体积内。单独的方木挑檐，按矩形檩木计算。

④檩木按设计断面以"m³"计算。简支檩长度按设计规定计算，设计无规定者，按屋架或山墙中距增加0.2 m计算，如两端出土，檩条长度算至搏风板；连续檩条的长度按设计长度以"m"计算，其接头长度按全部连续檩木总体积的5%计算。檩条托木已计入相应的檩木制作安装项目中，不另计算。

2）木构件

①木柱、木梁按设计图示体积以"m³"计算。

②木楼梯按设计图示尺寸计算的水平投影面积以"m²"计算，不扣除宽度≤300 mm的楼梯井，其踢脚板、平台和伸入墙内部分不另行计算。

③木地楞按设计图示体积以"m³"计算。定额内已包括平撑、剪刀撑、沿油木的用量，不再另行计算。

3）屋面木基层

①屋面木基层，按屋面的斜面积以"m²"计算。天窗挑檐重叠部分按设计规定计算，屋面烟囱及斜沟部分所占面积不扣除。

②屋面椽子、屋面板、挂瓦条工程量按设计图示屋面斜面积以"m"计算，不扣除屋面烟囱、风帽底座、风道、小气窗及斜沟等所占面积。小气窗的出檐部分也不增加面积。

③封檐板工程量按设计图示檐口外围长度以"m"计算，搏风板按斜长度以"m"计算，有大刀头者按每个大刀头增加长度0.5 m计算。

5.7　门窗工程

5.7.1　门窗清单工程量计算

1)门窗清单工程量计算规则

门窗工程包括木门、金属门、金属卷帘门、厂库房大门、特种门、其他门、木窗、金属窗、门钢架、门窗套、窗台板、窗帘盒、轨、门五金等。

（1）木门

①木质门、木质门带套、木质连窗门、木质防火门按如下规则计算:以"樘"计量,按设计图示数量计算;以"m²"计量,按设计图示洞口尺寸以面积计算。

②木门框按如下规则计算:以"樘"计量,项目特征必须描述洞口尺寸;以"m"计量,按设计图示框的中心线以延长米计算。

③门锁安装按设计图示数量计算。

木门清单设置规则见表5.41。

表5.41　木门(编码:010801)

项目编码	项目名称	项目特征	计量单位	工作内容
010801001	木质门	1.门代号及洞口尺寸; 2.镶嵌玻璃品种、厚度	1.樘 2.m²	1.门安装; 2.玻璃安装; 3.五金安装
010801002	木质门带套			
010801003	木质连窗门			
010801004	木质防火门			
010801005	木门框	1.门代号及洞口尺寸; 2.框截面尺寸; 3.防护材料种类	1.樘 2.m	1.木门框制作、安装; 2.运输; 3.刷防护材料
010801006	门锁安装	1.锁品种; 2.锁规格	个(套)	安装

注:①木质门应区分镶板木门、企口木板门、实木装饰门、胶合板门、夹板装饰门、木纱门、全玻门(带木质扇框)、木质半玻门(带木质扇框)等项目,分别编码列项。

②木门五金应包括折页、插销、门碰珠、弓背拉手、搭机、木螺丝、弹簧折页(自动门)、管子拉手(自由门、地弹门)、地弹簧(地弹门)、角铁、门轧头(地弹门、自由门)等。

③木质门带套计量按洞口尺寸以面积计算,不包括门套的面积,但门套应计算在综合单价中。

④以"樘"计量,项目特征必须描述洞口尺寸;以"m²"计量,项目特征可不描述洞口尺寸。

（2）金属门

金属(塑钢)门、彩板门、钢质防火门、防盗门规则计算同木门。但以"樘"计量,项目特征必须描述洞口尺寸,没有洞口尺寸必须描述门框或扇外围尺寸;以"m²"计量,项目特征可不描述洞口尺寸及框、扇的外围尺寸。金属门清单设置规则见表5.42。

表 5.42　金属门(编码:010802)

项目编码	项目名称	项目特征	计量单位	工作内容
010802001	金属(塑钢)门	1. 门代号及洞口尺寸; 2. 门框或扇外围尺寸; 3. 门框、扇材质; 4. 玻璃品种、厚度	1. 樘 2. m²	1. 门安装; 2. 五金安装; 3. 玻璃安装
010802002	彩板门	1. 门代号及洞口尺寸; 2. 门框或扇外围尺寸		
010802003	钢质防火门	1. 门代号及洞口尺寸; 2. 门框或扇外围尺寸; 3. 门框、扇材质		1. 门安装; 2. 五金安装
010802004	防盗门			

注:①金属门应区分金属平开门、金属推拉门、金属地弹门、全玻门(带金属扇框)、金属半玻门(带扇框)等项目,分别编码列项。

②铝合金门五金包括地弹簧、门锁、拉手、门插、门铰、螺丝等。

③其他金属门五金包括L形执手插锁(双舌)、执手锁(单舌)、门轨头、地锁、防盗门机、门眼(猫眼)、门碰珠、电子锁(磁卡锁)、闭门器、装饰拉手等。

④以"樘"计量,项目特征必须描述洞口尺寸,没有洞口尺寸必须描述门框或扇外围尺寸;以"m²"计量,项目特征可不描述洞口尺寸及框、扇的外围尺寸。

⑤以"m²"计量,无设计图示洞口尺寸,按门框、扇外围以面积计算。

(3)金属卷帘(闸)门

金属卷帘(闸)门、防火卷帘(闸)门按如下规则计算:一是以"樘"计量,按设计图示数量计算;二是以"m²"计量,按设计图示洞口尺寸以面积计算。金属卷帘(闸)门清单设置规则见表 5.43。

表 5.43　金属卷帘(闸)门(编码:010803)

项目编码	项目名称	项目特征	计量单位	工作内容
010803001	金属卷帘(闸)门	1. 门代号及洞口尺寸; 2. 门材质; 3. 启动装置品种、规格	1. 樘 2. m²	1. 门运输、安装; 2. 启动装置、活动小门、五金安装
010803002	防火卷帘(闸)门			

注:以"樘"计量,项目特征必须描述洞口尺寸;以"m²"计量,项目特征可不描述洞口尺寸。

(4)厂库房大门、特种门

厂库房大门、特种门与金属卷帘(闸)门相同,其清单设置规则见表 5.44。其中,特种门应区分冷藏门、冷冻间门、保温门、变电室门、隔音门、防射电门、人防门、金库门等项目,应分别列项。

表 5.44　厂库房大门、特种门(编码:010804)

项目编码	项目名称	项目特征	计量单位	工作内容
010804001	木板大门	1. 门代号及洞口尺寸; 2. 门框或扇外围尺寸; 3. 门框、扇材质; 4. 五金种类、规格; 5. 防护材料种类	1. 樘 2. m²	1. 门(骨架)制作、运输; 2. 门、五金配件安装; 3. 刷防护材料
010804002	钢木大门			
010804003	全钢板大门			
010804004	防护铁丝门			

续表

项目编码	项目名称	项目特征	计量单位	工作内容
010804005	金属格栅门	1.门代号及洞口尺寸; 2.门框或扇外围尺寸; 3.门框、扇材质; 4.启动装置的品种、规格	1.樘 2.m²	1.门安装; 2.启动装置、五金配件安装
010804006	钢质花饰大门	1.门代号及洞口尺寸; 2.门框或扇外围尺寸; 3.门框、扇材质		1.门安装; 2.五金配件安装
010804007	特种门			

注:①以"樘"计量,项目特征必须描述洞口尺寸,没有洞口尺寸必须描述门框或扇外围尺寸;以"m²"计量,项目特征可不描述洞口尺寸及框、扇的外围尺寸。

②以"m²"计量,无设计图示洞口尺寸,按门框、扇外围以面积计算。

(5)其他门

其他门中主要有电子感应门、旋转门、电子对讲门、电动伸缩门、全玻自由门、镜面不锈钢饰面门等,计算规则与金属卷帘(闸)门相同。其他门清单设置规则见表5.45。

表5.45 其他门(编码:010805)

项目编码	项目名称	项目特征	计量单位	工作内容
010805001	电子感应门	1.门代号及洞口尺寸; 2.门框或扇外围尺寸; 3.门框、扇材质; 4.玻璃品种、厚度; 5.启动装置的品种、规格; 6.电子配件的品种、规格	1.樘 2.m²	1.门安装; 2.启动装置、五金、电子配件安装
010805002	旋转门			
010805003	电子对讲门	1.门代号及洞口尺寸; 2.门框或扇外围尺寸; 3.门材质; 4.玻璃品种、厚度; 5.启动装置的品种、规格; 6.电子配件的品种、规格		
010805004	电动伸缩门			
010805005	全玻自由门	1.门代号及洞口尺寸; 2.门框或扇外围尺寸; 3.框材质; 4.玻璃品种、厚度		1.门安装; 2.五金安装
010805006	镜面不锈钢饰面门	1.门代号及洞口尺寸; 2.门框或扇外围尺寸; 3.框、扇材质; 4.玻璃品种、厚度		
010805007	复合材料门			

注:①以"樘"计量,项目特征必须描述洞口尺寸,没有洞口尺寸必须描述门框或扇外围尺寸;以"m²"计量,项目特征可不描述洞口尺寸及框、扇的外围尺寸。

②以"m²"计量,无设计图示洞口尺寸,按门框、扇外围以面积计算。

（6）木窗

木窗包括木质窗、木飘（凸）窗、木橱窗、木纱窗。其清单设置规则见表5.46。木窗五金包括折页、插销、风钩、木螺丝、滑楞滑轨（推拉窗）等。

①木质窗计算规则：以"樘"计量，按设计图示数量计算；以"m²"计量，按设计图示洞口尺寸以面积计算。木质窗应区分木百叶窗、木组合窗、木天窗、木固定窗、木装饰空花窗等项目。

②木飘（凸）窗、木橱窗计算规则：以"樘"计量，按设计图示数量计算；以"m²"计量，按设计图示尺寸以框外围展开面积计算。

③木纱窗计算规则：以"樘"计量，按设计图示数量计算；以"m²"计量，按框的外围尺寸以面积计算。

表5.46 木窗（编码：010806）

项目编码	项目名称	项目特征	计量单位	工作内容
010806001	木质窗	1. 窗代号及洞口尺寸； 2. 玻璃品种、厚度	1. 樘 2. m²	1. 窗安装； 2. 五金、玻璃安装
010806002	木飘（凸）窗			
010806003	木橱窗	1. 窗代号； 2. 框截面及外围展开面积； 3. 玻璃品种、厚度； 4. 防护材料种类		1. 窗制作、运输、安装； 2. 五金、玻璃安装； 3. 刷防护材料
010806004	木纱窗	1. 窗代号及框的外围尺寸； 2. 窗纱材料品种、规格		1. 窗安装； 2. 五金安装

注：①以"樘"计量，项目特征必须描述洞口尺寸，没有洞口尺寸必须描述窗框外围尺寸；以"m²"计量，项目特征可不描述洞口尺寸及框的外围尺寸。

②以"m²"计量，无设计图示洞口尺寸，按窗框外围以面积计算。

③木飘（凸）窗、木橱窗以"樘"计量，项目特征必须描述框截面及外围展开面积。

（7）金属窗

金属窗计算规则如下，其清单设置规则见表5.47。

①金属（塑钢、断桥）窗、金属防火窗、金属百叶窗、金属格栅窗：以"樘"计量，按设计图示数量计算；以"m²"计量，按设计图示洞口尺寸或框外围以面积计算。

②金属纱窗：以"樘"计量，按设计图示数量计算；以"m²"计量，按框的外围尺寸以面积计算。

③金属（塑钢、断桥）橱窗、金属[塑钢、断桥飘（凸）]窗：以"樘"计量，按设计图示数量计算；以"m²"计量，按设计图示尺寸或框外围以面积计算。

④彩板窗、复合材料窗计算规则：以"樘"计量，按设计图示数量计算；以"m²"计量，按设计图示洞口尺寸或框外围以面积计算。

表5.47 金属窗（编码：010807）

项目编码	项目名称	项目特征	计量单位	工作内容
010807001	金属（塑钢、断桥）窗	1. 窗代号及洞口尺寸； 2. 框、扇材质； 3. 玻璃品种、厚度	1. 樘 2. m²	1. 窗安装； 2. 五金、玻璃安装
010807002	金属防火窗			
010807003	金属百叶窗			

续表

项目编码	项目名称	项目特征	计量单位	工作内容
010807004	金属纱窗	1. 窗代号及框的外围尺寸; 2. 框材质; 3. 窗纱材料品种、规格	1. 樘 2. m²	1. 窗安装; 2. 五金安装
010807005	金属格栅窗	1. 窗代号及洞口尺寸; 2. 框外围尺寸; 3. 框、扇材质		
010807006	金属(塑钢、断桥)橱窗	1. 窗代号; 2. 框外围展开面积; 3. 框、扇材质; 4. 玻璃品种、厚度; 5. 防护材料种类		1. 窗制作、运输、安装; 2. 五金、玻璃安装; 3. 刷防护材料
010807007	金属(塑钢、断桥)飘(凸)窗	1. 窗代号; 2. 框外围展开面积; 3. 框、扇材质; 4. 玻璃品种、厚度		1. 窗安装; 2. 五金、玻璃安装
010807008	彩板窗	1. 窗代号及洞口尺寸; 2. 框外围尺寸; 3. 框、扇材质; 4. 玻璃品种、厚度		
010807009	复合材料窗			

注:①金属窗应区分金属组合窗、防盗窗等项目,分别编码列项。

②以"樘"计量,项目特征必须描述洞口尺寸,没有洞口尺寸必须描述窗框外围尺寸;以"m²"计量,项目特征可不描述洞口尺寸及框的外围尺寸。

③以"m²"计量,无设计图示洞口尺寸,按窗框外围以面积计算。

④金属飘(凸)窗、橱窗以"樘"计量,项目特征必须描述框截面及外围展开面积。

⑤金属窗五金包括折页、螺丝、执手、卡锁、铰拉、风撑、滑轮、滑轨、拉把、拉手、角码、牛角制等。

(8)门窗套

门窗套计算规则如下,其清单设置规则见表5.48。

①木门窗套、木筒子板、饰面夹板筒子板、金属门窗套、石材门窗套、成品木门窗套按以下规则计算:以"樘"计量,按设计图示数量计算;以"m²"计量,按设计图示尺寸以展开面积计算;以"m"计量,按设计图示中心以延长米计算。

②门窗木贴脸按如下规则计算:以"樘"计量,按设计图示数量计算;以"m"计量,按设计图示尺寸以延长米计算。

表5.48 门窗套(编码:010808)

项目编码	项目名称	项目特征	计量单位	工作内容
010808001	木门窗套	1. 窗代号及洞口尺寸; 2. 门窗套展开宽度; 3. 基层材料品种、规格; 4. 面层材料品种、规格; 5. 线条品种、规格; 6. 防护材料种类	1. 樘 2. m² 3. m	1. 清理基层; 2. 立筋制作、安装; 3. 基层板安装; 4. 面层铺贴; 5. 线条安装; 6. 刷防护材料

项目编码	项目名称	项目特征	计量单位	工作内容
010808002	木筒子板	1.筒子板宽度; 2.基层材料种类; 3.面层材料品种、规格; 4.线条品种、规格; 5.防护材料种类	1.樘 2.m² 3.m	1.清理基层; 2.立筋制作、安装; 3.基层板安装; 4.面层铺贴; 5.线条安装; 6.刷防护材料
010808003	饰面夹板筒子板			
010808004	金属门窗套	1.窗代号及洞口尺寸; 2.门窗套展开宽度; 3.基层材料种类; 4.面层材料品种、规格; 5.防护材料种类		1.清理基层; 2.立筋制作、安装; 3.基层板安装; 4.面层铺贴; 5.刷防护材料
010808005	石材门窗套	1.窗代号及洞口尺寸; 2.门窗套展开宽度; 3.黏结层厚度、砂浆配合比; 4.面层材料品种、规格; 5.线条品种、规格		1.清理基层; 2.立筋制作、安装; 3.基层抹灰; 4.面层铺贴; 5.线条安装
010808006	门窗木贴脸	1.窗代号及洞口尺寸; 2.贴脸板宽度; 3.防护材料种类	1.樘 2.m	安装
010808007	成品木门窗套	1.窗代号及洞口尺寸; 2.门窗套展开宽度; 3.门窗套材料品种、规格	1.樘 2.m² 3.m	1.基层清理; 2.立筋制作、安装; 3.板安装

注:①以"樘"计量,项目特征必须描述洞口尺寸、门窗套展开宽度。

②以"m²"计量,项目特征可不描述洞口尺寸、门窗套展开宽度。

③以"m"计量,项目特征必须描述门窗套展开宽度、筒子板及贴脸宽度。

④木门窗套适用于单独门窗套的制作、安装。

(9)窗台板

窗台板包括木窗台板、铝塑窗台板、金属窗台板、石材窗台板,按设计图示尺寸以展开面积计算。其清单设置规则见表5.49。

表5.49 窗台板(编码:010809)

项目编码	项目名称	项目特征	计量单位	工作内容
010809001	木窗台板	1.基层材料种类; 2.窗台面板材质、规格、颜色; 3.防护材料种类	1.樘 2.m²	1.基层清理; 2.基层制作、安装; 3.窗台板制作、安装; 4.刷防护材料
010809002	铝塑窗台板			
010809003	金属窗台板			
010809004	石材窗台板	1.黏结层厚度、砂浆配合比; 2.窗台面板材质、规格、颜色		1.基层清理; 2.抹找平层; 3.窗台板制作、安装

（10）窗帘、窗帘盒、轨

窗帘、窗帘盒、轨计算规则如下,其清单编制要求见表5.50。

①窗帘按以下规则计算:以"m"计量,按设计图示尺寸以长度计算;以"m²"计量,按图示尺寸以成活后展开面积计算。

②木窗帘盒、饰面夹板、塑料窗帘盒、铝合金窗帘盒、窗帘轨以"m"为单位,按设计图示尺寸以长度计算。

表5.50 窗帘、窗帘盒、轨(编码:010810)

项目编码	项目名称	项目特征	计量单位	工作内容
010810001	窗帘	1.窗帘材质; 2.窗帘高度、宽度; 3.窗帘层数; 4.带幔要求	1. m 2. m²	1.制作、运输; 2.安装
010810002	木窗帘盒	1.窗帘盒材质、规格; 2.防护材料种类	m	1.制作、运输、安装; 2.刷防护材料
010810003	饰面夹板、塑料窗帘盒			
010810004	铝合金窗帘盒			
010810005	窗帘轨	1.窗帘轨材质、规格; 2.轨的数量; 3.防护材料种类		

2)门窗清单工程量计算示例

【例5.28】 某工程平面图及门窗表如图5.78所示,请计算该图中门窗的工程量。

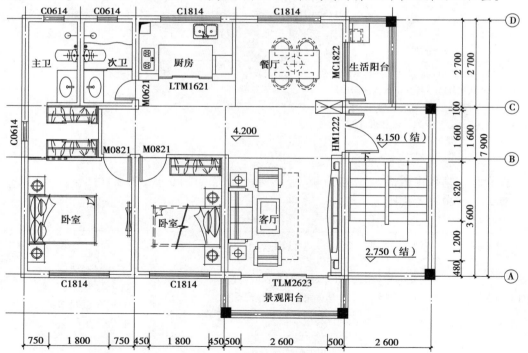

门窗表

编号	洞口尺寸/mm	类别	备注
C0614	600×1 400	铝合金窗	窗台高900 mm
C1814	1 800×1 400	铝合金窗	窗台高900 mm
HM1222	1 200×2 200	防火门	入户门
M0821	800×2 100	木门	—
M0621	600×2 100	铝合金门	—
TLM1621	1 600×2 100	玻璃门	—
TLM2623	2 600×2 300	玻璃门	—
MLC1822	1 800×2 200	玻璃门	—

图5.78 某工程平面图及门窗表

解 根据设计说明中的门窗表,结合首层平面图可分别算出各门窗的清单工程量:

$$S_{C0614} = 0.6 \text{ m} \times 1.4 \text{ m} \times 3 \text{ m} = 2.52 \text{ m}^2$$
$$S_{C1814} = 1.8 \text{ m} \times 1.4 \text{ m} \times 4 \text{ m} = 10.08 \text{ m}^2$$
$$S_{HM1222} = 1.2 \text{ m} \times 2.2 \text{ m} \times 1 \text{ m} = 2.64 \text{ m}^2$$
$$S_{M0821} = 0.8 \text{ m} \times 2.1 \text{ m} \times 2 \text{ m} = 1.68 \text{ m}^2$$
$$S_{M0621} = 0.6 \text{ m} \times 2.1 \text{ m} \times 1 \text{ m} = 1.26 \text{ m}^2$$
$$S_{TLM1621} = 1.6 \text{ m} \times 2.1 \text{ m} \times 1 \text{ m} = 3.36 \text{ m}^2$$
$$S_{TLM2623} = 2.6 \text{ m} \times 2.3 \text{ m} \times 1 \text{ m} = 5.98 \text{ m}^2$$
$$S_{MLC1822} = 1.8 \text{ m} \times 2.2 \text{ m} \times 1 \text{ m} = 3.96 \text{ m}^2$$

5.7.2 门窗定额工程量计算

1) 木门、窗

①制作、安装有框木门窗工程量,按门窗洞设计图示面积以"m²"计算;制作、安装无框木门窗工程量,按扇外围设计图示尺寸以"m²"计算。

②装饰门扇面贴木饰面胶合板,包不锈钢板、软包面制作按门扇外围设计图示面积以"m²"计算。

③成品装饰木门扇安装按门扇外围设计图示面积以"m²"计算。

④成品套装木门安装以"扇(樘)"计算。

⑤成品防火门安装按设计图示洞口面积以"m²"计算。

⑥吊装滑动门轨按长度以"延长米"计算。

⑦五金件安装以"套"计算。

2) 金属门、窗

①铝合金门窗现场制作安装按设计图示洞口面积以"m²"计算。

②成品塑钢、钢门窗、成品铝合金门窗(飘凸窗、阳台封闭、纱门窗除外)安装按门窗洞口

设计图示面积以"m^2"计算。

③门连窗按设计图示洞口面积分别计算门、窗面积,其中,窗的宽度算至门框的边外线。

④塑钢、铝合金飘凸窗、阳台封闭、纱门窗按框型材外围设计图示面积以"m^2"计算。

3)金属卷帘(闸)

金属卷帘(闸)、防火卷帘按设计图示尺寸宽度乘以高度(算至卷帘箱卷轴水平线)以"m^2"计算。电动装置安装按设计图示套数计算。

4)厂库房大门、特种门

①有框厂库房大门和特种门按洞口设计图示面积以"m^2"计算,无框厂库房大门和特种门按门扇外围设计图示尺寸面积以"m^2"计算。

②冷藏库大门、保温隔音门、变电室门、隔音门、射线防护门按洞口设计图示面积以"m^2"计算。

5)其他门

①电子感应门、转门、电动伸缩门均以"樘"计算;电磁感应装置以"套"计算。

②全玻有框门扇按扇外围设计图示面积以"m^2"计算。

③全玻无框(条夹)门扇按扇外围设计图示面积以"m^2"计算,高度算至条夹外边线,宽度算至玻璃外边线。

④全玻无框(点夹)门扇按扇外围设计图示面积以"m^2"计算。

6)门钢架、门窗套

①门钢架按设计图示尺寸以"t"计算。

②门钢架基层、面层按饰面外围设计图示面积以"m^2"计算。

③成品门框、门窗套线按设计图示最长边以"延长米"计算。

7)窗台板、窗帘盒、轨

①窗台板按设计图示长度乘以宽度以"m^2"计算。图纸未注明尺寸的,窗台板长度可按窗框的外围宽度两边加100 mm计算。窗台板凸出墙面的宽度按墙面外加50 mm计算。

②窗帘盒、窗帘轨按设计图示长度以"延长米"计算。

③窗帘按设计图示轨道高度乘以宽度以"m^2"计算。

8)其他

①木窗上安装窗栅、钢筋御棍按窗洞口设计图示尺寸面积以"m^2"计算。

②普通窗上部带有半圆窗的工程量应分别按半圆窗和普通窗计算,以普通窗和半圆窗之间的横框上的裁口线为分界线。

③门窗贴脸按设计图示尺寸以外边线"延长米"计算。

④水泥砂浆塞缝按门窗洞口设计图示尺寸以"延长米"计算。

⑤门锁安装按"套"计算。

⑥门、窗运输按门框、窗框外围设计图示面积以"m^2"计算。

5.8 屋面及防水工程

屋面工程主要是指屋面结构层(屋面板)或屋面木基层以上的工作内容,屋面及防水工程主要包括瓦屋面、型材及其他屋面、屋面防水、墙防水、地面防水、防潮等。

5.8.1 屋面及防水工程清单工程量计算

1)瓦、型材及其他屋面

瓦、型材及其他屋面中包括瓦屋面、型材屋面、阳光板屋面、玻璃钢屋面、膜结构屋面等,其计算规则如下,其清单设置规则见表5.51。

表5.51 瓦、型材及其他屋面(编码:010901)

项目编码	项目名称	项目特征	计量单位	工作内容
010901001	瓦屋面	1. 瓦品种、规格; 2. 黏结层砂浆的配合比	m²	1. 砂浆制作、运输、摊铺、养护; 2. 安瓦、做瓦脊
010901002	型材屋面	1. 型材品种、规格; 2. 金属檩条材料品种、规格; 3. 接缝、嵌缝材料种类		1. 檩条制作、运输、安装; 2. 屋面型材安装; 3. 接缝、嵌缝
010901003	阳光板屋面	1. 阳光板品种、规格; 2. 骨架材料品种、规格; 3. 接缝、嵌缝材料种类; 4. 油漆品种、刷漆遍数		1. 骨架制作、运输、安装、刷防护材料、油漆; 2. 阳光板安装; 3. 接缝、嵌缝
010901004	玻璃钢屋面	1. 玻璃钢品种、规格; 2. 骨架材料品种、规格; 3. 玻璃钢固定方式; 4. 接缝、嵌缝材料种类; 5. 油漆品种、刷漆遍数		1. 骨架制作、运输、安装、刷防护材料、油漆; 2. 玻璃钢制作、安装; 3. 接缝、嵌缝
010901005	膜结构屋面	1. 膜布品种、规格; 2. 支柱(网架)钢材品种、规格; 3. 钢丝绳品种、规格; 4. 锚固基座做法; 5. 油漆品种、刷漆遍数		1. 膜布热压胶接; 2. 支柱(网架)制作、安装; 3. 膜布安装; 4. 穿钢丝绳、锚头锚固; 5. 锚固基座、挖土、回填; 6. 刷防护涂料、油漆

注:①瓦屋面若是在木基层上铺瓦,项目特征不必描述黏结层砂浆的配合比,瓦屋面铺防水层,按附录表J.2屋面防水及其他相关项目编码列项。

②型材屋面、阳光板屋面、玻璃钢屋面的柱、梁、屋架,按附录表F金属结构工程、附录G木结构工程中相关项目编码列项。

①瓦屋面、型材屋面按设计图示尺寸以斜面积计算,不扣除房上烟囱、风帽底座、风道、小气窗、斜沟等所占面积,小气窗的出檐部分亦不增加。瓦屋面、阳光板屋面分别如图5.79、图

5.80 所示。其计算公式为：

$$坡屋面斜面面积=屋面水平投影面积×坡度系数$$
$$两坡屋面斜面面积=屋面水平投影面积×坡度系数 C$$
$$四坡屋面斜面面积=屋面水平投影面积×坡度系数 D$$

图 5.79　瓦屋面

图 5.80　阳光板屋面

其中,屋面坡度示意图如图 5.81 所示,坡度系数见表 5.52。

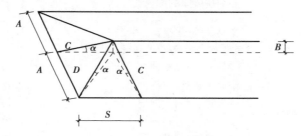

图 5.81　坡度系数各字母含义示意图

注:①两坡排水屋面面积为屋面水平投影面积乘以延尺系数 C;②四坡排水屋面斜脊长度=A×D(当 S=A 时);③沿山墙泛水长度=A×C(C—延尺系数,D—隔延尺系数)。

表 5.52　屋面坡度系数表

以高度 B 表示（当 A=1 时）	以高跨比表示（B/2A）	以角度表示/α	延尺系数 C（A=1）	隔延尺系数 D(A=1)
1	1/2	45°	1.414 2	1.732 1
0.75		36°52′	1.250 0	1.600 8
0.666	1/3	33°40′	1.201 5	1.562 0
0.5	1/4	26°34′	1.118 0	1.500 0
0.4	1/5	21°48′	1.077 0	1.469 7
0.2	1/10	11°19′	1.019 8	1.428 3
0.1	1/20	5°42′	1.005 0	1.417 7

【例5.29】 某项目为四坡水的坡形瓦屋面,1:2.5水泥砂浆黏结,已知屋面坡度以高跨比表示为1:2,如图5.82所示。试计算该瓦屋面清单工程量。

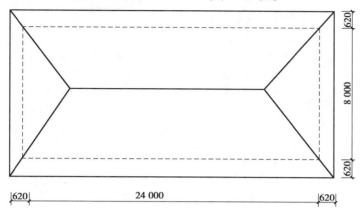

图5.82 四坡水屋面示意图

解 查表5.52知,四坡水屋面隅延尺系数 $D=1.732\,1$,即

$$S = 水平面积 \times 隅延尺系数$$

$$= (24 + 0.62 \times 2)\,\mathrm{m} \times (8 + 0.62 \times 2)\,\mathrm{m} \times 1.732\,1 = 447.67\ \mathrm{m}^2$$

②阳光板屋面、玻璃钢屋面按设计图示尺寸以斜面积计算,不扣除屋面面积≤0.3 m²孔洞所占面积。

③膜结构屋面按设计图示尺寸以需要覆盖的水平投影面积计算。

2)屋面防水及其他

屋面防水工程根据屋面防水材料的不同又可分为卷材防水层屋面(柔性防水层屋面)、涂膜防水屋面、刚性防水屋面等。目前,应用较普遍的是卷材防水屋面。计算规则如下,其清单设置规范见表5.53。

表5.53 屋面防水及其他(编码:010902)

项目编码	项目名称	项目特征	计量单位	工作内容
010902001	屋面卷材防水	1.卷材品种、规格、厚度; 2.防水层数; 3.防水层做法	m²	1.基层清理; 2.刷底油; 3.铺油毡卷材、接缝
010902002	屋面涂膜防水	1.防水膜品种; 2.涂膜厚度、遍数; 3.增强材料种类		1.基层清理; 2.刷基层处理剂; 3.铺布、喷涂防水层
010902003	屋面刚性层	1.刚性层厚度; 2.混凝土种类; 3.混凝土强度等级; 4.嵌缝材料种类; 5.钢筋规格、型号		1.基层清理; 2.混凝土制作、运输、铺筑、养护; 3.钢筋制安

续表

项目编码	项目名称	项目特征	计量单位	工作内容
010902004	屋面排水管	1.排水管品种、规格; 2.雨水斗、山墙出水口品种、规格; 3.接缝、嵌缝材料种类; 4.油漆品种、刷漆遍数	m	1.排水管及配件安装、固定; 2.雨水斗、山墙出水口、雨水箅子安装; 3.接缝、嵌缝; 4.刷漆
010902005	屋面排(透)气管	1.排(透)气管品种、规格; 2.接缝、嵌缝材料种类; 3.油漆品种、刷漆遍数		1.排(透)气管及配件安装、固定; 2.铁件制作、安装; 3.接缝、嵌缝; 4.刷漆
010902006	屋面(廊、阳台)泄(吐)水管	1.吐水管品种、规格; 2.接缝、嵌缝材料种类; 3.吐水管长度; 4.油漆品种、刷漆遍数	根(个)	1.水管及配件安装、固定; 2.接缝、嵌缝; 3.刷漆
010902007	屋面天沟、檐沟	1.材料品种、规格; 2.接缝、嵌缝材料种类	m²	1.天沟材料铺设; 2.天沟配件安装; 3.接缝、嵌缝; 4.刷防护材料
010902008	屋面变形缝	1.嵌缝材料种类; 2.止水带材料种类; 3.盖缝材料; 4.防护材料种类	m	1.清缝; 2.填塞防水材料; 3.止水带安装; 4.盖缝制作、安装; 5.刷防护材料

注:①屋面刚性层无钢筋,其钢筋项目特征不必描述。

②屋面找平层按照《清单规范》附录L楼地面装饰工程"平面砂浆找平层"项目编码列项。

③屋面防水层搭接及附加层用量不另行计算,在综合单价中考虑。

④屋面保温找坡层按《清单规范》附录K保温、隔热、防腐工程"保温隔热屋面"项目编码列项。

①屋面卷材防水、屋面涂膜防水按设计图示尺寸以面积计算。斜屋顶(不包括平屋顶找坡)按斜面积计算;平屋顶按水平投影面积计算。不扣除房上烟囱、风帽底座、风道、屋面小气窗和斜沟所占的面积;屋面女儿墙、伸缩缝和天窗等处的弯起部分,并入屋面工程量计算。

如图纸未作规定,女儿墙、伸缩缝的弯起部分按250 mm、天窗的弯起部分按500 mm计入屋面防水工程量,弯起部分如图5.83和图5.84所示。

②屋面刚性层按设计图示尺寸以面积计算,不扣除房上烟囱、风帽底座、风道等所占的面积。

③屋面排水管按设计图示尺寸以长度计算。设计未标注尺寸的,以檐口至设计室外散水上表面垂直距离计算。

④屋面排(透)气管、变形缝按设计图示尺寸以长度计算,示意图如图5.85、图5.86所示。

⑤屋面(廊、阳台)泄(吐)水管按设计图示数量计算,如图5.87所示。

⑥屋面天沟、檐沟按设计图示尺寸以展开面积计算,如图5.88所示。

图 5.83 屋面涂膜防水

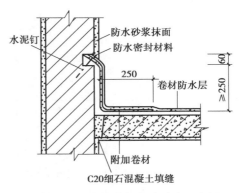

图 5.84 女儿墙弯起部分防水示意图

图 5.85 屋面排气管

图 5.86 屋面变形缝

图 5.87 屋面泄(吐)水管

图 5.88 屋面天沟、檐沟图

【例 5.30】 某建筑屋面防水采用 3 mm 厚热熔型 SBS 改性沥青防水卷材,施工如图 5.89 所示,试计算防水工程量。

解 卷材防水工程量可按水平投影面积计算,弯起部分面积并入屋面防水卷材工程量内,其中紧贴女儿墙弯起 250 mm。

(1)水平投影面积

$$S_1 = (4.6 \times 5.6) \, \text{m}^2 = 25.76 \, \text{m}^2$$

(2)弯起部分面积

$$\text{紧贴女儿墙} \ S_2 = [(4.6 + 5.6) \times 2 \times 0.25] \, \text{m}^2 = 5.1 \, \text{m}^2$$

(3)卷材防水工程量

$$S = S_1 + S_2 = (25.76 + 5.1) \, \text{m}^2 = 30.86 \, \text{m}^2$$

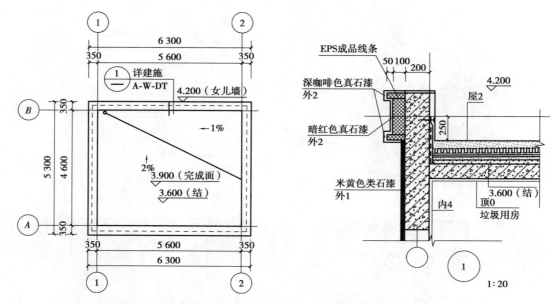

图 5.89　某建筑屋面平面图及防水卷材做法节点图

3)墙面防水、防潮

墙面卷材防水、涂膜防水及砂浆防水(防潮)按设计图示尺寸以面积计算。

变形缝按设计图示尺寸以长度计算。墙面变形缝,若做双面,工程量乘以系数 2。清单设置规则见表 5.54。

表 5.54　墙面防水、防潮(编码:010903)

项目编码	项目名称	项目特征	计量单位	工作内容
010903001	墙面卷材防水	1.卷材品种、规格、厚度; 2.防水层数; 3.防水层做法	m²	1.基层处理; 2.刷黏结剂; 3.铺防水卷材; 4.接缝、嵌缝
010903002	墙面涂膜防水	1.防水膜品种; 2.涂膜厚度、遍数; 3.增强材料种类		1.基层处理; 2.刷基层处理剂; 3.铺布、喷涂防水层
010903003	墙面砂浆防水 (防潮)	1.防水层做法; 2.砂浆厚度、配合比; 3.钢丝网规格		1.基层处理; 2.挂钢丝网片; 3.设置分隔缝; 4.砂浆制作、运输、摊铺、养护
010903004	墙面变形缝	1.嵌缝材料种类; 2.止水带材料种类; 3.盖缝材料; 4.防护材料种类	m	1.清缝; 2.填塞防水材料; 3.止水带安装; 4.盖缝制作、安装; 5.刷防护材料

注:①墙面防水搭接及附加层用量不另行计算,应在综合单价中考虑。

②墙面找平层按照《清单规范》附录 M 墙、柱面装饰与隔断、幕墙工程"立面砂浆找平层"项目编码列项。

4)楼(地)面防水、防潮

楼(地)面防水、防潮如下,其清单设置规范见表5.55。

①楼(地)面卷材防水、涂膜防水及砂浆防水(防潮)按设计图示尺寸以面积计算,如图5.90所示。

楼(地)面防水:按主墙间净空面积计算,扣除凸出地面的构筑物、设备基础等所占面积,不扣除间壁墙及单个面积≤0.3 m² 柱、垛、烟囱和孔洞所占面积。

楼(地)面防水反边高度≤300 mm 算作地面防水,反边高度>300 mm 算作墙面防水。

图5.90 楼(地)面涂膜防水

②楼(地)面变形缝按设计图示以长度计算。

表5.55 楼(地)面防水、防潮(编码:010904)

项目编码	项目名称	项目特征	计量单位	工作内容
010904001	楼(地)面卷材防水	1.卷材品种、规格、厚度; 2.防水层数; 3.防水层做法; 4.反边高度	m²	1.基层处理; 2.刷黏结剂; 3.铺防水卷材; 4.接缝、嵌缝
010904002	楼(地)面涂膜防水	1.防水膜品种; 2.涂膜厚度、遍数; 3.增强材料种类; 4.反边高度		1.基层处理; 2.刷基层处理剂; 3.铺布、喷涂防水层
010904003	楼(地)面砂浆防水(防潮)	1.防水层做法; 2.砂浆厚度、配合比; 3.反边高度		1.基层处理; 2.砂浆制作、运输、摊铺、养护
010904004	楼(地)面变形缝	1.嵌缝材料种类; 2.止水带材料种类; 3.盖缝材料; 4.防护材料种类	m	1.清缝; 2.填塞防水材料; 3.止水带安装; 4.盖缝制作、安装; 5.刷防护材料

注:①楼(地)面找平层按照《清单规范》附录L楼地面装饰工程"平面砂浆找平层"项目编码列项。

②楼(地)面防水搭接及附加层用量不另行计算,在综合单价中考虑。

5.8.2 屋面及防水工程定额工程量计算

1)瓦屋面、型材屋面

瓦屋面、彩钢板屋面、压型板屋面均按设计图示面积以"m²"计算(斜屋面按斜面面积以"m²"计算)。不扣除房上烟囱、风帽底座、风道、屋面小气窗、斜沟和脊瓦所占面积,小气窗的出檐部分亦不增加面积。

2)屋面防水及其他

(1)屋面防水

①卷材防水、涂料防水屋面按设计图示面积以"m²"计算(斜屋面按斜面面积以"m²"计算)。不扣除房上烟囱、风帽底座、风道、屋面小气窗、斜沟、变形缝所占面积。屋面的女儿墙、伸缩缝和天窗等处的弯起部分,按图示尺寸并入屋面工程量计算。如设计图示无规定时,伸缩缝、女儿墙及天窗的弯起部分按防水层至屋面面层厚度另加 250 mm 计算。

②刚性屋面按设计图示面积以"m²"计算(斜屋面按斜面面积以"m²"计算)。不扣除房上烟道、风帽底座、风道、屋面小气窗等所占面积,屋面泛水、变形缝等弯起部分和加厚部分,已包括在定额子目内。挑出墙外的出檐和屋面天沟,另按相应项目计算。

③分格缝按设计图示长度以"m"计算,盖缝按设计图示面积以"m²"计算。

(2)屋面排水

①塑料水落管按图示长度以"m"计算,如设计未标注尺寸,以檐口至设计室外散水上表面垂直距离计算。

②阳台、空调连通水落管按"套"计算。

③铁皮排水按图示面积以"m"计算。

(3)屋面变形缝

按设计图示长度以"m"计算。

3)墙面防水、防潮

①墙面防潮层,按设计展开面积以"m²"计算,扣除门窗洞口及单个面积大于 0.3 m² 的孔洞所占面积。

②变形缝按设计图示长度以"m"计算。

4)楼地面防水、防潮

①墙基防水、防潮层,外墙长度按中心线,内墙长度按净长乘以墙宽以"m²"计算。

②楼地面防水、防潮层,按墙间净空面积以"m²"计算,门洞下口防水层工程量并入相应楼地面工程量内。扣除凸出地面的构筑物、设备基础及单个面积大于 0.3 m² 柱、垛、烟囱和孔洞所占面积。门洞、空圈、暖气包槽、壁龛的开口部分不增加面积。

③与墙面连接处,上卷高度在 300 mm 以内按展开面积以"m²"计算,执行楼地面防水定额子目;高度超过 300 mm 以上时,按展开面积以"m²"计算,执行墙面防水定额子目。

④变形缝按设计图示长度以"m"计算。

5.9 保温、隔热、防腐工程

保温、隔热、防腐工程分为保温隔热工程和防腐工程。保温隔热工程包含屋面、墙面、柱、梁、天棚、楼地面等的保温隔热,主要材料有保温砂浆、保温板、泡沫混凝土、陶粒混凝土等。防腐工程主要分为耐酸整体面层、卷材、块料等。对装配式建筑 PC 构件,保温、隔热、防腐在预制构件位置处,在生产预制时一并生产,在计算工程量时并入预制构件内,不单独列项计量,故此处不单独说明,此处仅就装配式建筑中其他部位同时存在的普通保温、隔热、防腐工程量计算进行介绍。

5.9.1 保温、隔热、防腐工程清单工程量计算

1)保温、隔热工程量计算规则

保温隔热工程主要包括保温隔热屋面,保温隔热天棚,保温隔热墙面,保温柱、梁,保温隔热楼地面,其他保温隔热,计算规则如下,清单设置规则见表 5.56。

①保温隔热屋面按设计图示尺寸以面积计算,扣除面积>0.3 m^2 孔洞及占位面积。

②保温隔热天棚按设计图示尺寸以面积计算,扣除面积>0.3 m^2 上柱、垛、孔洞所占面积,与天棚相连的梁按展开面积计算,并入天棚工程量内。柱帽保温隔热应并入天棚保温隔热工程量内。

③保温隔热墙面按设计图示尺寸以面积计算,扣除门窗洞口以及面积>0.3 m^2 梁、孔洞所占面积;门窗洞口侧壁以及与墙相连的柱需作保温时,并入保温墙体工程量内。

④保温柱、梁按设计图示尺寸以面积计算。柱按设计图示柱断面保温层中心线展开长度乘以保温层高度以面积计算,扣除面积>0.3 m^2 梁所占面积;梁按设计图示梁断面保温层中心线展开长度乘以保温层长度以面积计算。保温柱、梁适用于不与墙、天棚相连的独立柱和梁。

⑤保温隔热楼地面按设计图示尺寸以面积计算,扣除面积>0.3 m^2 上柱、垛、孔洞所占面积,门洞、空圈、暖气包槽、壁龛的开口部分不增加面积。

⑥其他保温隔热按设计图示尺寸以展开面积计算,扣除面积>0.3 m^2 孔洞及占位面积。

表 5.56 保温隔热(编码:011001)

项目编码	项目名称	项目特征	计量单位	工作内容
011001001	保温隔热屋面	1.保温隔热材料品种、规格、厚度; 2.隔气层材料品种、厚度; 3.黏结材料种类、做法; 4.防护材料种类、做法	m^2	1.基层处理; 2.刷黏结材料; 3.铺粘保温层; 4.铺、刷(喷)防护材料
011001002	保温隔热天棚	1.保温隔热面层材料品种、规格、性能; 2.保温隔热材料品种、规格及厚度; 3.黏结材料种类、做法; 4.防护材料种类、做法		

续表

项目编码	项目名称	项目特征	计量单位	工作内容
011001003	保温隔热墙面	1. 保温隔热部位; 2. 保温隔热方式;	m²	1. 基层清理; 2. 刷界面剂; 3. 安装龙骨; 4. 填贴保温材料; 5. 保温板安装; 6. 粘贴面层; 7. 铺设增强格网、摸抗裂、防水砂浆面层; 8. 嵌缝; 9. 铺、刷(喷)防护材料
011001004	保温柱、梁	3. 踢脚线、勒脚线保温做法; 4. 龙骨材料品种、规格; 5. 保温隔热面层材料品种、规格、性能; 6. 保温隔热材料品种、规格及厚度; 7. 增强网及抗裂防水砂浆种类; 8. 黏结材料种类及做法; 9. 防护材料种类及做法		
011001005	保温隔热楼地面	1. 保温隔热部位; 2. 保温隔热材料品种、规格、厚度; 3. 隔气层材料品种、厚度; 4. 黏结材料种类及做法; 5. 防护材料种类及做法		1. 基层处理; 2. 刷黏结材料; 3. 铺粘保温层; 4. 铺、刷(喷)防护材料
011001006	其他保温隔热	1. 保温隔热部位; 2. 保温隔热方式; 3. 隔气层材料品种、厚度; 4. 保温隔热面层材料品种、规格、性能; 6. 黏结材料种类及做法; 7. 增强网及抗裂防水砂浆种类; 8. 防护材料种类及做法		1. 基层清理; 2. 刷界面剂; 3. 安装龙骨; 4. 填贴保温材料; 5. 保温板安装; 6. 粘贴面层; 7. 铺设增强格网、抹抗裂、防水砂浆面层; 8. 嵌缝; 9. 铺、刷(喷)防护材料

注:①保温隔热装饰面层,按《清单规范》附录 L,M,N,P,Q 中相关项目编码列项;仅做找平层按附录 L 楼地面装饰"平面砂浆找平层"或附录 M 墙、柱面装饰与隔断、幕墙工程"立面砂浆找平层"项目编码列项。

②池槽保温隔热应按其他保温隔热项目编码列项;保温隔热方式指内保温、外保温、夹心保温。

【例 5.31】 某屋面如图 5.91 所示,屋面采用卷材防水,该屋面设计采用现浇陶粒混凝土作保温层兼找坡,平均厚度为 100 mm。试计算屋面保温层的工程量。

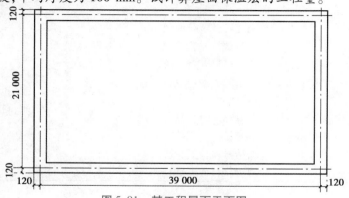

图 5.91 某工程屋面平面图

解 由图可知,该屋面女儿墙厚度为240 mm,该屋面保温层的工程量为:
$$S = (39 - 0.24)\text{m} \times (21 - 0.24)\text{m} = 804.65 \text{ m}^2$$

2)防腐面层、其他防腐面层工程量计算规则

防腐面层包括防腐混凝土面层、防腐砂浆面层、防腐胶泥面层、玻璃钢防腐面层、聚氯乙烯板面层、块料防腐面层以及池、槽块料防腐面层。其他防腐面层包括隔离层、砌筑沥青浸渍砖、防腐涂料。计算规则如下,清单设置规则见表5.57和表5.58。

①防腐面层、防腐涂料、隔离层均按设计图示尺寸以面积计算。平面防腐:扣除凸出地面的构筑物、设备基础等以及面积>0.3 m²的孔洞、柱、垛等所占面积,门洞、空圈、暖气包槽、壁龛的开口部分不增加面积;立面防腐:扣除门、窗、洞口以及面积>0.3 m²的孔洞、梁所占面积,门、窗、洞口侧壁、垛凸出部分按展开面积并入墙面积内。

②池、槽块料防腐面层按设计图示尺寸以展开面积计算。

③砌筑沥青浸渍砖按设计图示尺寸以体积计算。

表5.57 防腐面层(编码:011002)

项目编码	项目名称	项目特征	计量单位	工作内容
011002001	防腐混凝土面层	1.防腐部位; 2.面层厚度; 3.混凝土种类; 4.胶泥种类、配合比	m²	1.基层清理; 2.基层刷稀胶泥; 3.混凝土制作、运输、摊铺、养护
011002002	防腐砂浆面层	1.防腐部位; 2.面层厚度; 3.砂浆、胶泥种类、配合比		1.基层清理; 2.基层刷稀胶泥; 3.砂浆制作、运输、摊铺、养护
011002003	防腐胶泥面层	1.防腐部位; 2.面层厚度; 3.胶泥种类、配合比		1.基层清理; 2.胶泥调制、摊铺
011002004	玻璃钢防腐面层	1.防腐部位; 2.玻璃钢; 3.贴布材料的种类、层数; 4.面层材料品种		1.基层清理; 2.刷底漆、刮腻子; 3.胶浆配置、涂刷; 4.贴布、涂刷面层
011002005	聚氯乙烯板面层	1.防腐部位; 2.面层材料品种、厚度; 3.黏结材料种类		1.基层清理; 2.配料、涂胶; 3.聚氯乙烯板铺设
011002006	块料防腐面层	1.防腐部位; 2.块料品种、规格; 3.黏结材料种类; 4.勾缝材料种类		1.基层清理; 2.铺贴块料; 3.胶泥调制、勾缝
0110020007	池、槽块料防腐面层	1.防腐池、槽名称、代号; 2.块料品种、规格; 3.黏结材料种类; 4.勾缝材料种类		

注:防腐踢脚线,按《清单规范》附录L中"踢脚线"项目编码列项。

表 5.58　其他防腐面层(编码:011003)

项目编码	项目名称	项目特征	计量单位	工作内容
011003001	隔离层	1. 隔离层部位; 2. 隔离层材料品种; 3. 隔离层做法; 4. 粘贴材料种类	m²	1. 基层清理、刷油; 2. 煮沥青; 3. 胶泥调制; 4. 隔离层铺设
011003002	砌筑沥青浸渍砖	1. 砌筑部位; 2. 浸渍砖规格; 3. 胶泥种类; 4. 浸渍砖砌法	m³	1. 基层清理; 2. 胶泥调制; 3. 浸渍砖铺设
011003003	防腐涂料	1. 涂刷部位; 2. 基层材料类型; 3. 刮腻子的种类、遍数; 4. 涂料品种、刷涂遍数	m²	1. 基层清理; 2. 刮腻子; 3. 刷涂料

注:浸渍砖砌法指平砌、立砌。

5.9.2　保温、隔热、防腐工程定额工程量计算

1) 保温隔热工程

(1) 屋面保温隔热

①泡沫混凝土块、加气混凝土块、沥青玻璃棉毡、沥青矿渣棉毡、水泥炉渣、水泥焦渣、水泥陶粒、泡沫混凝土、陶粒混凝土,按设计图示体积以"m³"计算,扣除单个面积>0.3 m² 的孔洞所占体积。

【例5.32】　计算例5.31中保温层的定额工程量。

解　该屋面保温层的定额工程量为:

$$V = S \times 0.1 = 80.47 \ m^3$$

②保温板按设计图示面积以"m²"计算,扣除单个面积>0.3 m² 的孔洞所占面积。

③保温层排水管,按设计图示长度以"m"计,不扣除管件所占的长度。

④保温层排气孔安装,按设计图示数量以"个"计算。

(2) 墙面保温隔热

①墙面保温按设计图示面积以"m²"计算,扣除门窗洞口以及单个面积>0.3 m² 梁、孔洞所占面积,门窗洞口侧壁以及与墙相连的柱,并入墙体保温工程量内。其中外墙外保温长度按隔热层中心线长度计算;外墙内保温长度按隔热层净长度计算。

②墙面钢丝网、玻纤网格布按设计图示展开面积以"m²"计算,扣除单个面积>0.3 m² 孔洞所占面积。

(3) 天棚保温隔热

天棚保温隔热按设计图示面积以"m²"计算,扣除单个面积>0.3 m² 的柱、垛、孔洞所占面积,与天棚相连的梁按展开面积计算并入天棚工程量内。

(4) 柱保温隔热

柱保温隔热按设计图示柱断面保温层中心线长度乘以保温层高度的面积以"m²"计算,扣除单个面积>0.3 m² 梁所占面积。

（5）柱帽保温隔热层

柱帽保温隔热层按设计图示面积以"m²"计算，并入天棚保温隔热层工程量内。

（6）梁保温隔热

梁保温隔热按设计图示梁断面保温层中心线展开长度乘保温层长度的面积以"m²"计算。

（7）楼地面保温隔热

①保温板工程量按设计图示面积以"m²"计算，扣除柱、垛及单个面积>0.3 m²孔洞所占面积。

②保温隔热混凝土工程量按设计图示体积以"m³"计算，扣除柱、垛及单个面积>0.3 m²孔洞所占体积。

（8）防火隔离带工程量

防火隔离带工程量按设计图示面积以"m²"计算。

2）防腐工程

①防腐工程面层、隔离层及防腐油漆工程量按设计图示面积以"m²"计算。

②平面防腐工程量应扣除凸出地面的构筑物、设备基础及单个面积>0.3 m²柱、垛、烟囱和孔洞所占面积。门洞、空圈、暖气包槽、壁龛的开口部分不增加面积。

③立面防腐工程量应扣除门窗洞口以及单个面积>0.3 m²孔洞、柱、垛所占面积，门窗洞口侧壁、垛凸出部分按展开面积并入墙面内。

④踢脚板工程量按设计图示长度乘以高度以"m²"计算，扣除门洞所占面积，并相应增加门洞侧壁的面积。

⑤池、槽块料防腐面层工程量按设计图示面积以"m²"计算。

⑥砌筑沥青浸渍砖工程量按设计图示面积以"m²"计算。

⑦混凝土面及抹灰面防腐按设计图示面积以"m²"计算。

本章小结

本章介绍了建筑工程清单和定额工程量计算相关内容，主要包括土石方工程、基础工程、砌筑工程、混凝土工程、木结构工程、门窗工程、屋面及防水工程、保温隔热防腐工程等的工程量清单项目设置及工程量计算规则，并以例题分析的形式，介绍各分部分项工程工程量清单计量方法。通过学习，了解装配式混凝土构件和现浇式混凝土构件的做法和计量方面的不同之处，并结合案例分析巩固所学的计量规则。

课后习题

1.计算图 5.92 中建筑工程的挖土方（一类土）工程量。

2.某建筑物基础平面及剖面图如图 5.93 所示。已知工作面 c = 300 mm，土质为 Ⅱ 类土。要求挖出土方堆于现场，回填后余下的土外运。试对土石方工程相关项目工程量进行计算。（埋入地下基础体积为 0.945 m³）

3.如图 5.94 所示为有梁式条形基础，计算其混凝土工程量。

4.计算如图 5.95 所示的满堂基础混凝土工程量。

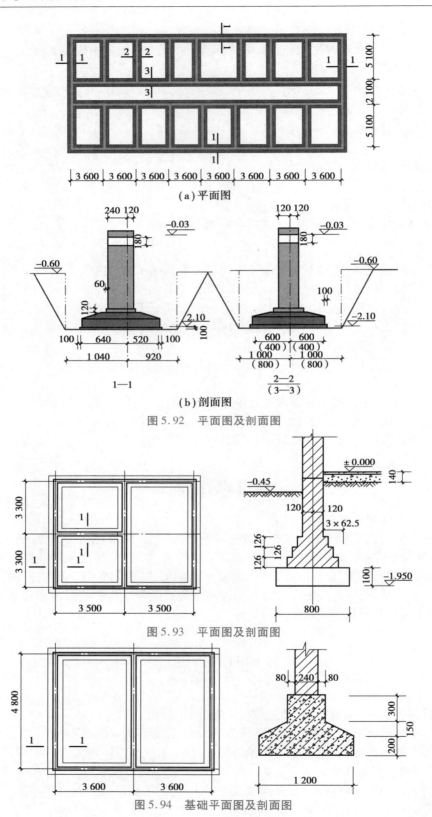

（a）平面图

（b）剖面图

图 5.92　平面图及剖面图

图 5.93　平面图及剖面图

图 5.94　基础平面图及剖面图

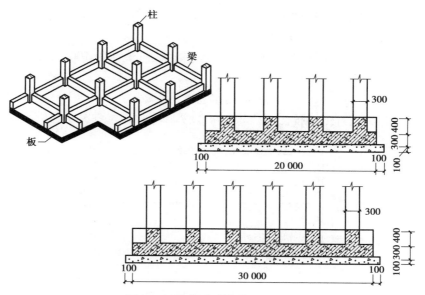

图 5.95　有梁式满堂基础示意图

5. 计算图 5.96 中 KZ2 的混凝土工程量,尺寸见表 5.59。

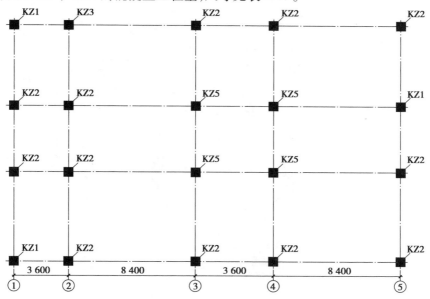

图 5.96　框架柱平面图

表 5.59　混凝土柱尺寸

柱号	标高/m	$b×h/(\text{mm}×\text{mm})$	h_1/mm	h_2/mm	b_1/mm	b_2/mm
KZ2	$-1.85 \sim 3.9$	500×500	250	250	250	250
	$3.9 \sim 7.5$	450×500	225	225	250	250
	$7.5 \sim 11.7$	400×450	200	200	225	225

6. 某建筑物屋顶平面示意图如图 5.97 所示,根据图示分别计算以下工程量:

(1)计算该屋面净面积。

(2)该屋面设计采用现浇水泥珍珠岩作保温层兼找坡,最薄处 100 mm,计算该屋面保温层工程量。

(3)该屋面采用卷材防水,计算其屋面防水卷材工程量。

(4)若该屋面设计卷材上翻高度为 350 mm,计算该屋面防水卷材工程量。

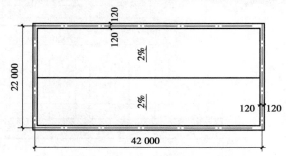

图 5.97　某平屋顶屋面平面图

6 装饰工程工程量计算

【知识目标】
(1)掌握装饰工程各分部分项清单工程量的计算规则;
(2)掌握装饰工程定额工程量的计算规则。

【能力目标】
(1)能计算装饰工程各分部分项工程的清单工程量;
(2)能计算装饰工程各分部分项工程的定额工程量。

【素质目标】
(1)弘扬传统文化,增强文化自信和爱国情怀,热爱工程造价行业;
(2)培养好学深思的探究态度,与时俱进的学习习惯;
(3)培养精益求精、一丝不苟的工作态度,严谨、实事求是的工作作风;
(4)培养诚实守信、客观公正、坚持准则、廉洁自律的职业道德;
(5)培养团队协作、管理统筹、沟通协调、自信表达的职业素养。

6.1 楼地面装饰工程

楼地面装
饰工程概述

6.1.1 楼地面装饰工程概述

楼地面是地面和楼面的总称。地面构造一般为面层、找平层、防水(潮)层、垫层和基层;楼面构造一般为面层、找平层和结构层,当以上基本构造不能满足使用或构造要求时,可增设结合层、隔离层、填充层、防水(潮)层等其他构造层次。

(1)找平层

找平层主要是在楼地面面层和屋面部分面层以下,因工艺或技术上的需要而进行找平,即因存在高低不平或坡度而需要进行找平铺设的基层,主要有水泥砂浆、稀释混凝土、沥青砂浆等,通过找平层的铺设,便于下一道工序正常施工,并使施工质量得以保证的一种过渡层。对黏结块料的黏结层不属于找平层,它是在找平层上跟随材料一起计算的结合层。

(2)面层

面层主要包括整体面层、块料面层、橡塑面层和其他材料面层。

①整体面层是指现场大面积整体浇筑作成的整片直接接受各种荷载、摩擦、冲击的表面层,一般包括水泥砂浆面层、水磨石面层、细石混凝土面层、菱苦土面层、自流坪楼地面。

②块料面层是指用一定规格的块状材料,采用相应的胶结料或水泥砂浆结合层镶铺而成的面层,常见的有大理石、花岗石、各种地砖等。

③橡塑面层主要包括橡胶板楼地面、橡胶板卷材楼地面、塑料板楼地面、塑料卷材楼地面。

④其他材料面层主要有地毯楼地面、竹木(复合)地板、金属复合地板、防静电活动地板。

楼地面工程中装配式装修主要是装配式楼地面,装配式楼地面多采用架空地板,以可调节支架架空支撑于混凝土地面或楼面上,在架空层内铺设合理的水电管线,再进行承载基板的铺设,应用螺栓、卡扣等对承载基板和地面支架做好固定处理。在铺设架空层的基础上铺设地板。若有地暖要求可采用干法施工的地暖地面。目前,装配式装修的架空地板一般采用树脂螺栓施工体系,PVC 塑胶板、纤维增强硅酸钙板、铝合金复合装饰板、复合木地板等各类复合材料。

6.1.2 楼地面装饰工程清单工程量计算

1)整体面层及找平层

整体面层及找平层计算规则如下,其清单规范要求见表6.1。

①整体面层的工程量按设计图示以面积计算。扣除凸出地面构筑物、设备基础、室内铁道、地沟等所占面积,不扣除间壁墙及≤0.3 m² 柱、垛、附墙烟囱及孔洞所占面积。门洞、空圈、暖气包槽、壁龛的开口部分不增加面积。间壁墙是指墙厚≤120 mm 的墙。

②平面砂浆找平层的工程量按设计图示尺寸以面积计算。

表 6.1　整体面层及找平层(编码:011101)

项目编码	项目名称	项目特征	计量单位	工作内容
011101001	水泥砂浆楼地面	1. 找平层厚度、砂浆配合比; 2. 素水泥浆遍数; 3. 面层厚度、砂浆配合比; 4. 面层做法要求		1. 基层清理; 2. 抹找平层; 3. 抹面层; 4. 材料运输
011101002	现浇水磨石楼地面	1. 找平层厚度、砂浆配合比; 2. 面层厚度、水泥石子浆配合比; 3. 嵌条材料种类、规格; 4. 石子种类、规格、颜色; 5. 颜料种类、颜色; 6. 图案要求; 7. 磨光、酸洗、打蜡要求	m²	1. 基层清理; 2. 抹找平层; 3. 面层铺设; 4. 嵌缝条安装; 5. 磨光、酸洗打蜡; 6. 材料运输
011101003	细石混凝土楼地面	1. 找平层厚度、砂浆配合比; 2. 面层厚度、混凝土强度等级		1. 基层清理; 2. 抹找平层; 3. 面层铺设; 4. 材料运输

续表

项目编码	项目名称	项目特征	计量单位	工作内容
011101004	菱苦土楼地面	1. 找平层厚度、砂浆配合比; 2. 面层厚度; 3. 打蜡要求	m²	1. 基层清理; 2. 抹找平层; 3. 面层铺设; 4. 打蜡; 5. 材料运输
011101005	自流坪楼地面	1. 找平层砂浆配合比、厚度; 2. 界面剂材料种类; 3. 中层漆材料种类、厚度; 4. 面漆材料种类、厚度; 5. 面层材料种类		1. 基层处理; 2. 抹找平层; 3. 涂界面剂; 4. 涂刷中层漆; 5. 打磨、吸尘; 6. 慢自流平面漆(浆); 7. 拌和自流平浆料; 8. 铺面层
011101006	平面砂浆找平层	找平层厚度、砂浆配合比		1. 基层处理; 2. 抹找平层; 3. 材料运输

注:①水泥砂浆面层处理是拉毛还是提浆压光应在面层做法要求中描述。
②平面砂浆找平层只适用于仅做找平层的平面抹灰。
③楼地面混凝土垫层按表5.12垫层项目编码列项,除混凝土外的其他材料垫层按表5.18垫层项目编码列项。

2)块料面层

石材楼地面、碎石材楼地面、块料楼地面按设计图示尺寸以面积计算。门洞、空圈、暖气包槽、壁龛的开口部分并入相应的工程量内。其清单规范要求见表6.2。

表6.2 块料面层(编码:011102)

项目编码	项目名称	项目特征	计量单位	工作内容
011102001	石材楼地面	1. 找平层厚度、砂浆配合比; 2. 结合层厚度、砂浆配合比; 3. 面层材料品种、规格、颜色; 4. 嵌缝材料种类; 5. 防护层材料种类; 6. 酸洗、打蜡要求	m²	1. 基层清理; 2. 抹找平层; 3. 面层铺设、磨边; 4. 嵌缝; 5. 刷防护材料; 6. 酸洗、打蜡; 7. 材料运输
011102002	碎石材楼地面			
011102003	块料楼地面			

注:①在描述碎石材项目的面层材料特征时可不用描述规格、颜色。
②石材、块料与黏结材料的结合面刷防渗材料的种类在防护层材料种类中描述。
③磨边是指施工现场磨边,后面涉及的磨边含义相同。

【例6.1】 某单层培训楼其卫生间的做法详图如图6.1所示,试结合平面图尺寸和构造详图中的做法,计算卫生间地面清单工程量(内墙厚度为240 mm)。

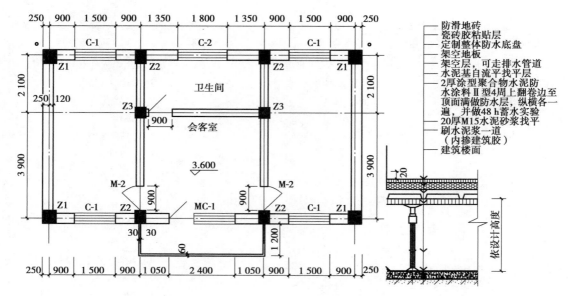

图 6.1 某工程卫生间平面及地面装修做法

解 地砖地面清单工程量 $=(1.35 \times 2+1.8-0.24) \mathrm{m} \times (2.1-0.12 \times 2) \mathrm{m}=7.92 \mathrm{~m}^2$

3)橡塑面层

橡胶板楼地面、橡胶板卷材楼地面、塑料板楼地面、塑料卷材楼地面按设计图示尺寸以面积计算。门洞、空圈、暖气包槽、壁龛的开口部分并入相应的工程量内。其清单规范要求见表 6.3。

表 6.3 橡塑面层(编码:011103)

项目编码	项目名称	项目特征	计量单位	工作内容
011103001	橡胶板楼地面	1.黏结层厚度、材料种类; 2.面层材料品种、规格、颜色; 3.压线条种类	m^2	1.基层清理; 2.面层铺贴; 3.压缝条装订; 4.材料运输
011103002	橡胶板卷材楼地面			
011103003	塑料板楼地面			
011103004	塑料卷材楼地面			

注:本表项目若涉及找平层,按表 6.1 找平层项目编码列项。

4)其他材料面层

地毯楼地面,竹、木(复合)地板,金属复合地板,防静电活动地板计算规则与橡塑面层相同。其清单规范要求见表 6.4。

表 6.4 其他材料面层(编码:011104)

项目编码	项目名称	项目特征	计量单位	工作内容
011104001	地毯楼地面	1.面层材料品种、规格、颜色; 2.防护材料种类; 3.黏结材料种类; 4.压线条种类	m^2	1.基层清理; 2.铺贴面层; 3.刷防护材料; 4.装订压条; 5.材料运输

续表

项目编码	项目名称	项目特征	计量单位	工作内容
011104002	竹、木(复合)地板	1.龙骨材料种类、规格、铺设间距; 2.基层材料种类、规格; 3.面层材料品种、规格、颜色; 4.防护材料种类	m²	1.基层清理; 2.龙骨铺设; 3.基层铺设; 4.面层铺贴; 5.刷防护材料; 6.材料运输
011104003	金属复合地板			
011103004	防静电活动地板	1.支架高度、材料种类; 2.面层材料品种、规格、颜色; 3.防护材料种类		1.基层清理; 2.固定支架安装; 3.活动面层安装; 4.刷防护材料; 5.材料运输

【例6.2】 某建筑平面如图6.2所示,墙厚240 mm,室内铺设强化复合地板,即采用12 mm厚的耐磨防水仿实木地板铺设,试计算木地板工程量。

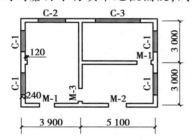

门窗表	
M-1	1 000 mm × 2 000 mm
M-2	1 200 mm × 2 000 mm
M-3	900 mm × 2 400 mm
C-1	1 500 mm × 1 500 mm
C-2	1 800 mm × 1 500 mm
C-3	3 000 mm × 1 500 mm

图6.2 某建筑平面

解 木地板的工程量为:

S = 实铺面积

$= (3.9 - 0.24) \times (6 - 0.24) + (5.1 - 0.24) \times (3 - 0.24) \times 2 +$
$(0.9 + 1 \times 2 + 1.2) \times 0.24 - 0.12 \times 0.24$

$= 21.082 \ m^2 + 26.827 \ m^2 + 0.984 \ m^2 = 48.89 \ m^2$

5)踢脚线

踢脚线包括水泥砂浆踢脚线、石材踢脚线、块料踢脚线、塑料板踢脚线、木质踢脚线、金属踢脚线、防静电踢脚线,其计算规则是:以"m²"计量,按设计图示长度乘以高度以面积计算;以"m"计量,按延长米计算。其清单规范要求见表6.5。

表6.5 其他材料面层(编码:011104)

项目编码	项目名称	项目特征	计量单位	工作内容
011105001	水泥砂浆踢脚线	1.踢脚线高度; 2.底层厚度、砂浆配合比; 3.面层厚度、砂浆配合比; 4.压线条种类	1. m² 2. m	1.基层清理; 2.底层和面层抹灰; 3.材料运输

续表

项目编码	项目名称	项目特征	计量单位	工作内容
011105002	石材踢脚线	1.踢脚线高度; 2.粘贴层厚度、材料种类; 3.面层材料品种、规格、颜色; 4.防护材料种类	1. m² 2. m	1.基层清理; 2.底层抹灰; 3.面层铺贴、磨边; 4.擦缝; 5.磨光、酸洗、打蜡; 6.刷防护材料; 7.材料运输
011105003	块料踢脚线			
011105004	塑料板踢脚线	1.踢脚线高度; 2.粘贴层厚度、材料种类; 3.面层材料品种、规格、颜色		1.基层清理; 2.基层铺贴; 3.面层铺贴; 4.材料运输
011105005	木质踢脚线	1.踢脚线高度; 2.基层材料种类、规格; 3.面层材料品种、规格、颜色		
011105006	金属踢脚线			
011105007	防静电踢脚线			

注:石材、块料与黏结材料的结合层刷防渗材料的种类在防护材料种类中描述。

【例6.3】 某工程楼面采用了装配式架空楼面,设计构造为:①安装地脚螺栓;②墙根安装轻钢龙骨,截面为 DC50×15×1.5;③支撑脚上铺设 10 mm 厚的刨花板衬板;④地板面层采用硅酸钙复合地板;⑤踢脚板采用木塑复合踢脚线,高度为 120 mm。试计算该楼面及踢脚线的工程量。

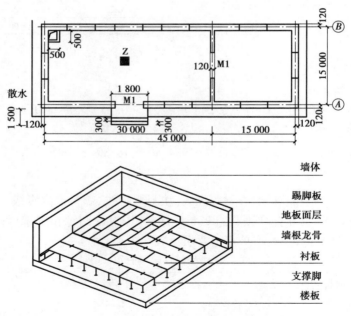

图 6.3 某工程楼面施工图

解 装配式架空楼面装饰清单工程量 $S=(45-0.24-0.12)\,\text{m}\times(15-0.24)\,\text{m}=658.89\ \text{m}^2$

木塑复合踢脚线清单工程量 $S=0.12\ \text{m}\times[\,(45-0.24-0.12)\times2-1.8+(15-0.24)\times4-1.8\times2\,]\,\text{m}=17.15\ \text{m}^2$

6)楼梯面层

楼梯面层有石材楼梯面层、块料楼梯面层、拼碎块料面层、地毯楼梯面层、木板楼梯面层、橡胶板楼梯面层、塑料板楼梯面层,其工程量按设计图示尺寸以楼梯(包括踏步、休息平台及≤500 mm 的楼梯井)水平投影面积计算。楼梯与楼地面相连时,算至梯口梁内侧边沿;无梯口梁者,算至最上一层踏步边沿加 300 mm。

7)台阶装饰

石材台阶面、块料台阶面、拼碎块料台阶面、剁假石台阶面按设计图示尺寸以台阶(包括最上层踏步边沿加 300 mm)水平投影面积计算。

8)零星装饰项目

零星装饰项目包括石材零星项目、拼碎石材零星项目、块料零星项目、水泥砂浆零星项目,其工程量按设计图示尺寸以面积计算。

6.1.3　楼地面装饰工程定额工程量计算

1)找平层、整体面层

整体面层及找平层按设计图示尺寸以面积计算。均应扣除凸出地面的构筑物、设备基础、室内铁道、地沟等所占面积,但不扣除柱、垛、间壁墙、附墙烟囱及面积≤0.3 m² 孔洞所占面积,而门洞、空圈、暖气包槽、壁龛的开口部分面积亦不增加。

2)块料面层、橡塑面层及其他材料面层

①块料面层、橡塑面层及其他材料面层,按设计图示面积以"m²"计算,门洞、空圈、暖气包槽、壁龛的开口部分并入相应的工程量内。

②拼花部分按实铺面积以"m²"计算,块料拼花面积按拼花图案最大外接矩形计算。

③石材点缀按"个"计算,计算铺贴地面面积时,不扣除点缀所占面积。

3)楼梯面层

①楼梯面层按设计图示尺寸以楼梯(包括踏步、休息平台及≤500 mm 的楼梯井)水平投影面积计算。楼梯与楼地面相连时,算至梯口梁内侧边沿;无梯口梁者,算至最上一层踏步边沿加 300 mm。其中,单跑楼梯面层水平投影面积计算如图 6.4 所示。

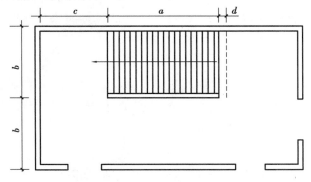

图 6.4　单跑楼梯平面示意图

a.计算公式:$(a+d) \times b + 2bc$。

b. 当 $c>b$ 时，c 按 b 计算；当 $c≤b$ 时，c 按设计尺寸计算。

c. 有锁口梁时，$d=$ 锁口梁宽度；无锁口梁时，$d=300$ mm。

②防滑条按楼梯踏步两端距离减 300 mm 以"延长米"计算。

4）台阶

台阶按设计图示尺寸水平投影以面积计算，包括最上层踏步边沿加 300 mm。

5）踢脚线

踢脚线按设计图示长度以"延长米"计算。

6）零星项目

零星项目按设计图示面积以"m²"计算。

7）其他

①石材底面刷养护液工程量按设计图示底面积以"m²"计算。

②石材表面刷保护液、晶面护理按设计图示表面积以"m²"计算。

6.2 墙、柱面装饰与隔断、幕墙工程

墙、柱面装饰
与隔断、幕墙
工程概述

6.2.1 墙、柱面装饰与隔断、幕墙工程概述

墙、柱面工程一般包括墙柱面抹灰、墙柱面镶贴块料、墙柱面装饰、隔断与幕墙等内容。

1）墙、柱面抹灰

墙、柱面抹灰分为一般抹灰和装饰抹灰。一般抹灰是指一般通用型的砂浆抹灰工程，主要包括石灰砂浆、水泥砂浆、混合砂浆以及其他砂浆等抹灰。装饰抹灰是利用普通材料模仿某种天然石花纹抹成的具有艺术效果的抹灰，主要包括涂抹水刷石、干黏石、水磨石、斩假石等。

2）镶贴块料面层

镶贴块料面层是将块料面层镶贴到基层上的一种装饰方法。根据材料将饰面加工成一定尺寸比例的板、块，通过固定、粘贴、干挂等安装方法将饰面块材或板材安装于建筑物表面形成饰面层，主要有墙地砖、瓷砖、大理石、花岗石等。

3）墙柱面其他饰面

墙柱面其他饰面主要由龙骨、板基层、板面层组成。龙骨主要有木龙骨、轻钢龙骨、铝合金龙骨和型钢龙骨。板基层主要有石膏板基层、细木工板基层。面板主要有金属饰面板、木饰面板、玻璃饰面、石膏板面层和塑料板饰面等。

4）隔断

隔断是指分隔室内空间的装修构件，应用更加灵活，如隔墙、隔断、活动展板、活动屏风、移动隔断、移动屏风、移动隔音墙等。活动隔断具有易安装、可重复利用、可工业化生产、防火、环保等特点，常见的隔断根据材质分有玻璃隔断、金属隔断、木隔断、塑料隔断等。

5）幕墙

幕墙是一种建筑主体结构、外围护结构或装饰性结构。在现代大型建筑和高层建筑中使用得较多。幕墙主要由面板和支承结构体系组成。按幕墙材料可分为有框玻璃幕墙、全玻璃幕墙、石材幕墙、金属板幕墙、混凝土幕墙和组合幕墙。

墙柱面装饰中，装配式装修主要可分为外墙装修和内墙装修。外墙装修主要包括幕墙或外墙。若采用预制混凝土墙，外墙保温及装饰一般会在外墙生产时一并包括，在计量时也应计算在预制 PC 墙中。

装配式内墙装修是指在室内墙体上通过干式工法将墙面装修部品、部件在现场组合安装的墙面装修方式，起墙面保护及装饰作用，并且实现装修层、附墙管线与墙体（隔墙、混凝土墙）的分离。

6.2.2 墙、柱面装饰与隔断、幕墙工程清单工程量计算

1）墙面抹灰

墙面抹灰按设计图示以面积计算。扣除墙裙、门窗洞口及单个>0.3 m^2 的孔洞面积，不扣除踢脚线、挂镜线和墙与构件交接处的面积，门窗洞口和孔洞的侧壁及顶面不增加面积，附墙柱、垛、烟囱侧壁并入相应的墙面面积内。其清单规范要求见表 6.6。

①外墙抹灰面积按外墙垂直投影面积计算。

②外墙裙抹灰面积按其长度乘以高度计算。

③内墙抹灰面积按主墙间的净长乘以高度计算。无墙裙的，高度按室内楼地面至天棚底面计算。有墙裙的，高度按墙裙顶至天棚底面计算。有吊顶天棚抹灰，高度算至天棚底。

④内墙裙抹灰面积按内墙净长乘以高度计算。

表 6.6 墙面抹灰（编码:011201）

项目编码	项目名称	项目特征	计量单位	工作内容
011201001	墙面一般抹灰	1. 墙体类型； 2. 底层厚度、砂浆配合比； 3. 面层厚度、砂浆配合比； 4. 装饰面材料种类； 5. 分隔缝宽度、材料种类	m^2	1. 基层清理； 2. 砂浆制作、运输； 3. 底层抹灰； 4. 抹面层； 5. 抹装饰面； 6. 勾分隔缝
011201002	墙面装饰抹灰			
011201003	墙面勾缝	1. 勾缝类型； 2. 分隔缝材料种类		1. 基层清理； 2. 砂浆制作、运输； 3. 勾缝
011201004	立面砂浆找平层	1. 基层类型； 2. 找平层砂浆厚度、配合比		1. 基层清理； 2. 砂浆制作、运输； 3. 抹灰找平

注:①立面砂浆找平层项目适用于只做找平层的立面抹灰。

②墙面抹石灰砂浆、水泥砂浆、混合砂浆、聚合物水泥砂浆、麻刀石灰浆、石膏灰浆等按本表中墙面一般抹灰列项；墙面水刷石、斩假石、干黏石、假面砖等按本表中墙面装饰抹灰列项。

③飘窗凸出外墙面增加的抹灰并入外墙工程量内。

④有吊顶天棚的内墙面抹灰，抹至吊顶以上部分在综合单价中考虑。

2)柱(梁)面抹灰

①柱面抹灰、柱面勾缝按设计图示柱断面周长乘以高度以面积计算。

②梁断面抹灰按设计图示梁断面周长乘以长度以面积计算。其清单规范要求见表6.7。

表6.7 柱(梁)面抹灰(编码:011202)

项目编码	项目名称	项目特征	计量单位	工作内容
011202001	柱、梁面一般抹灰	1.柱(梁)体类型; 2.底层厚度、砂浆配合比; 3.面层厚度、砂浆配合比; 4.装饰面材料种类; 5.分隔缝宽度、材料种类	m²	1.基层清理; 2.砂浆制作、运输; 3.底层抹灰; 4.抹面层; 5.勾分隔缝
011202002	柱、梁面装饰抹灰			
011202003	柱、梁面砂浆找平	1.柱(梁)体类型; 2.找平的砂浆厚度、配合比		1.基层清理; 2.砂浆制作、运输; 3.抹灰找平
011202004	柱面勾缝	1.勾缝类型; 2.分隔缝材料种类		1.基层清理; 2.砂浆制作、运输; 3.勾缝

注:①砂浆找平项目适用于只做找平层的柱(梁)面抹灰。

②柱(梁)面抹石灰砂浆、水泥砂浆、混合砂浆、聚合物水泥砂浆、麻刀石灰浆、石膏灰浆等按本表中柱(梁)面一般抹灰编码列项;柱(梁)面水刷石、斩假石、干黏石、假面砖等按本表中柱(梁)面装饰抹灰项目编码列项。

3)零星抹灰

零星抹灰按设计图示尺寸以面积计算。其清单规范要求见表6.8。

表6.8 零星抹灰(编码:011203)

项目编码	项目名称	项目特征	计量单位	工作内容
011203001	零星项目一般抹灰	1.基层类型、部位; 2.底层厚度、砂浆配合比; 3.面层厚度、砂浆配合比; 4.装饰面材料种类; 5.分隔缝宽度、材料种类	m²	1.基层清理; 2.砂浆制作、运输; 3.底层抹灰; 4.抹面层; 5.抹装饰面; 6.勾分隔缝
011203002	零星项目装饰抹灰			
011203003	零星项目砂浆找平	1.基层类型、部位; 2.找平的砂浆厚度、配合比		1.基层清理; 2.砂浆制作、运输; 3.抹灰找平

注:①零星项目抹石灰砂浆、水泥砂浆、混合砂浆、聚合物水泥砂浆、麻刀石灰浆、石膏灰浆等按本表中零星项目一般抹灰编码列项;柱(梁)面水刷石、斩假石、干黏石、假面砖等按本表中零星项目装饰抹灰项目编码列项。

②墙、柱(梁)面≤0.5 m²的少量分散抹灰按本表中零星抹灰项目编码列项。

4)墙面块料面层

①石材墙面、拼碎石材墙面、块料墙面按镶贴表面积计算。

②干挂石材钢骨架按设计图示以重量计算。其清单规范要求见表6.9。

表6.9 墙面块料面层(编码:011204)

项目编码	项目名称	项目特征	计量单位	工作内容
011204001	石材墙面	1.墙体类型; 2.安装方式; 3.面层材料品种、规格、颜色; 4.缝宽、嵌缝材料种类; 5.防护材料种类; 6.磨光、酸洗、打蜡要求	m²	1.基层清理; 2.砂浆制作、运输; 3.黏结层铺贴; 4.面层安装; 5.嵌缝; 6.刷防护材料; 7.磨光、酸洗、打蜡
011204002	拼碎石材墙面			
011204003	块料墙面			
011204004	干挂石材钢骨架	1.骨架种类、规格; 2.防锈漆品种遍数	t	1.骨架制作、运输、安装; 2.刷漆

注:①在描述碎块项目的面层材料特征时可不用描述规格、颜色。

②石材、块料与黏结材料结合面刷防渗材料的种类在防护层材料种类中描述。

③安装方式可描述为砂浆或黏结剂粘贴、挂贴、干挂等,不论哪种安装方式,都要详细描述与组价相关的内容。

【例6.4】 某框架结构工程平面、立面图及构造详图如图6.5所示,外墙采用干挂仿石材生态砖与涂料的结合装修形式,0.9 m及以下为干挂仿石材生态砖,0.9 m以上为涂料装饰,窗户离地高为0.9 m,门贴地安装,钢龙骨采用等边角钢Q235B∠10-16#,钢龙骨上下左右间距均为400 mm,仿石材生态砖型号为600 mm×600 mm×60 mm。试计算外墙干挂石材生态砖的工程量。

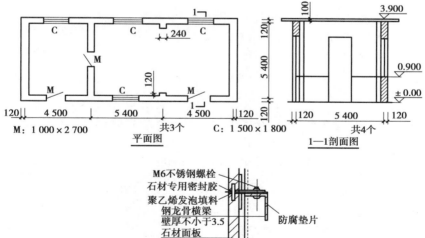

图6.5 某框架结构工程平面、立面图及构造详图

解 外墙干挂仿石材砖的清单工程量为：

$$S = (4.5 \times 2 + 5.4 + 0.12 \times 2 + 5.4 + 0.12 \times 2) \times 2 \times 0.9 \ \text{m}^2 - 1 \times 0.9 \times 2 \ \text{m}^2 = 34.70 \ \text{m}^2$$

5)柱(梁)面镶贴块料

石材柱面、块料柱面、拼碎块柱面、石材梁面、块料梁面按镶贴表面积计算。其清单规范要求见表6.10。

表6.10 柱(梁)面镶贴块料(编码:011205)

项目编码	项目名称	项目特征	计量单位	工作内容
011205001	石材柱面	1.柱截面类型、尺寸; 2.安装方式; 3.面层材料品种、规格、颜色; 4.缝宽、嵌缝材料种类; 5.防护材料种类; 6.磨光、酸洗、打蜡要求	m²	1.基层清理; 2.砂浆制作、运输; 3.黏结层铺贴; 4.面层安装; 5.嵌缝; 6.刷防护材料; 7.磨光、酸洗、打蜡
011205002	块料柱面			
011205003	拼碎块柱面			
011205004	石材梁面	1.安装方式; 2.面层材料品种、规格、颜色; 3.缝宽、嵌缝材料种类; 4.防护材料种类; 5.磨光、酸洗、打蜡要求		
011205005	块料梁面			

注:①在描述碎块项目的面层材料特征时可不用描述规格、颜色。

②石材、块料与黏结材料结合面刷防渗材料的种类在防护层材料种类中描述。

③柱(梁)面干挂石材的钢骨架按表6.9相应项目编码列项。

6)镶贴零星块料

石材零星项目、块料零星项目、拼碎块零星项目按镶贴表面积计算。其清单规范要求见表6.11。

表6.11 镶贴零星块料(编码:011206)

项目编码	项目名称	项目特征	计量单位	工作内容
011206001	石材零星项目	1.基层类型、部位; 2.安装方式; 3.面层材料品种、规格、颜色; 4.缝宽、嵌缝材料种类; 5.防护材料种类; 6.磨光、酸洗、打蜡要求	m²	1.基层清理; 2.砂浆制作、运输; 3.面层安装; 4.嵌缝; 5.刷防护材料; 6.磨光、酸洗、打蜡
011206002	块料零星项目			
011206003	拼碎块零星项目			

注:①在描述碎块项目的面层材料特征时可不用描述规格、颜色。

②石材、块料与黏结材料结合面刷防渗材料的种类在防护材料种类中描述。

③零星项目干挂石材的钢骨架按表6.9相应项目编码列项。

④墙柱面≤0.5 m²的少量分散的镶贴块料面层按本表中零星项目执行。

7)墙饰面

①墙面装饰板按设计图示墙净长乘以净高以面积计算。扣除门窗洞口及单个>0.3 m² 的孔洞所占面积。

②墙面装饰浮雕按设计图示尺寸以面积计算。

其清单规范要求见表6.12。

表6.12 墙饰面(编码:011207)

项目编码	项目名称	项目特征	计量单位	工作内容
011207001	墙面装饰板	1.龙骨材料种类、规格、中距; 2.隔离层材料种类; 3.基层材料种类、规格; 4.面层材料品种、规格、颜色; 5.压条材料种类、规格	m²	1.基层清理; 2.龙骨制作、运输、安装; 3.钉隔离层; 4.基层铺钉; 5.面层铺贴
011207002	墙面装饰浮雕	1.基层类型; 2.浮雕材料种类; 3.浮雕样式		1.基层清理; 2.材料制作、运输; 3.安装成型

【例6.5】 某计算机机房,墙面尺寸如图6.6所示,内外墙墙厚均为240 mm, M:1 500 mm×2 000 mm;C1:1 500 mm×1 500 mm;C2:1 200 mm×800 mm;门窗侧面宽度同墙厚,内墙门洞大小尺寸为1 500 mm×2 000 mm,房间净高为3 m,内墙采用干式工法中的干挂防火装饰板,具体构造见详图。请计算内墙装修清单工程量。

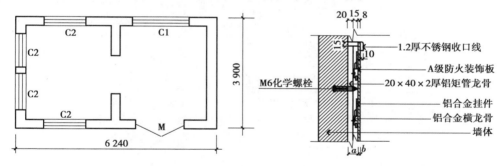

图6.6 某计算机机房墙面

解 内墙装饰板的清单工程量={[(6.24-0.24×3)×2+(3.9-0.24×2)×4]×3-1.5×1.5-1.2×0.8×4-1.5×2×3}m²=59.07 m²

8)柱(梁)面装饰

①柱(梁)饰面按设计图示饰面外围尺寸以面积计算。柱帽、柱墩并入相应柱饰面工程量内。

②成品装饰柱:以"根"计量,按设计数量计算;以"m"计量,按设计长度计算。其清单规范要求见表6.13。

表 6.13 柱(梁)面饰面(编码:011208)

项目编码	项目名称	项目特征	计量单位	工作内容
011208001	柱(梁)面装饰	1. 龙骨材料种类、规格、中距; 2. 隔离层材料种类; 3. 基层材料种类、规格; 4. 面层材料品种、规格、颜色; 5. 压条材料种类、规格	m²	1. 清理基层; 2. 龙骨制作、运输、安装; 3. 钉隔离层; 4. 基层铺钉; 5. 面层铺贴
011208002	成品装饰柱	1. 柱截面、高度尺寸; 2. 柱材质	1. 根 2. m	柱运输、固定、安装

9)幕墙工程

①带骨架幕墙按设计图示框外围尺寸以面积计算。与幕墙同种材质的窗所占面积不扣除。

②全玻(无框玻璃)幕墙按设计图示尺寸以面积计算。带肋全玻幕墙按展开面积计算。其清单规范要求见表 6.14。

表 6.14 幕墙工程(编码:011209)

项目编码	项目名称	项目特征	计量单位	工作内容
011209001	带骨架幕墙	1. 骨架材料种类、规格、中距; 2. 面层材料品种、规格、颜色; 3. 面层固定方式; 4. 隔离带、框边封闭材料品种、规格; 5. 嵌缝、塞口材料种类	m²	1. 骨架制作、运输、安装; 2. 面层安装; 3. 隔离带、框边封闭; 4. 嵌缝、塞口; 5. 清洗
011209002	全玻(无框玻璃)幕墙	1. 玻璃品种、规格、颜色; 2. 黏结塞口材料种类; 3. 固定方式	m²	1. 幕墙安装; 2. 嵌缝、塞口; 3. 清洗

注:幕墙钢骨架按表 6.9 干挂石材钢骨架编码列项。

【例 6.6】 某装饰企业单独施工外墙铝合金隐框玻璃幕墙工程,室外地坪标高为+9.00 m,顶标高为 +15.00 m,主料采用 180 系列(180 mm×50 mm)、边框料 180 mm×35 mm,幕墙玻璃采用 5 mm 厚真空镀膜玻璃,①断面铝材综合重量为 8.82 kg/m;②断面铝材综合重量为 6.12 kg/m;③断面铝材综合重量为 4.00 kg/m;④断面铝材综合重量为 3.02 kg/m,具体尺寸如图 6.7 所示。不考虑窗用五金,不考虑侧边与下边的封边处理。求外墙幕墙的清单工程量。

解 外墙幕墙的清单工程量=6 m×6 m=36 m²

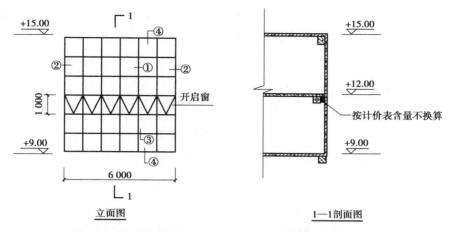

图 6.7　某装饰企业单独施工外墙铝合金隐框玻璃幕墙工程

10)隔断

木隔断、金属隔断按设计图示框外围尺寸以面积计算,不扣除单个面积≤0.3 m² 的孔洞所占面积;浴厕门的材质与隔断相同时,门的面积并入隔断面积内。

玻璃隔断、塑料隔断和其他隔断按设计图示框外围尺寸以面积计算,不扣除单个面积≤0.3 m² 的孔洞所占面积。

成品隔断按如下规则计算:以"m²"计量,按设计图示框外围尺寸以面积计算;以"间"计量,按设计间的数量计算。

6.2.3　墙、柱面装饰工程定额工程量计算

本节结合《重庆市房屋建筑与装饰工程计价定额》(CQJ22SDE—2018)第一册"墙、柱面一般抹灰"和第二册"装饰墙柱面工程"介绍定额的相关计算规则。在套用定额时需认真阅读定额说明及定额计算规则,严格按照规定执行。

1)墙、柱面抹灰工程

①内墙面、墙裙抹灰工程量均按设计结构尺寸(有保温、隔热、防潮层者按其外表面尺寸)面积以"m²"计算。应扣除门窗洞口和单个面积>0.3 m² 的空圈所占的面积,不扣除踢脚板、挂镜线及单个面积在 0.3 m² 以内的孔洞和墙与构件交接处的面积,但门窗洞口、空圈、孔洞的侧壁和顶面(底面)面积亦不增加。附墙柱(含附墙烟囱)的侧面抹灰应并入墙面、墙裙抹灰工程量内计算。

②内墙面、墙裙的抹灰长度以墙与墙间的图示净长计算。其高度按下列规定计算:

a.无墙裙的,其高度按室内地面或楼面至天棚底面之间的距离计算。

b.有墙裙的,其高度按墙裙顶至天棚底面之间的距离计算。

c.有吊顶天棚的内墙抹灰,其高度按室内地面或楼面至天棚底面另加 100 mm 计算(有设计要求的除外)。

③外墙抹灰工程量按设计结构尺寸(有保温、隔热、防潮层者按其外表面尺寸)面积以"m²"计算。应扣除门窗洞口、外墙裙(墙面与墙裙抹灰种类相同者应合并计算)和单个面

积>0.3 m² 的孔洞所占面积,不扣除单个面积在 0.3 m² 以内的孔洞所占面积,门窗洞口及孔洞的侧壁、顶面(底面)面积亦不增加。附墙柱(含附墙烟囱)侧面抹灰面积应并入外墙面抹灰工程量内。

④柱抹灰按结构断面周长乘以抹灰高度以"m²"计算。

⑤"装饰线条"的抹灰按设计图示尺寸以"延长米"计算。

⑥装饰抹灰分格、填色按设计图示展开面积以"m²"计算。

⑦"零星项目"的抹灰按设计图示展开面积以"m²"计算。

⑧单独的外窗台抹灰长度,如设计图纸无规定时,按窗洞口宽两边共加 200 mm 计算。

⑨钢丝(板)网铺贴按设计图示尺寸或实铺面积计算。

2)块料面层

①墙柱面块料面层,按设计饰面层实铺面积以"m²"计算,应扣除门窗洞口和单个面积>0.3 m² 的空圈所占的面积,不扣除单个面积在 0.3 m² 以内的孔洞所占面积。

②专用勾缝剂工程量计算按块料面层计算规则执行。

3)其他饰面

墙柱面其他饰面面层,按设计饰面层实铺面积以"m²"计算,龙骨、基层按饰面面积以"m²"计算,应扣除门窗洞口和单个面积>0.3 m² 的空圈所占的面积,不扣除单个面积在 0.3 m² 以内的孔洞所占面积。

4)幕墙、隔断

①全玻幕墙按设计图示面积以"m²"计算。带肋全玻幕墙的玻璃肋并入全玻幕墙内计算。

②带骨架玻璃幕墙按设计图示框外围面积以"m²"计算。与幕墙同种材质的窗所占面积不扣除。

③金属幕墙、石材幕墙按设计图示框外围面积以"m²"计算,应扣除门窗洞口面积,门窗洞口侧壁工程量并入幕墙面积计算。

④幕墙定额子目不包含预埋铁件或后置埋件,发生时按实计算。

⑤幕墙定额子目不包含防火封层,防火封层按设计图示展开面积以"m"计算。

⑥全玻幕墙钢构架制安按设计图示尺寸计算的理论质量以"t"计算。

⑦隔断按设计图示外框面积以"m²"计算,应扣除门窗洞口及单个在 0.3 m² 以上的孔洞所占面积,门窗按相应定额子目执行。

⑧全玻隔断的装饰边框工程量按设计尺寸以"延长米"计算,玻璃隔断按框外围面积以"m²"计算。

⑨玻璃隔断如有加强肋者,肋按展开面积并入玻璃隔断面积内以"m²"计算。

⑩钢构架制作、安装按设计图示尺寸计算的理论质量以"kg"计算。

6.3 天棚工程

天棚工程概述

6.3.1 天棚工程概述

天棚工程俗称天花板、顶棚、平顶等,根据饰面与基层的关系,可分为直接式天棚和悬吊式天棚。

（1）直接式天棚

直接式天棚是指在屋面板或楼板结构底面直接做饰面材料的天棚。直接式天棚是屋顶（或楼板层）的结构下表面直接露于室内空间。现代建筑中有用钢筋混凝土浇成井字梁、网格,或用钢管网架构成结构顶棚,以显示结构美。直接式天棚按施工方法和装饰材料的不同,一般分为直接抹灰顶棚、直接刷（喷）浆顶棚和直接粘贴式顶棚3种。

（2）悬吊式天棚

天棚的装饰表面悬吊于屋面板或楼板下,并与屋面板或楼板留有一定距离的天棚,俗称吊顶。在这段空间中,通常要结合布置各种管道和设备,如灯具、空调、灭火器、烟感器等。

在进行建筑室内吊顶施工的过程中,需要重点处理的是无缝对接问题。吊顶是否具有良好的承重会影响金属板面切割施工的效果,也会对装饰面板的构成造成一定的影响,因此,有很高的施工技术要求。在吊顶装饰施工时,要合理选用施工材料,还要考虑业主的经济条件以及个性化装饰要求。从目前来看,在吊顶施工过程中比较常用的是矿棉板和石膏板,基层面主要采用轻钢龙骨,随后在面层上将材料固定好后进行涂料粉刷。

天棚工程中装配式装修主要采用装配式吊顶,即将照明、换气、扣板等部分予以整合并进行模块化安装。装配式吊顶可用的板材多样,如铝扣板、木塑复合板、覆膜板、矿棉板、石膏板、高分子板、硅钙板等,目前,常用的吊顶材料包括铝板、矿棉板、石膏板等。通常多数房间吊顶使用石膏板,结构体系应用轻钢龙骨支撑。厨房和卫生间则是选取铝扣板,这样既有利于布置,也能避免出现油污腐蚀的现象。

6.3.2 天棚工程清单工程量计算

1）天棚抹灰

天棚抹灰按设计图示尺寸以水平投影面积计算。不扣除间壁墙、垛、柱、附墙烟囱、检查口和管道所占的面积,带梁天棚的梁两侧抹灰面积并入天棚面积内,板式楼梯底面抹灰按斜面积计算,锯齿形楼梯底板抹灰按展开面积计算。其清单规范要求见表6.15。

表6.15 天棚抹灰（编码:011301）

项目编码	项目名称	项目特征	计量单位	工作内容
011301001	天棚抹灰	1. 基层类型; 2. 抹灰厚度、材料种类; 3. 砂浆配合比	m²	1. 基层清理; 2. 底层抹灰; 3. 抹面层

2)天棚吊顶

①天棚吊顶按设计图示尺寸以水平投影面积计算。天棚面中的灯槽及跌级、锯齿形、吊挂式、藻井式天棚面积不展开计算。不扣除间壁墙、检查口、附墙烟囱、柱垛和管道所占面积，扣除单个>0.3 m² 的孔洞、独立柱及与天棚相连的窗帘盒所占面积。

②格栅吊顶、吊筒吊顶、藤条造型悬挂吊顶、织物软雕吊顶、装饰网架吊顶按设计图示尺寸以水平投影面积计算。其清单规范要求见表6.16。

表6.16 天棚吊顶(编码:011302)

项目编码	项目名称	项目特征	计量单位	工作内容
011302001	吊顶天棚	1.吊顶形式、吊杆规格、高度； 2.龙骨材料种类、规格、中距； 3.基层材料种类、规格； 4.面层材料种类、规格； 5.压条材料品种、规格； 6.嵌缝材料种类； 7.防护材料种类	m²	1.基层清理、吊杆安装； 2.龙骨安装； 3.基层板铺贴； 4.面层铺贴； 5.嵌缝； 6.刷防护材料
011302002	格栅吊顶	1.龙骨材料种类、规格、中距； 2.基层材料种类、规格； 3.面层材料种类、规格； 4.防护材料种类		1.基层清理； 2.安装龙骨； 3.基层板铺贴； 4.面层铺贴； 5.刷防护材料
011302003	吊筒吊顶	1.吊筒形状、规格； 2.吊筒材料种类； 3.防护材料种类		1.基层清理； 2.吊筒制作安装； 3.刷防护材料
011302004	藤条造型悬挂吊顶	1.骨架材料种类、规格； 2.面层材料品种、规格		1.基层清理； 2.龙骨安装； 3.铺贴面层
011302005	织物软雕吊顶			
011302006	装饰网架吊顶	网架材料品种、规格		1.基层清理； 2.网架制作安装

【例6.7】某房间净尺寸为6 m×3 m,采用木龙骨夹板吊平顶(吊在混凝土板下),木吊筋为40 mm×50 mm,高度为350 mm,大龙骨断面55 mm×40 mm,中距600 mm(沿3 m方向布置),小龙骨断面45 mm×40 mm,中距300 mm(双向布置),木龙骨上安装9.5 mm厚的纸面石膏板,用L形(30 mm×23 mm)实木压条进行收口。暂不考虑刷防锈漆和石膏板面层乳胶漆。试计算该房间石膏板吊顶的清单工程量。

解 石膏板吊顶的清单工程量=6 m×3 m=18 m²

【例6.8】 如图6.8所示,其卫生间采用了铝扣板吊顶的形式进行了天棚装修,其平面图见图6.1左图所示,具体构造为:①吊杆采用了φ10的全丝吊杆,高度为700 mm;②龙骨采用了铝扣板专用卡式龙骨,卡骨为国标50 mm×35 mm×1.0 mm,副骨为国标50 mm×19 mm×0.6 mm;③铝扣板采用300 mm×300 mm×0.8 mm;④四周收口线采用的是L形(截面为2.4 cm×1.5 cm)铝合金收口线条。试计算卫生间铝扣板吊顶的清单工程量。

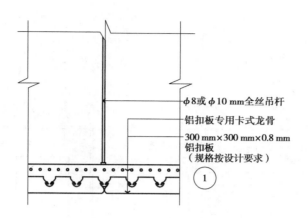

图6.8 卫生间铝扣板吊顶

解 卫生间铝扣板吊顶的清单工程量=(1.35×2+1.8-0.24)m×(2.1-0.24)m=7.92 m²

3)采光天棚

采光天棚按框外围展开面积计算,其清单规范要求见表6.17。

表6.17 采光天棚(编码:011303)

项目编码	项目名称	项目特征	计量单位	工作内容
011303001	采光天棚	1.骨架类型; 2.固定类型、固定材料品种、规格; 3.面层材料品种、规格; 4.嵌缝、塞口材料种类	m²	1.清理基层; 2.面层制安; 3.嵌缝、塞口; 4.清洗

注:采光天棚骨架不包括在本表中,应单独按《清单规范》F相关项目编码列项。

4)天棚其他装饰

天棚其他装饰包括灯带、灯槽及送风口、回风口、装饰线条(脚)。

灯带(槽)按设计图示尺寸以框外围面积计算。

送风口、回风口按设计图示数量计算,其清单规范要求见表6.18。

表6.18 天棚其他装饰(编码:011304)

项目编码	项目名称	项目特征	计量单位	工作内容
011304001	灯带(槽)	1.灯带形式、尺寸; 2.格栅片材料品种、规格; 3.安装固定方式	m²	安装、固定
011304002	送风口、回风口	1.风口材料品种、规格; 2.安装固定方式; 3.防护材料种类	个	1.安装、固定; 2.刷防护材料

【例6.9】 某大厦装修如图6.9所示二楼顶棚,φ10吊筋电焊在2层板底的预埋铁件上,

吊筋平均高度按 1.8 m 计算。大中龙骨均为木龙骨,经计算,设计总用量为 4.167 m^3,面层龙骨为 400 mm×400 mm,中龙骨下钉三夹层胶合板(3 mm)面层,地面至天棚面高为+3.7 m,拱高为 1.3 m,转角处的天棚面层标高均为+3.7 m。试计算该天棚装修中的清单工程量并编制工程量清单。

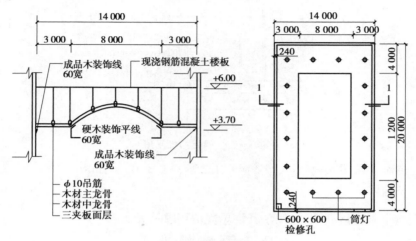

图 6.9　某大厦装修

解　三夹板吊顶天棚的清单工程量=(20-0.24)m×(14-0.24)m=271.90 m^2

60 mm 宽成品木装饰线清单工程量=(20-0.24+14-0.24)m×2=67.04 m

60 mm 宽硬木装饰平线清单工程量=(12+8)m×2=40 m

600 mm×600 mm 检修孔清单工程量=1 个

筒灯清单工程量=16 个

该天棚装修中的工程量清单编制见表 6.19。

表 6.19　天棚装修中的工程量清单

项目编码	项目名称	项目特征	计量单位	工程量
011302001004	三夹板吊顶	1.吊顶形式、吊杆规格、高度:φ10 吊杆,平均高度为 1 800 mm; 2.龙骨材料种类、规格、大中龙骨均为木龙骨,@400×400; 3.面层材料品种、规格:3 mm 三夹板胶合板	m^2	271.90
011502002001	成品木装饰线	线条材料品种、规格:60 mm 宽成品木装饰线	m	67.04
011502002002	硬木装饰平线	线条材料品种、规格:60 mm 宽硬木装饰平线	m	40
011304002001	检修口	检修口材料品种、规格:600 mm×600 mm 的石膏板	个	1
011304001001	筒灯	灯型号、尺寸:立式单螺口筒灯,7 W φ120	套	16

6.3.3 天棚工程定额工程量计算

1）天棚抹灰

①天棚抹灰的工程量按墙与墙之间的净面积以"m²"计算,不扣除柱、附墙烟囱、垛、管道孔、检查口、单个面积在 0.3 m² 以内的孔洞及窗帘盒所占的面积。有梁板(含密肋梁板、井字梁板、槽形板等)底的抹灰按展开面积以"m²"计算,并入天棚抹灰工程量内。

②檐口天棚宽度在 500 mm 以上的挑板抹灰应并入相应的天棚抹灰工程量内计算。

③阳台底面抹灰按水平投影面积以"m²"计算,并入相应天棚抹灰工程量内。阳台带悬臂梁者,其工程量乘以系数 1.30。

④雨篷底面或顶面抹灰分别按水平投影面积(拱形雨篷按展开面积)以"m²"计算,并入相应天棚抹灰工程量内。雨篷顶面带反沿或反梁者,其顶面工程量乘以系数 1.20;底面带悬臂梁者,其底面工程量乘以系数 1.20。

⑤板式楼梯底面抹灰面积(包括踏步、休息平台以及小于 500 mm 宽的楼梯井)按水平投影面积乘以系数 1.3 计算,锯齿楼梯底板抹灰面积(包括踏步、休息平台以及小于 500 mm 宽的楼梯井)按水平投影面积乘以系数 1.5 计算。

⑥计算天棚装饰线时,分别按三道线或五道线内以"延长米"计算。

2）吊顶

①各种吊顶天棚龙骨按墙与墙之间的面积以"m²"计算(多级造型、拱弧形、工艺穹顶天棚、斜平顶龙骨按设计展开面积计算),不扣除窗帘盒、检修孔、附墙烟囱、柱、垛和管道、灯槽、灯孔所占面积。

②天棚基层、面层按设计展开面积以"m²"计算,不扣除附墙烟囱、垛、检查口、管道、灯孔所占面积,但应扣除单个面积在 0.3 m² 以上的孔洞、独立柱、灯槽及与天棚相连的窗帘盒所占的面积。

③采光天棚按设计框外围展开面积以"m²"计算。

④楼梯底面的装饰面层工程量按设计展开面积以"m²"计算。

⑤网架按设计图示水平投影面积以"m²"计算。

⑥灯带、灯槽按长度以"延长米"计算。

⑦灯孔、风口按"个"计算。

⑧格栅吊顶、藤条造型悬挂吊顶、织物软雕吊顶和装饰网架吊顶,按设计图示水平投影面积以"m²"计算。

⑨天棚吊顶型钢骨架工程量按设计图示尺寸计算的理论质量以"t"计算。

6.4 油漆、涂料、裱糊工程

油漆、涂料、
裱糊工程概述

6.4.1 油漆、涂料、裱糊工程概述

1）油漆

油漆分为天然漆和人造漆两大类。建筑工程中一般用人造漆。建筑工程中常用的油漆

有调和漆、清漆、厚漆、清油、磁漆、防锈漆等。调和漆以干性油为黏结剂的色漆称油性调和漆;在干性油中加入适量树脂为黏结剂的色漆称磁性调和漆。调和漆具有适当稠度,可以直接涂刷。清漆以树脂或干性油和树脂为黏结剂的透明漆,漆膜光亮、坚固。厚漆也称俗铅油,是在干性油中加入较多的颜料,呈软膏状,使用时需以稀释剂稀释,常用作底油。清油是经过炼制的干性油,如熟桐油就是一种无色透明的清油。磁漆是以树脂为黏结剂的色漆。漆膜比调和漆坚硬、光亮,耐久性更好。防锈漆有油性和树脂两类。红丹是一种常用的油性防锈漆。油性防锈漆的漆膜渗透性、调温性、柔韧性好,附着力强,但漆膜弱、干燥慢。

2)涂料

涂料是指涂敷在物体表面后,能与基层有很好的粘贴,从而形成完整而牢固的保护膜并装饰墙面的面层物质,它是一种色彩丰富、质感强、施工简便的装饰材料。涂料按使用部位可分为外墙涂料、内墙涂料、地面涂料、顶棚涂料、屋面涂料;按主要成膜物的不同分为无机高分子涂料和有机高分子涂料,有机高分子涂料又分为水溶性涂料、水乳性涂料和溶剂型涂料等。

3)裱糊

裱糊是用墙纸墙布、丝绒锦缎、微薄木等材料裱糊在墙面上的一种装饰装修面。

6.4.2 油漆、涂料、裱糊工程清单工程量计算

1)门、窗油漆

门、窗油漆工程量计算规则:以"樘"计量,按设计图示数量计算;以"m²"计量,按设计图示洞口尺寸以面积计算。

2)木扶手及其他板条、线条油漆

木扶手油漆、窗帘盒油漆、封檐板、顺水板油漆、挂衣板、黑板框油漆、挂镜线、窗帘棍、单独木线油漆按设计图示尺寸以长度计算。

3)木材面油漆

①木护墙、木墙裙油漆、窗台板、筒子板、盖板、门窗套、踢脚线油漆、清水板条天棚、檐口油漆、木方格吊顶天棚油漆、吸音板墙面、天棚面油漆、暖气罩油漆、其他木材面按设计图示尺寸以面积计算。

②木间壁、木隔断油漆、玻璃间壁露明墙筋油漆、木栅栏、木栏杆(带扶手)油漆按设计图示尺寸以单面外围面积计算。

③衣柜、橱柜油漆、零星木装修油漆按设计图示尺寸以油漆部分展开面积计算。

④木地板油漆、木地板烫硬蜡面按设计图示尺寸以面积计算,空洞、空圈、暖气包槽、壁龛的开口部分并入相应的工程量内。

4)金属面油漆

金属面油漆工程量计算规则:以"t"计量,按设计图示尺寸以重量计算;以"m²"计量,按设计展开面积计算。

5)抹灰面油漆

抹灰面油漆分为抹灰面油漆、抹灰线条油漆、满刮腻子3个项目。其计算规则如下,清单规范要求见表6.20。

①抹灰面油漆按设计图示尺寸以面积计算。

②抹灰线条油漆按设计图示尺寸以长度计算。

③满刮腻子按设计图示尺寸以面积计算。

表6.20　抹灰面油漆(编码:011406)

项目编码	项目名称	项目特征	计量单位	工作内容
011406001	抹灰面油漆	1. 基层类型; 2. 腻子种类; 3. 刮腻子遍数; 4. 防护材料种类; 5. 油漆品种、刷漆遍数; 6. 部位	m²	1. 清理基层; 2. 刮腻子; 3. 刷防护材料、油漆
011406002	抹灰线条 油漆	1. 线条宽度、道数; 2. 腻子种类; 3. 刮腻子遍数; 4. 防护材料种类; 5. 油漆品种、刷漆遍数	m	
011406003	满刮腻子	1. 基层类型; 2. 腻子种类; 3. 刮腻子遍数	m²	1. 基层清理; 2. 刮腻子

【例6.10】　钢筋混凝土带梁天棚抹灰工程如图6.10所示,墙厚200 mm,板厚120 mm,梁板顶面平齐。天棚做法为:①基层清理;②刷水泥浆一道(加建筑胶适量);③10 mm厚1:3水泥砂浆打底找平,两次成活;④3 mm厚1:2.5水泥砂浆找平;⑤满刮腻子两遍(防水型成品腻子粉);⑥刷乳胶漆两遍。试计算天棚抹灰面油漆工程量(不计算楼梯)。

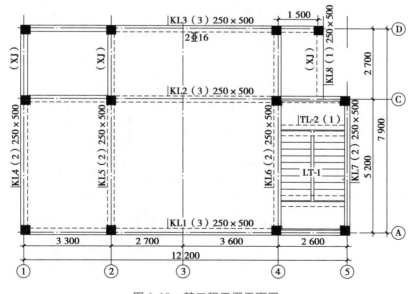

图6.10　某工程天棚平面图

解　依据抹灰面油漆清单工程量计算规则,该工程天棚抹灰面油漆工程量计算如下:

（1）水平投影面积

$(3.3+2.7+3.6-0.1\times2)\times(7.9-0.2)\ m^2+(1.5+0.1)\times(2.7-0.2)\ m^2=76.38\ m^2$

（2）梁侧面面积

$(0.5-0.12)\times[(7.9-0.15\times2-0.25)\times4+2.7-0.1-0.15+(3.3+2.7+3.6-0.15\times2-0.25)\times4+1.5-0.1]\ m^2=26.39\ m^2$

总面积 $S=76.38\ m^2+26.39\ m^2=102.77\ m^2$

6）喷刷涂料

喷刷涂料分为墙面喷刷涂料、天棚喷刷涂料、空花格、栏杆刷涂料、线条刷涂料、金属构件刷防火涂料、木材构件喷刷防火涂料等项目,计算规则如下,清单规范要求见表6.21。

①墙面喷刷涂料、天棚喷刷涂料按设计图示尺寸以面积计算。

②空花格、栏杆刷涂料按设计图示尺寸以单面外围面积计算。

③线条刷涂料按设计图示尺寸以长度计算。

④金属构件刷防火涂料:以"t"计量,按设计图示尺寸以质量计算;以"m²"计量,按设计展开面积计算。

⑤木材构件喷刷防火涂料以"m²"计量,按设计图示尺寸以面积计算。

表6.21 喷刷涂料(编码:011407)

项目编码	项目名称	项目特征	计量单位	工作内容
011407001	墙面喷刷涂料	1.基层类型; 2.喷刷涂料部位; 3.腻子种类; 4.刮腻子要求; 5.涂料品种、喷刷遍数	m²	1.清理基层; 2.刮腻子; 3.刷防护材料、油漆
011407002	天棚喷刷涂料			
011407003	空花格、栏杆刷涂料	1.腻子种类; 2.刮腻子遍数; 3.涂料品种、刷喷遍数		
011407004	线条刷涂料	1.基层清理; 2.线条宽度; 3.刮腻子遍数; 4.刷防护材料、油漆	m	
011407005	金属构件刷防火涂料	1.喷刷防火涂料构件名称; 2.防火等级要求; 3.涂料品种、喷刷遍数	1.t 2.m²	1.基层清理; 2.刷防护材料、油漆
011407006	木材构件喷刷防火涂料		m²	1.基层清理; 2.刷防护材料

注:喷刷墙面涂料部位要注明内墙或外墙。

7）裱糊

裱糊按设计图示尺寸以面积计算,其清单规范要求见表6.22。

表 6.22 裱糊(编码:011408)

项目编码	项目名称	项目特征	计量单位	工作内容
011408001	墙纸裱糊	1. 基层类型; 2. 裱糊部位; 3. 腻子种类; 4. 刮腻子遍数;	m²	1. 清理基层; 2. 刮腻子; 3. 面层铺贴; 4. 刷防护材料
011408002	织锦缎裱糊	5. 黏结材料种类; 6. 防护材料种类; 7. 面层材料品质、规格、颜色		

6.4.3 定额工程量计算

①抹灰面油漆、涂料工程量按相应的抹灰工程量计算规则计算。

②龙骨、基层板刷防火涂料(防火漆)的工程量按相应的龙骨、基层板工程量计算规则计算。

③木材面及金属面油漆工程量分别按表 6.23—表 6.28 相应的计算规则计算。

a. 执行木门油漆定额的其他项目,其定额子目乘以相应系数,见表 6.23。

表 6.23 木门油漆计算规则

项目名称	系数	工程量计算方法
单层木门	1.00	
双层(一玻一纱)木门	1.36	
双层(单裁口)木门	2.00	按单面洞口面积计算
单层全玻门	0.83	
木百叶门	1.25	
厂库房大门	1.10	

b. 木窗油漆定额的其他项目,其定额子目乘以表 6.24 中的相应系数。

表 6.24 木窗油漆计算规则

项目名称	系数	工程量计算方法
单层玻璃窗	1.00	
双层(一玻一纱)木窗	1.36	
双层(单裁口)木窗	2.00	
双层框三层(二玻一纱)木窗	2.60	按单面洞口面积计算
单层组合窗	0.83	
双层组合窗	1.13	
木百叶窗	1.50	

c. 执行木扶手定额的其他项目,其定额子目乘以表 6.25 中的相应系数。

表 6.25　木扶手油漆计算规则

项目名称	系数	工程量计算方法
木扶手(不带托板)	1.00	以"延长米"计算
木扶手(带托板)	2.60	
窗帘盒	2.04	
封檐板、顺水板	1.74	
挂衣板、黑框板、木线条 100 mm 以外	0.52	
挂衣板、黑框板、木线条 100 mm 以内	0.35	

d. 执行其他木材面油漆定额的其他项目,其定额子目乘以表 6.26 中的相应系数。

表 6.26　其他木材面油漆计算规则

项目名称	系数	工程量计算方法
木板、木夹板、胶合板天棚(单面)	1.00	长×宽
木护墙、木墙裙	1.00	
窗台板、盖板、门窗套、踢脚线	1.00	
清水板条天棚、檐口	1.07	
木格栅吊顶天棚	1.20	
鱼鳞板墙	2.48	
吸音板墙面、天棚面	1.00	
屋面板(带檩条)	1.11	斜长×宽
木间壁、木隔断	1.90	单面外围面积
玻璃间壁露明墙筋	1.65	单面外围面积
木栅栏、木栏杆(带扶手)	1.82	
木屋架	1.79	跨度(长)×中高×1/2
衣柜、壁柜	1.00	按实刷展开面积
梁柱饰面、零星木装修	1.00	展开面积

e. 执行单层钢门窗油漆定额的其他项目,其定额子目乘以表 6.27 中的相应系数。

表 6.27　单层钢门窗油漆计算规则

项目名称	系数	工程量计算方法
单层钢门窗	1.00	洞口面积
双层(一玻一纱)钢门窗	1.48	
钢百叶钢门	2.74	
半截百叶钢门	2.22	
钢门或包铁皮门	1.63	
钢折叠门	2.30	
射线防护门	2.96	框(扇)外围面积
厂库平开、推拉门	1.70	
铁(钢)丝网大门	0.81	
金属间壁	1.85	长×宽
平板屋面(单面)	0.74	斜长×宽
瓦垄板屋面(单面)	0.89	
排水、伸缩缝盖板	0.78	展开面积
钢栏杆	0.92	单面外围面积

f.执行其他金属面油漆定额的其他项目,其定额子目乘以表 6.28 中的相应系数。

表 6.28　其他金属面油漆计算规则

项目名称	系数	工程量计算方法
钢屋架、天窗架、挡风架、屋架梁、支撑、檩条	1.00	重量(t)
墙架(空腹式)	0.50	
墙架(格板式)	0.82	
钢柱、吊车梁、花式梁、柱、空花构件	0.63	
操作台、走台、制动梁、钢梁车档	0.71	
钢栅拦门、窗栅	1.71	
钢爬梯	1.18	
轻型屋架	1.42	
踏步式钢扶梯	1.05	
零星铁件	1.32	

④木楼梯(不包括底面)油漆,按水平投影面积乘以系数 2.3,执行木地板油漆相应定额子目。

⑤木地板油漆、打蜡工程量按设计图示面积以“m^2”计算。空洞、空圈、暖气包槽、壁龛的

开口部分并入相应的工程量内。

⑥裱糊工程量按设计图示面积以"m²"计算,应扣除门窗洞口所占面积。

⑦混凝土花格窗、栏杆花饰油漆、涂料工程量按单面外围面积乘以系数1.82计算。

6.5 其他装饰工程

6.5.1 其他装饰工程清单工程量计算

其他工程一般包括货架、柜台、家具、照片、灯箱、美术字、压条、装饰线、栏杆、扶手、招牌、灯箱、美术字及其他内容。

1)柜类、货架

①以"个"计量,按设计图示数量计量;

②以"m"计量,按设计图示尺寸以延长米计算;

③以"m³"计量,按设计图示尺寸以体积计算。

2)压条、装饰线

按设计图示尺寸以长度计算。

3)扶手、栏杆、栏板装饰

按设计图示以扶手中心线(包括弯头长度)长度计算。

4)浴厕配件

①洗漱台:按设计图示尺寸以台面外接矩形面积计算,不扣除孔洞、挖弯、削角所占面积,挡板、吊沿板面积并入台面面积内。按设计图示数量计算。

②镜面玻璃按设计图示边框外围面积以"m²"计算。

③镜箱按设计图示数量计算。

④安装成品镜面按设计图示数量以"套"计算。

⑤晒衣杆、帘子杆、浴缸拉手、卫生间扶手、毛巾杆、卫生纸盒、肥皂盒等按设计图示数量以"副""套"或"个"计算。

5)雨篷、旗杆

①雨篷按设计图示水平投影面积以"m²"计算。

②金属旗杆按设计图示数量以"根"计算。

6.5.2 其他装饰工程定额工程量计算

1)柜类、货架

柜台、收银台、酒吧台按设计图示尺寸以"延长米"计算;货架、附墙衣柜类按设计图示尺寸以正立面的高度(包括脚的高度在内)乘以宽度以"m²"计算。

2)压条、装饰线

①木装饰线、石膏装饰线、金属装饰线、石材装饰线条按设计图示长度以"m"计算。

②柱墩、柱帽、木雕花饰件、石膏角花、灯盘按设计图示数量以"个"计算。

③石材磨边、面砖磨边按长度以"延长米"计算。

④打玻璃胶按长度以"延长米"计算。

3)扶手、栏杆、栏板装饰

①扶手、栏杆、栏板、成品栏杆(带扶手)按设计图示以扶手中心线长度以"延长米"计算,不扣除弯头长度。如遇木扶手、大理石扶手为整体弯头时,扶手消耗量需扣除整体弯头的长度,设计不明确者,每只整体弯头按400 mm扣除。

②单独弯头按设计图示数量以"个"计算。

4)浴厕配件

①石材洗漱台按设计图示台面外接矩形面积以"m²"计算,不扣除孔洞、挖弯、削角所占面积,挡板、吊沿板面积并入台面面积内。

②镜面玻璃(带框)、盥洗室本镜箱按设计图示边框外围面积以"m²"计算。

③镜面玻璃(不带框)按设计图示面积以"m²"计算。

④安装成品镜面按设计图示数量以"套"计算。

⑤毛巾环、肥皂盒、金属帘子杆、浴缸拉手、毛巾杆安装等按设计图示数量以"副"或"个"计算。

5)雨篷、旗杆

①雨篷按设计图示水平投影面积以"m²"计算。

②不锈钢旗杆按设计图示数量以"根"计算。

③电动升降系统和风动系统按设计数量以"套"计算。

本章小结

本章介绍了装饰工程各分部分项工程的工程量计算规则,主要包括楼地面工程、墙柱面工程、天棚工程以及油漆涂料裱糊工程和其他装饰工程的清单工程量计算规则和定额工程量计算规则,并进行了实际例题的工程量计算,为装配式建筑工程量清单及清单报价的编制打下基础。

课后习题

一、选择题

1.块料面层工程量按(   )计算。

A.墙间净面积   B.实铺面积   C.水平投影面积   D.墙外围面积

2.楼梯面层工程量按(   )计算。

A.墙间净面积   B.实铺面积   C.水平投影面积   D.墙外围面积

3.天棚装饰面层工程量按(   )计算。

A.实铺面积   B.水平投影面积   C.墙间净面积   D.外围面积

4.墙面块料面层工程量按(　　　)计算。

A.外围面积

B.墙面的垂直投影面积

C.实贴面积

D.实抹面积

5.铝合金玻璃幕墙工程量按(　　　)计算。

A.实铺面积

B.墙面的垂直投影面积

C.实抹面积

D.外围面积

6.某客厅净面积为 46 m²,设计要求铺 60 mm×600 mm 地砖,若该地砖允许损耗率为 3%,应一次性采购地砖(　　　)块。

A.127.78

B.128

C.131.61

D.132

二、问答题

1.栏杆、扶手、栏板的工程量应如何计算?

2.计算墙面抹灰和墙面块料工程量的区别是什么?

3.天棚刷乳胶漆的工程量应如何计算?

三、计算题

某工程平面图如图 6.11 所示,卫生间地面做法为:①防滑地砖面层,规格 300 mm×600 mm× 5 mm;②20 mm 厚 1∶2 干硬性水泥砂浆黏合层,上洒 1~2 mm 厚干水泥并洒水适量;③20 mm 厚 M20 水泥砂浆找平;④水泥浆水比 0.4~0.5 结合层;⑤结构板。计算该二层卫生间楼面工程量并编制工程量清单。

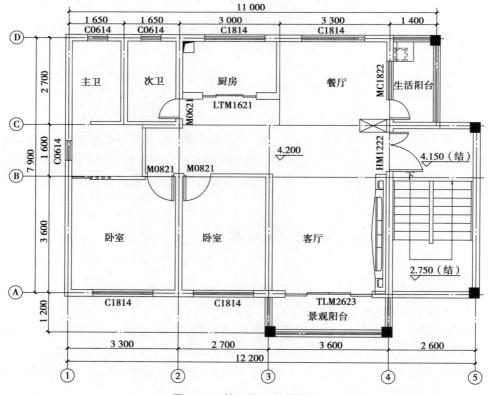

图 6.11　某工程二层平面图

7 装配式建筑措施项目工程量计算

【知识目标】
(1)掌握技术措施项目的内容；
(2)掌握各种技术措施项目的工程量计算规则。

【能力目标】
能结合图纸与清单工程量计算规则,熟练计算技术措施项目的工程量。

【素质目标】
(1)培养学生好学深思的探究态度；
(2)培养学生精益求精、精准计量的工匠精神；
(3)培养学生养成良好的工作习惯；
(4)培养学生树立正确的人生观和价值观及团队合作精神。

7.1 装配式建筑措施项目概述

装配式建筑措施项目费包括总价措施项目和单价措施项目两大类。总价措施项目在重庆市计价规则中称为组织措施项目;单价措施项目称为技术措施项目。

组织措施项目是指建设行政部门根据建筑市场状况和多数企业经营管理情况、技术水平等测算发布的费率、应以总价计价的措施项目。它是指不能计算工程量的措施项目,以"项"计价,包括安全文明施工、夜间施工、二次搬运、冬雨季施工、已完工程及设备保护等项目费用。

技术措施项目是指规定了工程量计算规则、能够计算工程量,应以综合单价计价的措施项目。装配式建筑工程涉及的技术措施项目包括脚手架工程、混凝土模板及支架、施工运输工程、超高施工增加、施工降排水工程等。技术措施项目涉及计量,故此处讲解技术措施项目的工程量计算。

7.2 装配式建筑技术措施项目清单工程量计算

7.2.1 脚手架工程

脚手架费是指施工需要的各种脚手架搭、拆、运输费用及脚手架的摊销(或租赁)费用,根据《房屋建筑与装饰工程工程量计算规范》(GB 50854—2013)。其计算规则如下:

①综合脚手架:以"m²"为单位,按建筑面积计算。

②里/外脚手架:以"m²"为单位,按服务对象的垂直投影面积计算。

③悬空脚手架:以"m²"为单位,按搭设的水平投影面积计算。

④挑脚手架:按搭设长度乘以搭设层数以"延长米"计算。

⑤满堂脚手架:以"m²"为单位,按搭设的水平投影面积计算。

⑥整体提升架/外装饰吊篮:以"m²"为单位,按服务对象的垂直投影面积计算。

装配式建筑工程措施项目的脚手架清单项目,见表7.1。

表 7.1 脚手架清单项目

项目编码	项目名称	项目特征	计量单位	工作内容
011702001	综合脚手架	1.建筑结构形式; 2.檐口高度	m²	1.场内、场外材料搬运; 2.搭、拆脚手架、斜道、上料平台; 3.安全网的铺设; 4.选择附墙点与主体连接; 5.测试电动装置、安全锁等; 6.拆除脚手架后材料的堆放
011702002	外脚手架	1.搭设方式; 2.搭设高度; 3.脚手架材质		1.场内、场外材料搬运; 2.搭、拆脚手架、斜道、上料平台; 3.安全网的铺设; 4.选择附墙点与主体连接
011702003	里脚手架			
011702004	悬空脚手架	1.搭设方式; 2.悬挑宽度; 3.脚手架材质	m	
011702005	挑脚手架			
011702006	满堂脚手架	1.搭设方式; 2.搭设高度; 3.脚手架材质		
011702007	整体提升架	1.搭设方式及启动装置; 2.搭设高度	m²	1.场内、场外材料搬运; 2.搭、拆脚手架、斜道、上料平台; 3.安全网的铺设; 4.选择附墙点与主体连接; 5.测试电动装置、安全锁等; 6.拆除脚手架后材料的堆放
011702008	外装饰吊篮	1.升降方式及启动装置; 2.搭设高度及吊篮型号		

注:①使用综合脚手架时,不再使用外脚手架、里脚手架等单项脚手架;综合脚手架适用于能够按"建筑面积计算规则"计算建筑面积的建筑工程脚手架,不适用于房屋加层、构筑物及附属工程脚手架。

②同一建筑物有不同檐高时,建筑物竖向切面分别按不同檐高编列清单项目。

③整体提升架已包括2 m高的防护架体设施。

7.2.2 模板工程

混凝土模板及支架费是指混凝土施工过程中需要的各种钢模板、木模板、支架等的支、拆、运输费用及模板、支架的摊销（或租赁）费用。

1）模块工程清单工程量计算总规定

现浇构件模板工程均按模板与现浇混凝土构件的接触面积计算。

2）基础、柱、梁、墙、板模板

①原槽浇筑的混凝土基础、垫层，不计算模板。

②现浇钢筋混凝土墙、板单孔面积≤0.3 m^2 的孔洞不予扣除，洞侧壁模板亦不增加，单孔面积>0.3 m^2 时应予扣除，洞侧壁模板面积并入墙、板模板工程量内计算。

③现浇框架分别按梁、板、柱有关规定计算；附墙柱、暗梁、暗柱并入墙内工程量内计算。

④柱、梁、墙、板相互连接的重叠部分，均不计算模板面积。

⑤构造柱按图示外露部分计算模板面积。

装配式建筑工程措施项目的混凝土模板及支架清单项目，见表7.2。

表7.2 基础、柱、梁、板清单项目

项目编码	项目名称	项目特征	计量单位	工作内容
011702001	基础	基础类型		
011702002	矩形柱			
011702003	构造柱			
011702004	异形柱	柱截面形状		
011702005	基础梁	梁截面形状		
011702006	矩形梁	支撑高度		
011702007	异形梁	1.梁截面形状； 2.支撑高度		1.模板制作； 2.模板安装、拆除、整理堆放及场内外运输； 3.清理模板黏结物及模内杂物、刷隔离等
011702008	圈梁	支撑高度	m^2	
011702009	过梁			
011702010	弧形、拱形梁	1.梁截面形状； 2.支撑高度		
011702011	直形墙			
011702012	弧形墙			
011702013	短肢剪力墙、电梯井壁			
011702014	有梁板			
011702015	无梁板	支撑高度		
011702016	平板			

续表

项目编码	项目名称	项目特征	计量单位	工作内容
011702017	拱板			
011702018	薄壳板			
011702019	栏板	支撑高度	m²	
011702020	其他板			
011702021	空心板			

注:①混凝土模板及支撑(架)项目,只适用于以"m²"计量,按模板与混凝土构件的接触面积计算。以"m³"计算的模板及
　　支撑(支架),按混凝土及钢筋混凝土实体项目执行,其综合单价中应包含模板及支撑(支架)。
　　②采用清水模板时,应在特征中注明。
　　③若现浇混凝土梁、板支撑高度超过 3.6 m 时,项目特征应描述支撑高度。

【例 7.1】 如图 7.1 所示为某装配式建筑独立基础施工图,垫层厚度为 100 mm,试计算
现浇混凝土垫层和基础的模板工程量。

解 垫层模板工程量 $S_{垫} = [(1.3+0.1\times2)\times4\times0.1]\,m^2 = 0.6\ m^2$

基础模板工程量 $S_{基} = (1.3\times4\times0.4)\,m^2 = 2.08\ m^2$

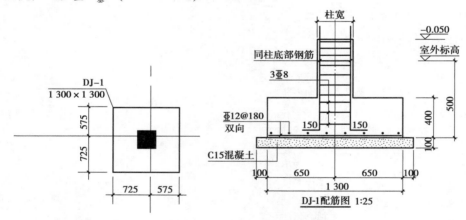

图 7.1　某装配式建筑 DJ-1 施工图

3)其他模板

①天沟、檐沟、雨篷、悬挑板、阳台板按图示外挑部分尺寸的水平投影面积计算,挑出墙外
的悬臂梁及板边不另计算。

②楼梯模板工程量按楼梯(包括休息平台、平台梁、斜梁和楼层板的连接梁)的水平投影
面积计算,不扣除宽度≤500 mm 的楼梯井所占面积,楼梯踏步、踏步板、平台梁等侧面模板不
另计算,伸入墙内部分亦不增加。

③台阶按图示台阶水平投影面积计算,台阶端头两侧不另计算模板面积。架空式混凝土
台阶,按现浇楼梯计算。

④其他按模板与混凝土的接触面积计算即可。

7.2.3　垂直运输工程

垂直运输工程费是指施工过程上下搬运施工物资的措施费用,垂直运输指施工工程在合理工期内所需垂直运输机械。

垂直运输工程量:以"m²"为单位,按建筑面积计算;以"天"为单位,按施工工期日历天数计算。同一建筑物有不同檐高时,按建筑物的不同檐高做纵向分割,分别计算建筑面积,以不同檐高分别编码列项。其清单编制要求见表7.3。

表7.3　垂直运输清单项目

项目编码	项目名称	项目特征	计量单位	工作内容
011703001	垂直运输	1.建筑物建筑类型及结构形式; 2.地下室建筑面积; 3.建筑物檐口高度、层数	1. m² 2. 天	1.垂直运输机械的固定装置、基础制作、安装; 2.行走式垂直运输机械轨道的铺设、拆除、摊销

注:建筑物的檐口高度是指设计室外地坪至檐口滴水的高度(平屋顶是指屋面板底高度),凸出主体建筑物屋顶的电梯机房、楼梯出口间、水箱间、瞭望塔、排烟机房等不计入檐口高度。

7.2.4　超高施工增加

超高施工增加费是指单层建筑物檐高大于20 m、多层建筑物大于6层以上或檐高大于20 m 的人工、机械降效、通信联络、高层加压水泵的台班费。

超高施工增加的工程量按建筑物超高部分的建筑面积计算。其清单编制要求见表7.4。

表7.4　超高施工增加清单项目

项目编码	项目名称	项目特征	计量单位	工作内容
011704001	超高施工增加	1.建筑物建筑类型及结构形式; 2.建筑物檐口高度、层数; 3.单层建筑物檐口高度超过20 m,多层建筑物超过6层部分的建筑面积	m²	1.建筑物超高引起的人工工效降低以及由于人工工效降低引起的机械降效; 2.高层施工用水加压水泵的安装、拆除及工作台班; 3.通信联络设备的使用及摊销

注:①单层建筑物檐口高度超过20 m,多层建筑物超过6层时,可按超高部分的建筑面积计算超高施工增加。计算层数时,地下室不计入层数。

②同一建筑物有不同檐高时,可按不同高度的建筑面积分别计算,以不同檐高分别编码列项。

7.2.5　大型机械设备进出场及安拆

大型机械设备进出场及安拆按使用机械设备的数量计算,其清单编制要求见表7.5。

表7.5　大型机械设备进出场及安拆清单项目

项目编码	项目名称	项目特征	计量单位	工作内容
011705001	大型机械设备进出场及安拆	1.机械设备名称； 2.机械设备规格型号	台次	1.安拆费包括施工机械、设备在现场进行安装拆卸所需人工、材料、机械和试运转费用以及机械辅助设施的折旧、搭设、拆除等费用； 2.进出场费包括施工机械、设备整体或分体自停放地点运至施工现场或由一施工地点运至另一施工地点所发生的运输、装卸、辅助材料等费用

7.2.6　施工排水、降水

施工排水、降水费是指为保证工程在正常条件下施工，所采取的排水、降水措施所发生的费用。包括管道安装、拆除，场内搬运等费用，抽水、值班、降水设备维修等费用。

装配式建筑工程措施项目的施工排水、降水清单项目，根据《房屋建筑与装饰工程工程量计算规范》（GB 50854—2013），具体分类见表7.6。

表7.6　施工排水、降水清单项目

项目编码	项目名称	项目特征	计量单位	工作内容
011706002	排水、降水	1.机械规格型号； 2.降排水管规格	昼夜	1.管道安装、拆除，场内搬运等； 2.抽水、值班、降水设备维修等

注：相应专项设计不具备时，可按暂估量计算。

7.3　装配式建筑技术措施项目定额工程量计算

技术措施项目进行计价时，需要熟悉定额的相关说明及工程量计算规则，才能准确地进行定额的套用。

7.3.1　技术措施项目定额说明

《重庆市装配式建筑工程计价定额》对技术措施项目的说明如下：

1）工具式模板

①工具式模板是指组成模板的模板结构及构配件为定型化、标准化产品，可多次重复利用，并按规定的程序组装和施工。《重庆市装配式建筑工程计价定额》定额中的工具式模板按铝合金模板编制，实际使用材料与定额子目不同时不作调整。

②铝合金模板系统由铝模板系统、支撑系统、紧固系统和附件系统构成。

③现浇混凝土柱（不含构造柱）、墙、梁（不含圈梁、过梁）、板是按照高度3.6 m以内综合考虑。超过3.6 m时，超过部分另按相应定额子目执行。

④板的高度为楼面或地面、垫层面至上层板面的高度，如遇斜板面结构时，柱分别以各柱

的中心高度为准,框架梁以每跨两端的支座平均高度为准,板(含梁板合计的梁)以高点和低点的平均高度为准。

⑤异形柱、梁是指柱、梁的断面形状为 L 形、十字形、T 形等的柱、梁。

2)脚手架工程

①装配式单层厂(库)房钢结构工程,综合脚手架已综合考虑了檐高 6 m 以内的砌筑、浇筑、吊装,一般装饰等脚手架费用,若檐高超过 6 m,则按每增加 1 m 定额计算。

②装配式多层厂(库)房钢结构工程,综合脚手架已综合考虑了檐高 20 m 以内且层高在 6 m 以内的砌筑、浇筑、吊装、一般装饰等脚手架费用,若檐高超过 20 m 或层高超过 6 m,则按每增加 1 m 定额计算。

③装配式住宅钢结构工程,综合脚手架已综合考虑了层高 3.6 m 以内的砌筑、浇筑、吊装、一般装饰等脚手架费用,若层高超过 3.6 m 时,该层综合脚手架按每增加 1.0 m(不足 1 m 按 1 m 计算)增加 10% 计算。

④装配式混凝土结构、钢-混组合结构、木结构工程,综合脚手架按《重庆市房屋建筑与装饰工程计价定额》有关规定的相应定额子目乘以系数 0.85 计算。

⑤按《重庆市装配式建筑工程计价定额》计算除综合脚手架外,如需计算单项脚手架,按《重庆市房屋建筑与装饰工程计价定额》的有关规定执行。

⑥工具式脚手架是指组成脚手架的架体结构和构配件为定型化、标准化产品,可多次重复利用,按规定的程序组装和施工,包括附着式电动整体提升架和电动高空作业吊篮两部分。

⑦电动高空作业吊篮定额适用于外立面装饰工程。

3)垂直运输

①本章施工机械是按装配式建筑工程常规施工机械编制的,实际施工不同时不得调整。

②垂直运输子目不包含基础施工所需的垂直运输费用,基础施工时按批准的施工组织设计另行计算。

③装配式厂(库)房钢-混组合结构工程,按《重庆市装配式建筑工程计价定额》装配式钢-混组合结构工程相应定额子目乘以系数 0.45 计算。

④装配式混凝土、钢-混组合、木结构工程及住宅钢结构工程,垂直运输按层高 3.6 m 以内进行编制,层高超过 3.6 m 时,该层垂直运输按每增加 1.0 m(不足 1 m 按 1 m 计算)增加 10% 计算。

⑤檐高 3.6 m 以内的单层建筑,不计算垂直运输机械。

⑥装配式混凝土结构工程的预制率,是指装配式混凝土结构单位工程,±0.000 标高以上主体结构和围护结构中的预制构件混凝土体积占对应部分混凝土总体积的百分比。预制构件混凝土体积的计算范围应符合《重庆市装配式建筑装配率计算细则(试行)》(渝建〔2017〕743 号)的有关规定。

⑦商务楼、商住楼等钢结构工程参照住宅钢结构工程相应定额子目执行。

4)超高施工增加

①超高施工增加是指单层建筑物檐高大于 20 m、多层建筑物大于 6 层或檐高大于 20 m 的人工、机械降效、通信联络、高层加压水泵的台班费。

②单层建筑物檐高大于 20 m。按综合脚手架面积计算超高施工降效,执行超高施工增加相应檐高定额子目乘以系数 0.2;多层建筑物大于 6 层或檐高大于 20 m,均应按超高部分的综合脚手架面积计算超高施工降效费,超过 20 m 且超过部分高度不足所在层的层高时,按一层计算。

5)大型机械设备进出场及安拆

①大型机械设备安拆。

a.自升式塔式起重机是以塔高 45 m 确定的,如塔高超过 45 m 时,每增高 10 m(不足 10 m 按 10 m 计算),安拆项目增加 20%。

b.塔机安拆高度,按建筑物塔机布置点地面至建筑物结构最高点加 6 m 计算。

c.安拆台班中已包括机械安装完毕后的试运转台班。

②大型机械设备进出场。

a.机械场外运输是按运距 30 km 考虑的。

b.机械场外运输综合考虑了机械施工完毕后回程的台班。

c.自升式塔机是以塔高 45 m 确定的,如塔高超过 45 m 时,每增高 10 m,场外运输项目增加 10%。

③《重庆市装配式建筑工程计价定额》缺项时按《重庆市房屋建筑与装饰工程计价定额》相应定额子目执行,《重庆市装配式建筑工程计价定额》及《重庆市房屋建筑与装饰工程计价定额》均缺项的特大型机械,其安装、拆卸、场外运输费发生时按实计算。

④《重庆市装配式建筑工程计价定额》大型机械进出场中已综合考虑了运输道路等级、重车上下坡等多种因素,但不包括过路费、过桥费和桥梁加固、道路拓宽、道路修整等费用,发生时另行计算。

7.3.2 技术措施项目定额工程量计算规则

根据《重庆市装配式建筑工程计价定额》《重庆市房屋建筑与装饰工程计价定额》的规定,措施项目的计算规则如下:

1)后浇混凝土模板

后浇混凝土模板工程量,按后浇混凝土与模板的接触面积以"m²"计算,伸出后浇混凝土与预制构件抱合部分的模板面积不增加计算。不扣除后浇混凝土墙、板上单孔面积 0.3 m²以内的孔洞,洞侧壁模板亦不增加;单孔面积 0.3 m²以外时应予扣除,孔洞侧壁模板面积并入相应的墙、板模板工程量内计算。

2)工具式模板

①工具式模板工程量,按模板与混凝土的接触面积以"m²"计算。

②墙、板上单孔面积 0.3 m²以内的孔洞不予扣除,洞侧壁模板亦不增加,单孔面积 0.3 m²以外时应予扣除,洞侧壁模板面积并入墙、板模板工程量内计算。

③柱与梁、柱与墙、梁与梁等连接重叠部分以及伸入墙内的梁头、板头与砖接触部分,均不计算模板面积。

④整体楼梯(包括休息平台、平台梁、斜梁和楼层板的连接梁)模板工程量,按水平投影面积以"m²"计算,不扣除 500 mm 以内的楼梯井,楼梯的踏步、踏步板、平台梁等侧面模板不另行计算,伸入墙内部分亦不增加。当整体楼梯与楼板无梯梁连接且无楼梯间时,以楼梯最后一个踏步边缘加 300 mm 为界。

3)脚手架工程

房屋建筑工程及装饰工程的脚手架、垂直运输及超高降效费应分别计算。

①综合脚手架面积按建筑面积及附加面积之和以"m²"计算。建筑面积按《建筑面积计算规则》计算;不能计算建筑面积的屋面架构、封闭空间等的附加面积,按以下规则计算。

a. 屋面现浇混凝土水平构架的综合脚手架面积应按以下规则计算：

建筑装饰造型及其他功能需要在屋面上施工现浇混凝土构架，高度在 2.20 m 以上时，其面积大于或等于整个屋面面积 1/2 者，按其构架外边柱外围水平投影面积的 70% 计算；其面积大于或等于整个屋面面积 1/3 者，按其构架外边柱外围水平投影面积的 50% 计算；其面积小于整个屋面面积 1/3 者，按其构架外边柱外围水平投影面积的 25% 计算。

b. 结构内的封闭空间（含空调间）净高满足 $1.2\ m<h<2.1\ m$ 时，按 1/2 面积计算；净高 $h>2.1\ m$ 时按全面积计算。

c. 高层建筑设计室外不加以利用的板或有梁板，按水平投影面积的 1/2 计算。

d. 骑楼、过街楼底层的通道按通道长度乘以宽度，以全面积计算。

②单项脚手架。

A. 双排脚手架、里脚手架均按其服务面的垂直投影面积以"m²"计算，其中：

a. 不扣除门窗洞口和空圈所占面积。

b. 独立砖柱高度在 3.6 m 以内者，按柱外围周长乘以实砌高度按里脚手架计算；高度在 3.6 m 以上者，按柱外围周长加 3.6 m 乘以实砌高度，按单排脚手架计算；独立混凝土柱按柱外围周长加 3.6 m 乘以浇筑高度，按双排脚手架计算。

c. 独立石柱高度在 3.6 m 以内者，按柱外围周长乘以实砌高度计算工程量；高度在 3.6 m 以上者，按柱外围周长加 3.6 m 乘以实砌高度计算工程量。

d. 围墙高度从自然地坪至围墙顶计算，长度按墙中心线计算，不扣除门所占的面积，但门柱和独立门柱的砌筑脚手架不增加。

B. 悬空脚手架按搭设的水平投影面积以"m²"计算。

C. 挑脚手架按搭设长度乘以搭设层数以"延长米"计算。

D. 满堂脚手架按搭设的水平投影面积以"m"计算，不扣除垛、柱所占的面积。满堂基础脚手架工程量按其底板面积计算。高度在 3.6～5.2 m 时，按满堂脚手架基本层计算；高度超过 5.2 m 时，每增加 1.2 m，按增加一层计算，增加层的高度若在 0.6 m 以内，舍去不计。

E. 满堂式钢管支架工程量按搭设的水平投影面积乘以支撑高度以"m²"计算，不扣除垛、柱所占的体积。

F. 水平防护架按脚手板实铺的水平投影面积以"m²"计算。

G. 垂直防护架以两侧立杆之间的距离乘以高度（从自然地坪算至最上层横杆）以"m²"计算。

H. 安全过道按搭设的水平投影面积以"m²"计算。

I. 建筑物垂直封闭工程量按封闭面的垂直投影面积以"m²"计算。

J. 电梯井字架按搭设高度以"座"计算。

③附着式电动整体提升架，按提升范围的外墙外边线长度乘以外墙高度以"m²"计算，不扣除门窗、洞口所占面积。

④电动作业高空吊篮，按外墙垂直投影面积以"m²"计算，不扣除门窗、洞口所占面积。

4）垂直运输

建筑物垂直运输面积，应分单层、多层和檐高，按综合脚手架面积以"m²"计算。

5）超高施工增加

超高施工增加工程量应区分不同檐高，按建筑物超高（单层建筑物檐高>20 m，多层建筑物大于 6 层或檐高>20 m）部分的综合脚手架面积以"m²"计算。

6）大型机械设备安拆及场外运输

大型机械设备安拆及场外运输，按使用机械设备的数量以"台次"计算。

本章小结

　　本章介绍了措施项目的组成及概念,其中,主要介绍了不同类型的技术措施项目的工程量计算规则,包括脚手架工程、模板工程、垂直运输工程、建筑物超高施工、大型机械进出场及安拆、施工排水降水等。随后介绍了各项技术措施项目的定额计算规则,用以进行清单计算规则与定额计算规则的对比,为后面计算综合单价打下基础。

课后习题

　　1.简述措施项目的组成。
　　2.简述技术措施项目的工程量计算规则。
　　3.简述脚手架工程的组成及工程量计算规则。

第 3 篇
装配式建筑计价篇

8　装配式建筑工程量清单计价

【知识目标】

（1）掌握工程量清单的组成,掌握分部分项工程量清单、措施项目清单、其他项目清单、规费和税金项目清单的编制方法;

（2）掌握工程量清单计价的编制。

【能力目标】

（1）能进行分部分项工程量清单、措施项目清单、其他项目清单、规费和税金项目清单的编制;

（2）能计算工程造价。

【素质目标】

（1）培养学生坚持准则、遵守规范的职业道德;

（2）培养学生遵纪守法、认真负责的工作态度和严谨细致的工作作风。

8.1　工程量清单编制

使用国有资金投资的建设工程发承包,必须采用工程量清单报价;非国有资金投资的建设项目,宜采用工程量清单计价。

招标工程量清单应由具有编制能力的招标人或受其委托、具有相应资质的工程造价咨询人编制。招标工程量清单必须作为招标文件的组成部分,其准确性和完整性应由招标人负责。招标工程量清单是工程量清单计价的基础,应作为编制招标控制价、投标报价、计算或调整工程量、索赔等的依据之一。

8.1.1　工程量清单概述

1）工程量清单的概念

工程量清单是表现拟建工程的分部分项工程项目、措施项目、其他项目名称和相应数量的明细清单,是按照招标要求和施工设计图纸要求的规定将拟建招标工程的全部项目和内容,依据统一的工程量计算规则、统一的工程量清单项目编制规则要求,计算拟建招标工程的工程数量的表格。

2）工程量清单的组成

工程量清单以单位（项）工程为单位编制，由分部分项工程项目清单、措施项目清单、其他项目清单、规费和税金项目清单组成。

3）工程量清单编制依据

①《建设工程工程量清单计价规范》（GB 50500—2013）和相关国家计量规范；

工程量清单表格（1）

②《重庆市建设工程工程量清单计价规则》（CQJJGZ—2013）；

③国家或省级、行业建设主管部门颁发的计价定额和办法；

④建设工程设计文件及相关资料；

⑤与建设工程有关的标准、规范、技术资料；

⑥拟定的招标文件；

工程量清单表格（2）

⑦施工现场情况、地址水文资料、工程特点及常规施工方案；

⑧其他相关资料。

8.1.2　分部分项工程量清单的编制

分部分项工程量清单应根据附录规定的项目编码、项目名称、项目特征、计量单位和工程量计算规则进行编制，其格式见表8.1。在分部分项工程量清单的编制过程中，由招标人负责前六项内容的填列，金额部分在编制招标控制价或投标报价时填列。

表8.1　分部分项工程和施工技术措施项目清单与计价表

工程名称：　　　　　　　　　标段：　　　　　　　　第　页　共　页

序号	项目编码	项目名称	项目特征描述	计量单位	工程量	金额/元		
						综合单价	合价	其中：暂估价
本页小计								
合　计								

注：为计取规费等的使用，可在表中增设"其中：定额人工费"。

1）项目编码

工程量清单的项目编码，共5级，采用12位阿拉伯数字表示，其中，前四级即1～9位应按工程量计算规范的规定设置，第五级即10～12位根据拟建工程的工程量清单项目名称和项目特征设置，同一招标工程的项目编码不得有重码，并且10～12位由招标人针对招标项目自001起顺序编制。

各级编码代表的含义如下：第1、2位是专业工程代码，第3、4位是附录分类顺序码，第5、

6 位是分部工程顺序码,第 7 ~ 9 位是分项工程项目名称顺序码,第 10 ~ 12 位是工程量清单项目名称顺序码。以房屋建筑和装饰工程为例,项目编码结构如图 8.1 所示。

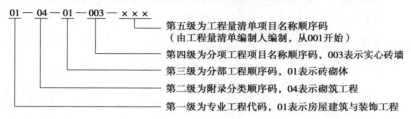

图 8.1　工程量清单项目编码级别

2)项目名称

工程量清单的项目名称应按各专业工程工程量计算规范附录的项目名称结合拟建工程的实际确定。附录表中的"项目名称"为分项工程项目名称,是形成分部分项工程项目清单项目名称的基础。即在编制分部分项工程项目清单时,以附录中的分项工程项目名称为基础,考虑该项目的规格、型号、材质等特征要求,结合拟建工程的实际情况,使其工程量清单项目名称具体化、细化,以反映影响工程造价的主要因素。

例如,"门窗工程"中"特种门"应区分"冷藏门""冷冻闸门""保温门""变电室门""隔音门""防射线门""人防门""金库门"等。清单项目名称应表达详细、准确,各专业工程量计算规范中的分项工程项目名称如有缺陷,招标人可作补充,并报当地工程造价管理机构(省级)备案。

3)项目特征

项目特征是构成分部分项工程项目、措施项目自身价值的本质特征。项目特征是对项目的准确描述,是确定一个清单项目综合单价不可缺少的重要依据,是区分清单项目的依据,是履行合同义务的基础。因此,要准确、全面描述项目特征,为分部分项工程列项和计价打下坚实基础,需要遵循以下原则:

①按附录中规定的结合拟建工程实际,满足综合单价的需要。

②若采用标准图集或施工图纸能够全部或部分满足项目特征描述的要求,项目特征描述可直接采用详见××图集或××图号的方式。

③对不能满足项目特征描述要求的部分,仍应用文字描述。

在各专业工程工程量计算规范附录中还有关于各清单项目"工作内容"的描述。工作内容是指完成清单项目可能发生的具体工作和操作程序,但应注意的是,在编制分部分项工程项目清单时,工作内容通常无须描述,因为在工程量计算规范中,工程量清单项目与工程量计算规则、工作内容有一一对应的关系,当采用工程量计算规范这一标准时,工作内容均有规定。

4)计量单位

工程量清单的计量单位应按规定的计量单位确定,如果有两个或两个以上计量单位的,应结合拟建工程项目的实际情况,确定其中一个为计量单位,同一工程项目的计量单位应一致。

各专业有特殊计量单位的,再另加说明,当计量单位有两个或两个以上时,应根据所编工程量清单项目的特征要求,选择最适宜表现该项目特征并方便计量的单位。

例如,门窗工程计量单位为"樘/m²"。实际工作中,应选择最适宜、最方便计量和组价的单位表示。

5) 工程量

工程量主要通过工程量计算规则计算得到。工程量计算规则是指对清单项目工程量计算的规定。除另有说明外,所有清单项目的工程量应以实体工程量为准,并以完成后的净值计算;投标人投标报价时,应在单价中考虑施工中的各种损耗和需要增加的工程量。

根据现行工程量清单计价与工程量计算规范的规定,工程量计算规则可分为房屋建筑与装饰工程、仿古建筑工程、通用安装工程、市政工程、园林绿化工程、构筑物工程、矿山工程、城市轨道交通工程、爆破工程九大类。

随着工程建设中新材料、新技术、新工艺等的不断涌现,工程量计算规范附录所列的工程量清单项目不可能包含所有项目。在编制工程量清单时,当出现工程量计算规范附录中未包括的清单项目时,编制人应作补充。在编制补充项目时应注意以下3个方面。

①补充项目的编码应按工程量计算规范的规定确定。具体做法如下:补充项目的编码由工程量计算规范的代码 B 和 3 位阿拉伯数字组成,并应从 001 起顺序编制,如房屋建筑与装饰工程如需补充项目,则其编码应从 01B00 开始起顺序编制,同一招标工程的项目不得重码。

②在工程量清单中应附补充项目的项目名称、项目特征、计量单位、工程量计算规则和工作内容。

③将编制的补充项目报省级或行业工程造价管理机构备案。

工程量的计算需遵循以下原则:

①计算口径一致(施工图列出的清单项目与计算规范一致)。

②按工程量计算规则计算。

③按图纸计算(计算时采用的原始数据必须以施工图纸所表示的尺寸或施工图纸能读出的尺寸为准进行计算,不得任意增减)。

④按一定顺序计算(避免重算漏算)。

⑤补充项符合的原则:计算规则要具有可计算性,计算结果要具有唯一性。

6) 分部分项工程量清单编制示例

【例8.1】 某装配式建筑独立基础施工图如图8.2所示,基础配筋图如图8.3所示。土壤类别为三类土,弃土运距200 m,回填采用素土夯填,独立基础和柱采用C30商品混凝土,室外标高为-0.1 m,本工程-0.05 m标高以上柱采用预制柱,请编制标高-0.05 m以下部分的分部分项工程量清单。

解 (1)根据工程量计算规则计算工程量

由图可知,DJ-1 有 6 个,DJ-2 有 5 个,DJ-3 有 3 个。

①挖基坑土方,加工作面 300 mm,挖土深度 0.6 m,不放坡。

$$V_{挖} = (1.5 + 0.6) \times (1.5 + 0.6) \times 0.6 \times 6 \text{ m}^3 + (1.2 + 0.6) \times (1.2 + 0.6) \times$$
$$0.6 \times 5 \text{ m}^3 + (1 + 0.6) \times (1 + 0.6) \times 0.6 \times 3 \text{ m}^3 = 30.21 \text{ m}^3$$

②现浇 C15 混凝土垫层工程量计算。

垫层 C15 混凝土工程量计算:

$V_{垫层} = \left[(1.5 \times 1.5 \times 6 + 1.2 \times 1.2 \times 5 + 1 \times 1 \times 3) \times 0.1\right]\text{m}^3 = 2.57\ \text{m}^3$

③现浇 C30 混凝土独立基础工程量计算：

$V_{基础} = 1.3 \times 1.3 \times 0.4 \times 6\ \text{m}^3 + 1 \times 1 \times 0.35 \times 5\ \text{m}^3 + 0.8 \times 0.8 \times 0.3 \times 3\ \text{m}^3 = 6.39\ \text{m}^3$

④现浇混凝土矩形柱 C30 混凝土工程量计算。

$V_{柱} = 0.35 \times 0.35 \times (0.5 - 0.4 + 0.1 - 0.05) \times 6\ \text{m}^3 + 0.35 \times 0.35 \times (0.5 - 0.35 + 0.1 - 0.05) \times 5\ \text{m}^3 + 0.35 \times 0.35 \times (0.5 - 0.3 + 0.1 - 0.05) \times 3\ \text{m}^3 = 0.32\ \text{m}^3$

其中包含了室外地坪标高以下柱子体积为：$V'_{柱} = 0.35 \times 0.35 \times (0.5 - 0.4) \times 6\ \text{m}^3 + 0.35 \times 0.35 \times (0.5 - 0.35) \times 5\ \text{m}^3 + 0.35 \times 0.35 \times (0.5 - 0.3) \times 3\ \text{m}^3 = 0.24\ \text{m}^3$

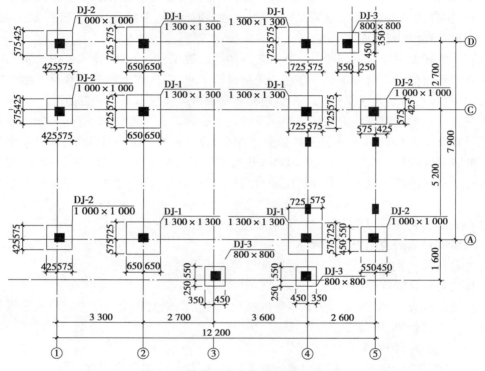

图 8.2　某装配式建筑独立基础施工图

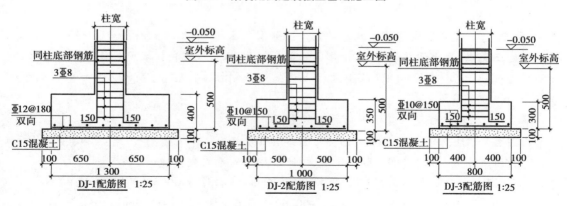

图 8.3　基础配筋图

⑤回填。

基础回填：$V_{填1}$=挖方体积-室外地坪以下基础、垫层、柱体积=(30.21-2.57-6.39-0.24)m^3= 21.01 m^3

首层架空层回填：$V_{填2}$=墙间面积×回填厚度-架空层柱子体积=[(8.1×12.4-0.35×0.35× 14)×(0.1-0.05)]m^3=4.94 m^3

⑥余土外运 V=(30.21-21.01-4.94)m^3=4.26 m^3

（2）编制工程量清单（表8.2）

表8.2　某装配式建筑-0.05 m标高以下部分分部分项工程量清单计价表

序号	项目编码	项目名称	项目特征及工作内容	计量单位	工程量	金额/元		
						综合单价	合价	其中：暂估价
1	010101004001	挖基坑土方	[项目特征] 1. 土壤类别：三类土； 2. 开挖方式：人工开挖； 3. 挖土深度：0.6 m [工作内容] 1. 土方开挖； 2. 场内运输	m^3	30.21			
2	010103001001	回填方（基础回填）	[项目特征] 1. 密实度要求：夯填； 2. 填方来源、运距：原土回填 [工作内容] 1. 运输； 2. 回填； 3. 压实	m^3	21.01			
3	010103001002	回填方（首层回填）	[项目特征] 1. 密实度要求：夯填； 2. 填方来源、运距：原土回填 [工作内容] 1. 运输； 2. 回填； 3. 压实	m^3	4.94			
4	010103002001	余土弃置	[项目特征] 1. 废弃料品种：综合土； 2. 运距：10 km [工作内容] 余方点装料运输至弃置点	m^3	4.26			

续表

序号	项目编码	项目名称	项目特征及工作内容	计量单位	工程量	金额/元		
						综合单价	合价	其中：暂估价
5	010501001001	混凝土垫层	[项目特征] 1. 混凝土种类:商品混凝土; 2. 混凝土强度等级:C15 [工作内容] 混凝土制作、运输、浇筑、振捣、养护	m³	2.57			
6	010501003001	独立基础	[项目特征] 1. 混凝土种类:商品混凝土; 2. 混凝土强度等级:C30 [工作内容] 混凝土制作、运输、浇筑、振捣、养护	m³	6.39			
7	010501001001	现浇矩形柱	[项目特征] 1. 混凝土种类:商品混凝土; 2. 混凝土强度等级:C30 [工作内容] 混凝土制作、运输、浇筑、振捣、养护	m³	0.32			

8.1.3 措施项目清单的编制

措施项目是指为了完成工程项目施工,发生在该工程施工准备和施工过程中的技术、生活、安全、环境保护等方面的项目清单,它有助于形成工程实体而不构成工程实体。措施项目清单应根据相关专业现行工程量计算规范的规定编制,并应根据拟建工程的实际列项。措施项目包括施工技术措施项目和施工组织措施项目。

1)施工技术措施项目

施工技术措施项目是指可以计算工程量措施项目,如脚手架工程、混凝土模板及支架、垂直运输等,这类措施项目按照分部分项工程项目清单的方式编制,列出项目编码、项目名称、项目特征、计量单位和工程量,见表8.1。

【例8.2】 计算例8.1中技术措施费工程量并编制施工技术措施项目清单。

解 (1)现浇混凝土模板工程量计算

①垫层模板工程量计算。

$S_{垫层} = 0.1 \times 1.5 \times 4 \times 6 \text{ m}^2 + 0.1 \times 1.2 \times 4 \times 5 \text{ m}^2 + 0.1 \times 1 \times 4 \times 3 \text{ m}^2 = 7.2 \text{ m}^2$

②现浇基础模板工程量计算。

$S_{基础} = 0.4 \times 1.3 \times 4 \times 6 \text{ m}^2 + 0.35 \times 1 \times 4 \times 5 \text{ m}^2 + 0.3 \times 0.8 \times 4 \times 3 \text{ m}^2 = 22.36 \text{ m}^2$

③现浇柱模板工程量计算。

$S_柱 = 0.35 \times (0.5 - 0.4 + 0.1 - 0.05) \times 4 \times 6 \ m^2 + 0.35 \times (0.5 - 0.35 + 0.1 - 0.05) \times 4 \times 5 \ m^2 + 0.35 \times (0.5 - 0.3 + 0.1 - 0.05) \times 4 \times 3 \ m^2 = 3.71 \ m^2$

（2）编制工程量清单

编制工程量清单见表8.3。

表8.3 某装配式建筑-0.05 m标高以下施工技术措施项目工程量清单计价表

序号	项目编码	项目名称	项目特征	计量单位	工程量	金额/元		
						综合单价	合价	其中：暂估价
1	011702001001	基础垫层	［项目特征］ 基础类型:独立基础垫层 ［工作内容］ 1.模板制作; 2.模板安装、拆除、整理堆放及场内外运输; 3.清理模板黏结物及模内杂物、刷隔离剂等	m^2	7.2			
2	011702001002	独立基础	［项目特征］ 基础类型:独立基础 ［工作内容］ 1.模板制作; 2.模板安装、拆除、整理堆放及场内外运输; 3.清理模板黏结物及模内杂物、刷隔离剂等	m^2	22.36			
3	011702002001	矩形柱	［项目特征］ 模板类型:矩形柱 ［工作内容］ 1.模板制作; 2.模板安装、拆除、整理堆放及场内外运输; 3.清理模板黏结物及模内杂物、刷隔离剂等; 4.对拉螺栓(片)	m^2	3.71			

2）施工组织措施项目

施工组织措施项目是指不能计算工程量的项目,如安全文明施工费、冬雨季施工费、已完工程设备保护费等。在编制此部分工程量清单时,仅按照计量规范中的措施项目规定的项目编码、项目名称列出项目编码、项目名称,未列出项目特征、计量单位和工程量计算规则的,见表8.4。

表8.4　施工组织措施项目清单与计价表

工程名称：　　　　　　　　　　　　　　　　　　　　　　　　　　　　　　　第　页　共　页

序号	项目编码	项目名称	计算基础	费率/%	金额/元	调整费率/%	调整后金额/元	备注
1		组织措施费						
2		安全文明施工费						
3		建设工程竣工档案编制费						
4		住户工程质量分户验收费						
		………						
合　计								

根据《重庆市建设工程费用定额》（CQFYDE—2018）的规定,措施项目费主要内容见表8.5,各专业工程根据工程特征所采用的技术措施项目费用,见表8.6。

表8.5　措施项目汇总

措施项目费	施工技术措施项目费	特、大型施工机械设备进出场及安拆费	
		脚手架费	
		混凝土模板及支架费	
		施工排水及降水费	
		其他技术措施费	
	施工组织措施项目费	组织措施费	夜间施工增加费
			二次搬运费
			冬、雨季施工增加费
			已完工程及设备保护费
			工程定位复测费
		安全文明施工费	
		建设工程竣工档案编制费	
		住宅工程质量分户验收费	

表8.6　其他技术措施项目汇总

专业工程	施工技术措施项目
房屋建筑与装饰工程	垂直运输、超高施工增加
仿古建筑工程	垂直运输

续表

专业工程	施工技术措施项目
通用安装工程	垂直运输、超高施工增加、组装平台、抱(拔)杆、防护棚、胎(膜)具、充气保护
市政工程	围堰、便道及便桥、洞内临时设施、构件运输
园林绿化工程	树木支撑架、草绳绕树干、搭设遮阴(防寒)、围堰
构筑物工程	垂直运输
城市轨道交通工程	围堰、便道及便桥、洞内临时设施、构件运输
爆破工程	爆破安全措施项目

注:表内未列明的施工技术措施项目,可根据各专业工程实际情况增加。

8.1.4　其他项目清单的编制

其他项目清单是指分部分项工程量清单、措施项目清单所包含的内容以外,因招标人的特殊要求而发生的与拟建工程有关的其他费用项目和相应数量的清单。其他项目清单宜按照计量规范给定的格式编制,一般情况下包括暂列金额、暂估价、计日工、总承包服务费。

影响因素:工程建设标准的高低、复杂程度、工期长短、工程的组成内容、发包人对工程管理要求等。

1)暂列金额

暂列金额是指招标人在工程量清单中暂定并包括在合同中的一笔款项,用于合同签订时尚未确定或者不可预见的所需材料、工程设备、服务的采购,施工中可能发生的工程变更、合同约定调整因素出现时的合同价款调整以及发生的索赔、现场签证确认等的费用。

招标人填写项目名称、计量单位、暂定金额等,由招标人支配,实际发生才支付。

2)暂估价

暂估价是指招标人在工程量清单中提供的用于支付必然发生但暂时不能确定价格的材料、工程设备的单价以及专业工程的金额,包括材料暂估价、工程设备暂估价和专业工程暂估价。材料、工程设备的暂估单价(纳入分部分项工程量项目综合单价)。

3)计日工

在施工过程中,承包人完成发包人提出的工程合同范围以外的零星项目或工作,按合同中约定的单价计价的一种方式。计日工是为了解决现场发生的工程合同范围以外的零星工作的计价而设立的。计日工对完成零星工作所消耗的人工工日、材料数量、施工机具台班进行计量,并按照计日工表中填报的适用项目的单价进行计价支付。

计日工适用的所谓零星项目或工作,一般是指除合同约定外的或者因变更而产生的、工程量清单中没有相应项目的额外工作,尤其是那些难以事先商定价格的额外工作。计日工应列出项目名称、计量单位和暂估数量。计日工具有以下特点:

①为额外工作的计价提供一个方便快捷的途径。

②招标工程量清单,招标人提供暂定的数量。

③计日工单价是综合单价(不含规费和税金)。

4)总承包服务费

总承包服务费是指总承包人为配合协调发包人进行的专业工程发包,对发包人自行采购的材料、工程设备等进行保管以及施工现场管理、竣工资料汇总整理等服务所需的费用。总承包服务费由承包商自主报价,招标人按投标人的投标报价向投标人支付该项费用。

8.1.5 规费、税金项目清单的编制

规费和税金必须按照国家或省级、行业建设主管部门的规定计算,不得作为竞争性费用。

1)规费

规费包括社会保险费和住房公积金(详见2.1.1中相应内容)。社会保险费又分为养老保险费、工伤保险费、医疗保险费、生育保险费及失业保险费。

2)税金

根据住建部、财政部颁发的《建筑安装工程费用项目组成》的规定,我国税法规定,应计入建筑安装工程造价内的税中包括增值税、城市维护建设税、教育费附加和地方教育附加。

8.1.6 封面及总说明内容的编制

1)封面

封面应按规定的内容填写、签字、盖章,由造价人员编制的工程量清单应由负责审核的造价工程师签字、盖章。受委托编制的工程量清单,应由造价工程师签字、盖章以及工程造价咨询人盖章。

2)总说明

总说明应按下列内容填写:

①工程概况:建设规模、工程特征、计划工期、施工现场实际情况、自然地理条件、环境保护要求等。

a.建设规模是指建筑面积;

b.工程特征应说明基础及结构类型、建筑层数、高度、门窗类型及各部位装饰、装修做法;

c.计划工期是指按工期定额计算的施工天数;

d.施工现场实际情况是指施工场地的地表状况;

e.自然地理条件是指建筑场地所处地理位置的气候及交通运输条件;

f.环境保护要求是针对施工噪声及材料运输可能对周围环境造成的影响和污染所提出的防护要求。

②工程招标和专业发包范围。招标范围是指单位工程的招标范围,如建筑工程招标范围为"全部建筑工程";专业发包是指特殊工程项目的分包,如招标人自行采购安装"铝合金门窗"等。

③工程量清单编制依据。建设工程工程量清单计价规范、设计文件、招标文件、施工现场情况、工程特点及常规施工方案等。

④工程质量、材料、施工等的特殊要求。工程质量的要求,是指招标人要求拟建工程的质

量应达到合格或优良标准;对材料的要求,是指招标人根据工程的重要性、使用功能及装饰装修标准提出的,诸如对水泥的品牌、钢材的生产厂家等的要求;施工要求,一般是指建设项目中对单项工程的施工顺序等的要求。

⑤其他需要说明的问题。

8.2 装配式混凝土建筑工程量清单编制示例

根据重庆市某装配式住宅展示体验楼建筑、结构施工图、清单规范编制某装配式建筑工程量清单。

8.2.1 某装配式建筑工程概况

①某装配式建筑工程为重庆市沙坪坝区某高校内装配式住宅展示体验楼工程,装配式建筑混凝土结构,住宅项目。

②工程专业:房屋建筑与装饰工程。

③工程质量等级:合格工程。

④结构形式:装配式框架-剪力墙结构。

⑤基础类型:独立基础。

⑥装饰及屋面做法,见表8.7。

表8.7 某示范楼工程装修及屋面做法表

楼层	部位	做法
一层	地面	1. 找平层:1∶2.5 水泥砂浆,20 mm 厚; 2. 垫层:C15 混凝土,80 mm 厚; 3. 基层:素土夯实
二层	楼面 1	1. 地砖面层(普通地砖),规格 800 mm×800 mm×10 mm; 2. 20 mm 厚 1∶2 干硬性水泥砂浆黏合层,上洒 1~2 mm 厚干水泥并洒水适量; 3. 20 mm 厚 M20 水泥砂浆找平; 4. 水泥浆水比 0.4~0.5 结合层; 5. 结构板
	楼面 2(卫生间、厨房、阳台)	1. 防滑地砖面层,规格 300 mm×600 mm×5 mm; 2. 20 mm 厚 1∶2 干硬性水泥砂浆黏合层,上洒 1~2 mm 厚干水泥并洒水适量; 3. 20 mm 厚 M20 水泥砂浆找平; 4. 水泥浆水比 0.4~0.5 结合层; 5. 结构板
	墙面(内墙 401)无机涂料燃烧性能 A 级	1. 墙体[墙面一般抹灰]; 2. 9 mm 厚 M15 水泥砂浆打底扫毛; 3. 7 mm 厚 M15 水泥石灰砂浆垫层; 4. 5 mm 厚 M15 水泥石灰砂浆罩面哑光; 5. 分遍满刮腻子 2 层找平磨光; 6. 刷无机涂料

续表

楼层	部位	做法
二层	天棚(顶棚)	1. 刷白色内墙无机涂料; 2. 刮两遍白水泥腻子; 3. 刮一遍聚合物纯水泥腻子; 4. 结构板基层清理干净
	踢脚	1. 5~10 mm 厚面砖,水泥浆擦缝(地砖踢脚); 2. 4 mm 厚纯水泥砂浆粘贴层(425 号水泥中掺 20% 白乳胶); 3. 基层
	屋面	1. 保护层:防水层,2 层 SBS 改性沥青防水卷材热熔黏结; 2. 找平层:20 mm 厚 1:2.5 水泥砂浆; 3. 保温隔热材料品种、规格、厚度:1:8 水泥陶粒 60 mm 厚; 4. 黏结材料种类、做法:刷素水泥浆一道; 5. 找平层做法:20 mm 厚 1:3 水泥砂浆

8.2.2　某装配式建筑工程量计算

某装配式建筑 -0.050 m 标高以下工程量计算见例 8.1, -0.050 m 以上部分工程量计算如下,此处选取单个构件工程量计算作为示例,最终工程量见表 8.8 和表 8.9。

1) PC 柱工程量计算

某装配式建筑工程预制柱平面图如图 8.3 所示, KZ-1 的计算见第 8 章例 8.1 中的计算,可知:单根 KZ-1 体积为 0.45 m³, KZ-1A/B/C/D/E/F/G 尺寸与 KZ-1 相同, KZ-2 施工图如图 8.4 所示。

$$V_{KZ-2} = (3.94 + 0.05 - 0.02)\text{m} \times 0.35 \text{ m} \times 0.35 \text{ m} = 0.49 \text{ m}^3$$

则该工程预制柱的工程量为:

$$V = 0.45 \times 12 \text{ m}^3 + 0.49 \times 2 \text{ m}^3 = 6.38 \text{ m}^3$$

2) PC 梁工程量计算

PC 梁平面图和施工图如图 8.5 和图 8.6 所示,以 YZL-4(KL-2A)为例计算叠合梁工程量,其他同理。

YZL-4(KL-2A)叠合梁工程量计算如下:

$$V = (0.25 \times 0.34 + 0.05 \times 0.04) \times 5.905 - (0.12 \times 0.05 + 0.15 \times 0.08) \times 0.03/2$$
$$= 0.514 \text{ m}^3 - 0.000 27 \text{ m}^3 = 0.514 \text{ m}^3$$

3) PC 叠合板工程量计算

首层叠合板配筋图如图 8.7 所示,以 F2DHB-1A 为例计算叠合板混凝土,其施工图如图 8.8 所示,其计算如下:

$$V = [(3.055 \times 2.33 - 0.1 \times 0.1 - 0.1 \times 0.05) \times 0.06]\text{m}^3 = 0.426 \text{ m}^3$$

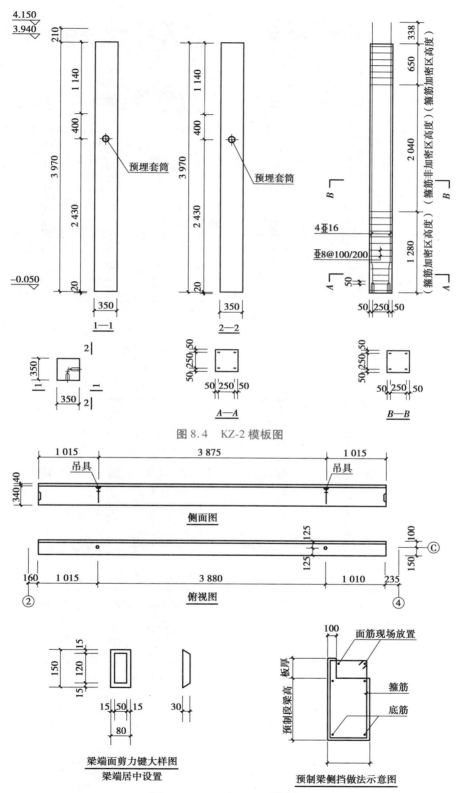

图 8.4 KZ-2 模板图

图 8.5 YZL-4(KL-2A) 模板图

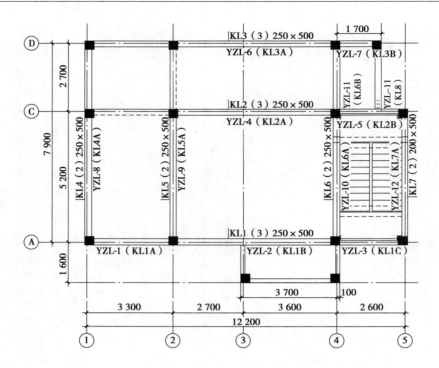

图 8.6　梁平面施工图

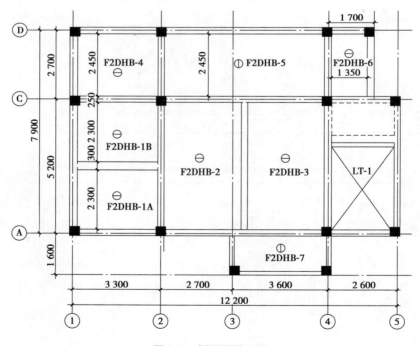

图 8.7　板平面施工图

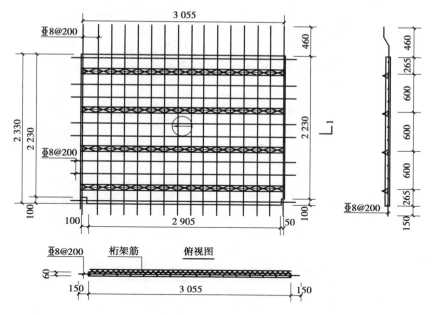

图 8.8   F2DHB-1A 施工图

4) PC 墙工程量计算

二层剪力墙施工图如图 8.9 所示，YCZQ-3 施工图如图 8.10 所示，其工程量计算如下。

$$V = (3.29 \times 0.2 - 0.15 \times 0.15) \times 2.8 \ \text{m}^3 - 2.6 \times 0.2 \times (6.5 - 4.15 - 0.02) \ \text{m}^3 = 0.57 \ \text{m}^3$$

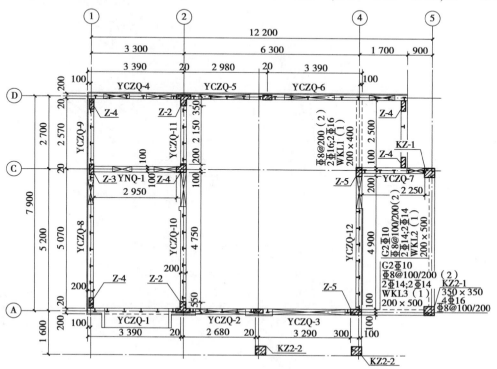

图 8.9   二层剪力墙施工图

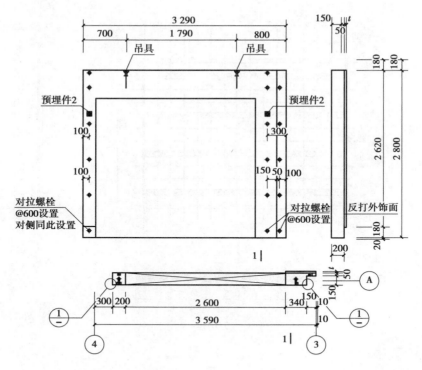

图 8.10　YCZQ-3 施工图

5）预制楼梯工程量计算

【例 8.3】　预制楼梯 TB-1 平面布置图和断面图如图 8.11 所示，计算其混凝土工程量。

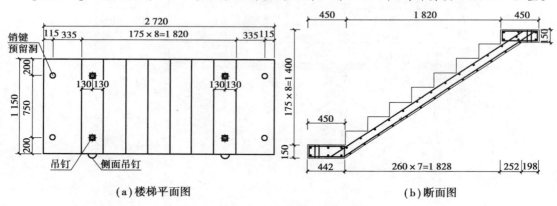

（a）楼梯平面图　　　　　　　　**（b）断面图**

图 8.11　预制楼梯图

解　预制楼梯以"m^3"计量，可为楼梯添加辅助线，如图 8.12 所示。

每一阶梯矩形面积计算如下（从上至下）：

$S_1 = 0.45 \text{ m} \times 0.175 \text{ m} = 0.08 \text{ m}^2$

$S_2 = (0.26 + 0.45) \text{m} \times 0.175 \text{ m} = 0.12 \text{ m}^2$

$S_3 = (0.26 \times 2 + 0.45) \text{m} \times 0.175 \text{ m} = 0.17 \text{ m}^2$

$S_4 = (0.26 \times 3 + 0.45) \text{m} \times 0.175 \text{ m} = 0.22 \text{ m}^2$

$S_5 = (0.26 \times 4 + 0.45) \text{m} \times 0.175 \text{ m} = 0.26 \text{ m}^2$

预制楼梯
工程量计算

$$S_6 = (0.26 \times 5 + 0.45)\text{m} \times 0.175 \text{ m} = 0.31 \text{ m}^2$$

$$S_7 = (0.26 \times 6 + 0.45)\text{m} \times 0.175 \text{ m} = 0.35 \text{ m}^2$$

$$S_8 = (0.26 \times 7 + 0.45)\text{m} \times 0.175 \text{ m} = 0.40 \text{ m}^2$$

$$S_9 = (0.26 \times 7 + 0.45 \times 2)\text{m} \times 0.15 \text{ m} = 0.41 \text{ m}^2$$

每一阶矩形面积之和为:$(0.08+0.12+0.17+0.22+0.26+0.31+0.35+0.4+0.41)\text{m}^2 = 2.32 \text{ m}^2$

需扣减右下角梯形面积为:$[0.198+(0.45+1.828)]/2 \times 1.4 \text{ m}^2 = 1.73 \text{ m}^2$

则楼梯侧面面积为:$0.32 \text{ m}^2 - 1.73 \text{ m}^2 = 0.59 \text{ m}^2$

则单块 TB-1 预制楼梯混凝土量为:$0.59 \text{ m}^2 \times 1.15 \text{ m} = 0.68 \text{ m}^3$

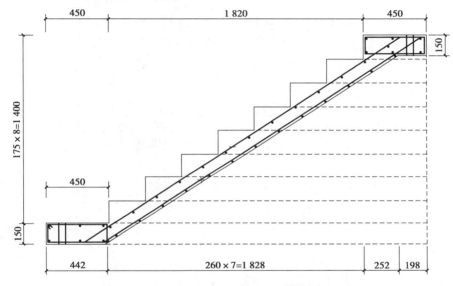

图 8.12　添加辅助线的楼梯断面图

6)连接墙柱后浇段工程量计算

连接墙柱后浇段平面图如图 8.13 所示,可知 Z-1 有 2 根,Z-2 有 2 根,Z-3 有 1 根,Z-4 有 5 根,Z-5 有 2 根。

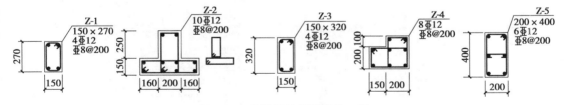

图 8.13　连接墙柱后浇段施工图

(1)连接墙柱后浇段混凝土工程量

$V = V_{Z-1} + V_{Z-2} + V_{Z-3} + V_{Z-4} + V_{Z-5} = 0.15 \times 0.27 \times 3 \times 2 + [(0.16 + 0.2 + 0.16) \times 0.15 + 0.2 \times 0.25] \times 3 \times 2 + 0.15 \times 0.32 \times 3 \times 1 + [(0.15 + 0.2) \times 0.2 + 0.1 \times 0.2] \times 3 \times 5 + 0.2 \times 0.4 \times 3 \times 2 = (0.243 + 0.768 + 0.144 + 1.35 + 0.48)\text{m}^3 = 2.99 \text{ m}^3$

(2)连接墙柱后浇段模板工程量

$S = \{0.27 \times 3 \times 2 + (0.16 + 0.25) \times 2 \times 3 \times 2 + (0.32 - 0.2) \times 3 \times 1 + [(0.1 + 0.15 + 0.3 + 0.15) \times 3 + 0.2 \times (6.5 - 4.15 - 0.02)] \times 5 + (0.2 + 0.4) \times 3 \times 2\}\text{m}^2 = 23.33 \text{ m}^2$

7)屋面工程量计算

由图8.14可知,屋面采用卷材防水,计算其工程量。

屋面卷材防水的工程量计算如下:

$$S = 7.8 \times 11.1 \text{ m}^2 + 5.1 \times 1 \text{ m}^2 + 3.5 \times 1.5 \text{ m}^2 + 0.25 \times (7.8 + 11.1 + 1 + 1.5) \times 2 \text{ m}^2 = 107.63 \text{ m}^2$$

8)装饰工程量计算

此处介绍地面装饰做法工程量计算,天棚示例详见例6.10,墙面参考墙面工程量计算规则计算。

卫生间、厨房楼面2:$S_2 = (1.65-0.2) \times (2.7-0.2) \times 2 \text{ m}^2 + (1.8-0.2) \times (3-0.2) \text{ m}^2 = 11.73 \text{ m}^2$

楼面1:$S_1 = (3.3+2.7+3.6-0.2) \times 7.7 - S_1 - ($内部墙占面积$) = 72.38 \text{ m}^2 - 11.73 \text{ m}^2 - 0.2 \times (2.5 \times 2 + 1.1 + 3.5 \times 2 + 2.9) \text{ m}^2 - 0.1 \times (5.6 + 1.4 + 2.2 \times 2) \text{ m}^2 = 56.31 \text{ m}^2$

阳台:$S_3 = 1.2 \times 2.5 \text{ m}^2 + 1 \times 3.4 \text{ m}^2 = 6.4 \text{ m}^2$

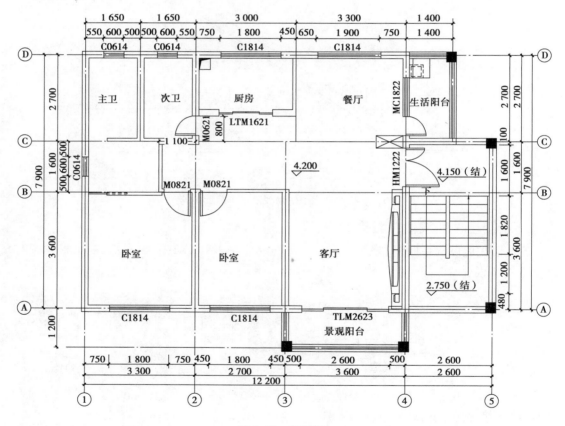

图8.14 平面图

9)工程量汇总

工程量汇总详见表8.8和表8.9。

8.2.3　某装配式建筑工程量清单编制

由8.2.2节计算各分部分项工程项目的工程量汇总表,编制该装配式建筑工程量清单。

1)分部分项工程量清单

上述工程量计算结果按照房屋建筑和装饰工程工程量清单计算规则列出的某装配式建筑分部分项工程量清单,见表8.8。

表8.8　分部分项工程/施工技术措施项目清单计价表(一)

工程名称:某装配式建筑住宅工程　　　　　　　　　　　　　　　　　　　　　第　页　共　页

序号	项目编码	项目名称	项目特征	计量单位	工程量	综合单价	合价	其中:暂估价
						金额/元		
A.土石方工程								
1	010101004001	挖基坑土方	[项目特征] 1.土壤类别:三类土; 2.开挖方式:人工开挖; 3.挖土深度:0.6 m [工作内容] 1.土方开挖; 2.场内运输	m³	30.21			
2	010103001001	人工回填土(基础)	[项目特征] 1.密实度要求:夯填; 2.填方来源、运距:原土回填 [工作内容] 1.运输; 2.回填; 3.压实	m³	21.01			
3	010103001002	人工回填土(室内)	[项目特征] 1.密实度要求:夯填; 2.填方来源、运距:原土回填 [工作内容] 1.运输; 2.回填; 3.压实	m³	4.94			
4	010103002001	余土弃置	[项目特征] 1.废弃料品种:综合土; 2.运距:10 km [工作内容] 余方点装料运输至弃置点	m³	4.26			
D.砌筑工程								

续表

序号	项目编码	项目名称	项目特征	计量单位	工程量	金额/元		
						综合单价	合价	其中:暂估价
5	010402001001	砌块墙	[项目特征] 1.砌块品种、规格、强度等级:普通混凝土空心砌块(双排孔); 2.墙体类型:内墙 [工作内容] 1.砂浆制作、运输; 2.砌砖、砌块; 3.勾缝; 4.材料运输	m^3	3.22			
E.混凝土及钢筋混凝土工程								
6	010501001001	垫层(基础)	[项目特征] 1.混凝土种类:商品混凝土; 2.混凝土强度等级:C15 [工作内容] 混凝土制作、运输、浇筑、振捣、养护	m^3	2.57			
7	010501001002	C15地面垫层	[项目特征] 1.混凝土种类:自拌混凝土; 2.混凝土强度等级:C15 [工作内容] 1.模板及支撑制作、安装、拆除、堆放、运输及清理模内杂物、刷隔离剂等; 2.混凝土制作、运输、浇筑、振捣、养护	m^3	4.86			
8	010501003001	独立基础	[项目特征] 1.混凝土种类:商品混凝土; 2.混凝土强度等级:C30 [工作内容] 混凝土制作、运输、浇筑、振捣、养护	m^3	6.39			
9	010502001001	现浇混凝土矩形柱	[项目特征] 1.混凝土种类:商品混凝土; 2.混凝土强度等级:C30; 3.部位:标高-0.05 m以下 [工作内容] 混凝土制作、运输、浇筑、振捣、养护	m^3	0.32			

续表

序号	项目编码	项目名称	项目特征	计量单位	工程量	金额/元		
						综合单价	合价	其中:暂估价
10	010502001002	现浇混凝土矩形柱	[项目特征] 1. 混凝土种类:商品混凝土; 2. 混凝土强度等级:C30; 3. 部位:TZ [工作内容] 混凝土制作、运输、浇筑、振捣、养护	m³	0.78			
11	010503002001	现浇混凝土矩形梁	[项目特征] 1. 混凝土种类:TL; 2. 混凝土强度等级:C30 [工作内容] 混凝土制作、运输、浇筑、振捣、养护	m³	0.4			
12	010508001001	后浇段(连接墙、柱)	[项目特征] 1. 混凝土种类:商品混凝土; 2. 混凝土强度等级:C30 [工作内容] 混凝土制作、运输、浇筑、振捣、养护及混凝土交接面、钢筋等的清理	m³	2.99			
13	010508001002	后浇混凝土(叠合梁、板)	[项目特征] 1. 混凝土种类:商品混凝土; 2. 混凝土强度等级:C30 [工作内容] 混凝土制作、运输、浇筑、振捣、养护及混凝土交接面、钢筋等的清理	m³	15.92			
14	010509001001	PC 矩形柱	[项目特征] 1. 混凝土强度等级:C30; 2. 单件体积:详设计 [工作内容] 1. 构件制作、运输、安装; 2. 砂浆制作、运输; 3. 接头灌缝、养护	m³	7.37			

续表

序号	项目编码	项目名称	项目特征	计量单位	工程量	金额/元		
						综合单价	合价	其中：暂估价
15	010510001001	PC叠合梁	［项目特征］ 混凝土强度等级：C30 ［工作内容］ 1.构件制作、运输、安装； 2.砂浆制作、运输； 3.接头灌缝、养护	m³	5.12			
16	010512001001	PC叠合板	［项目特征］ 混凝土强度等级：C30 ［工作内容］ 1.构件制作、运输、安装； 2.砂浆制作、运输； 3.接头灌缝、养护	m³	12.61			
17	010512001002	平板	［项目特征］ 混凝土强度等级：C30 ［工作内容］ 1.构件制作、运输、安装； 2.砂浆制作、运输； 3.接头灌缝、养护	m³	3.3			
18	010513001001	预制楼梯 （TB-1）	［项目特征］ 1.楼梯类型：直形楼梯； 2.混凝土强度等级：C30 ［工作内容］ 1.构件运输、安装； 2.砂浆制作、运输； 3.接头灌缝、养护	m³	2.04			
19	010514002001	预制实心墙（外墙）	［项目特征］ 混凝土强度等级：C30 ［工作内容］ 1.构件制作、运输、安装； 2.砂浆制作、运输； 3.接头灌缝、养护	m³	12.38			
20	010514002002	预制实心墙（内墙）	［项目特征］ 混凝土强度等级：C30 ［工作内容］ 1.构件制作、运输、安装； 2.砂浆制作、运输； 3.接头灌缝、养护	m³	6.47			

序号	项目编码	项目名称	项目特征	计量单位	工程量	金额/元		
						综合单价	合价	其中：暂估价
21	010514002003	预制实心墙（女儿墙）	［项目特征］ 混凝土强度等级：C30 ［工作内容］ 1. 构件制作、运输、安装； 2. 砂浆制作、运输； 3. 接头灌缝、养护	m³	2.8			
H. 门窗工程								
22	010801002001	成品实木套装门	1. 门代号及洞口尺寸：M0821，800 mm×2 100 mm； 2. 类型：成名实木套装门 ［工作内容］ 1. 门安装； 2. 五金安装	m²	3.36			
23	010801004001	木质防火门（甲级）	［项目特征］ 门代号及洞口尺寸：HM1222，1 200 mm×2 200 mm ［工作内容］ 1. 门安装； 2. 玻璃安装； 3. 五金安装	m²	2.64			
24	010802001001	铝合金平开门	［项目特征］ 门代号及洞口尺寸：M0621，600 mm×2 100 mm ［工作内容］ 门安装，五金安装	m²	1.26			
25	010805005001	铝合金型材玻璃门	［项目特征］ 门代号及洞口尺寸：TLM1621，1 600 mm×2 100 mm ［工作内容］ 1. 门安装； 2. 五金安装	m²	3.36			
26	010805005002	铝合金型材玻璃门	［项目特征］ 门代号及洞口尺寸：TLM623，2 600 mm×2 300 mm ［工作内容］ 门安装，五金安装	m²	5.98			

续表

序号	项目编码	项目名称	项目特征	计量单位	工程量	金额/元		
						综合单价	合价	其中:暂估价
27	010805005003	铝合金型材玻璃门	［项目特征］ 门代号及洞口尺寸:MLC1822,窗1 200 mm×2 200 mm,门600 mm×2 200 mm ［工作内容］ 门安装,五金安装	m²	3.96			
28	010807001001	金属窗	［项目特征］ 窗代号:C0614; 洞口:600 mm×1 400 mm ［工作内容］ 成品铝合金窗安装	m²	2.52			
29	010807001002	金属窗	［项目特征］ 窗代号:C1814; 洞口:1 800 mm×1 400 mm ［工作内容］ 成品铝合金窗安装	m²	10.08			
J.屋面及防水工程								
30	010902001001	屋面卷材防水	［项目特征］ 1.卷材品种、规格、厚度:SBS改性沥青防水卷材; 2.防水层数:2层; 3.防水层做法:热熔法 ［工作内容］ 1.基层处理; 2.刷底油; 3.铺油毡卷材、接缝	m²	107.63			
K.保温、隔热、防腐工程								
31	011001001001	保温隔热屋面	［项目特征］ 1.找平层:20 mm 厚1:2.5水泥砂浆; 2.保温隔热材料品种、规格、厚度:1:8水泥陶粒60 mm 厚; 3.黏结材料种类、做法:刷素水泥浆一道; 4.找平层做法:20 mm 厚1:3水泥砂浆 ［工作内容］ 1.基层清理; 2.刷黏结材料; 3.铺粘保温层; 4.铺、刷(喷)防护材料	m²	96.93			

续表

序号	项目编码	项目名称	项目特征	计量单位	工程量	综合单价	合价	其中：暂估价
						金额/元		

L. 楼地面装饰工程

32	011101003001	细石混凝土地面	［项目特征］ 面层厚度、混凝土强度等级：40 mm 厚 C10 细石混凝土 ［工作内容］ 1. 基层清理； 2. 抹找平层； 3. 面层铺设； 4. 材料运输	m²	97.2			
33	011102003001	地砖楼地面	［项目特征］ 1. 找平层厚度、砂浆配合比：20 mm 厚 1∶3 水泥砂浆找平层； 2. 面层材料品种、规格、颜色：600 mm×600 mm×10 mm 地砖 ［工作内容］ 1. 基层清理； 2. 抹找平层； 3. 面层铺设、磨边； 4. 嵌缝； 5. 刷防护材料； 6. 酸洗、打蜡； 7. 材料运输	m²	56.31			
34	011102003002	防滑地砖楼地面	［项目特征］ 找平层厚度、砂浆配合比:20 mm 厚 M20 水泥砂浆找平层+20 mm 厚聚合物水泥防水砂浆 ［工作内容］ 1. 基层清理； 2. 抹找平层； 3. 面层铺设、磨边； 4. 嵌缝； 5. 刷防护材料； 6. 酸洗、打蜡； 7. 材料运输	m²	18.13			

续表

序号	项目编码	项目名称	项目特征	计量单位	工程量	金额/元		
						综合单价	合价	其中：暂估价
35	011105003001	块料踢脚线	［项目特征］ 1. 踢脚线高度：120 mm； 2. 面层：地砖踢脚线 ［工作内容］ 1. 基层清理； 2. 底层抹灰； 3. 面层铺贴、磨边； 4. 擦缝； 5. 磨光、酸洗、打蜡； 6. 刷防护材料； 7. 材料运输	m	48.1			
36	011106002001	块料楼梯面层	［项目特征］ 1. 找平层厚度、砂浆配合比：20 mm 厚 1：3 水泥砂浆找平层； 2. 面层材料品种、规格、颜色：地砖 ［工作内容］ 1. 基层清理； 2. 抹找平层； 3. 面层铺贴、磨边； 4. 贴嵌防滑条； 5. 勾缝； 6. 刷防护材料； 7. 酸洗、打蜡； 8. 材料运输	m²	15.13			
M.墙、柱面装饰与隔断、幕墙工程								
37	011201001001	墙面一般抹灰（内墙面）	［项目特征］ 底层厚度、砂浆配合比：M15 水泥砂浆抹灰 ［工作内容］ 1. 基层清理； 2. 砂浆制作、运输； 3. 底层抹灰； 4. 抹面层； 5. 抹装饰面； 6. 勾分格缝	m²	168.36			

续表

序号	项目编码	项目名称	项目特征	计量单位	工程量	综合单价	合价	其中：暂估价
						金额/元		
38	011204003001	块料墙面	[项目特征] 面层材料品种、规格、颜色：300 mm×600 mm×5 mm 内墙面砖 [工作内容] 1.基层清理； 2.砂浆制作、运输； 3.黏结层铺贴； 4.面层安装； 5.嵌缝； 6.刷防护材料； 7.磨光、酸洗、打蜡	m²	56.92			
P.油漆、涂料、裱糊工程								
39	011407001001	墙面喷刷涂料(内墙面)	[项目特征] 1.喷刷涂料部位：内墙面； 2.刮腻子要求：满刮腻子两遍； 3.涂料品种、喷刷遍数：内墙无机涂料两遍 [工作内容] 1.基层清理； 2.刮腻子； 3.刷、喷涂料	m²	168.36			
40	011407002001	天棚喷刷涂料	[项目特征] 1.喷刷涂料部位：天棚； 2.腻子种类：白水泥腻子两遍，聚合物纯水泥一遍； 3.涂料品种、喷刷遍数：白色内墙无机涂料两遍，天棚 [工作内容] 1.基层清理； 2.刮腻子； 3.刷、喷涂料	m²	85.97			
其他装饰工程								

续表

序号	项目编码	项目名称	项目特征	计量单位	工程量	金额/元		
						综合单价	合价	其中：暂估价
41	011503004004	金属扶手、栏杆、栏板（楼梯、阳台栏杆）	［项目特征］ 栏杆材料种类、规格:不锈钢 ［工作内容］ 1.制作； 2.运输； 3.安装； 4.刷防护材料	m	8.25			
			本页小计					
			合计					

2)措施项目清单

(1)施工技术措施项目清单

施工技术措施项目清单,见表8.9。

表8.9 分部分项工程/施工技术措施项目清单计价表(二)

工程名称: 第 页 共 页

序号	项目编码	项目名称	项目特征	计量单位	工程量	金额/元		
						综合单价	合价	其中:暂估价
1	011701001001	综合脚手架	［项目特征］ 1.建筑结构形式:装配式建筑剪力墙结构； 2.檐口高度:7.2 m ［工作内容］ 1.场内、场外材料搬运； 2.搭、拆脚手架、斜道、上料平台； 3.安全网的铺设； 4.选择附墙点与主体连接； 5.测试电动装置、安全锁等； 6.拆除脚手架后材料的堆放	m²	192.84			
2	011702001001	基础垫层	［项目特征］ 基础类型:独立基础垫层 ［工作内容］ 1.模板制作； 2.模板安装、拆除、整理堆放及场内外运输； 3.清理模板黏结物及模内杂物、刷隔离剂等	m²	2.57			

续表

序号	项目编码	项目名称	项目特征	计量单位	工程量	金额/元		
						综合单价	合价	其中：暂估价
3	011702001002	独立基础	［项目特征］ 基础类型:独立基础 ［工作内容］ 1.模板制作； 2.模板安装、拆除、整理堆放及场内外运输； 3.清理模板黏结物及模内杂物、刷隔离剂等	m²	22.36			
4	011702002001	矩形柱	［项目特征］ 模板类型:矩形柱 ［工作内容］ 1.模板制作； 2.模板安装、拆除、整理堆放及场内外运输； 3.清理模板黏结物及模内杂物、刷隔离剂等； 4.对拉螺栓（片）	m²	17.63			
5	011702006001	矩形梁	［项目特征］ 支撑高度:1 m、2.35 m ［工作内容］ 1.模板制作； 2.模板安装、拆除、整理堆放及场内外运输； 3.清理模板黏结物及模内杂物、刷隔离剂等	m²	5.04			
6	011702030001	后浇段混凝土模板	［项目特征］ 后浇带部位:柱墙连接部位后浇段 ［工作内容］ 1.模板制作； 2.模板安装、拆除、整理堆放及场内外运输； 3.清理模板黏结物及模内杂物、刷隔离剂等	m²	25.01			

续表

序号	项目编码	项目名称	项目特征	计量单位	工程量	金额/元		
						综合单价	合价	其中:暂估价
7	011702030002	后浇段（叠合梁、板）	［项目特征］ 后浇带部位:柱墙连接部位后浇段 ［工作内容］ 1.模板制作; 2.模板安装、拆除、整理堆放及场内外运输; 3.清理模板黏结物及模内杂物、刷隔离剂等	m²	15.26			
8	011703001001	垂直运输	［项目特征］ 1.建筑结构形式:装配式建筑剪力墙结构; 2.檐口高度、层数:7.2 m,2层 ［工作内容］ 1.在施工工期内完成全部工程项目所需的垂直运输机械台班; 2.合同工期期间垂直运输机械的修理与保养	m²	192.84			
			本页小计					
			合计					

（2）施工组织措施项目清单

施工组织措施项目清单,见表8.10。

表8.10 施工组织措施项目清单计价表

工程名称: 第 页 共 页

序号	项目编码	项目名称	计算基础	费率/%	金额/元	调整费率/%	调整后金额/元	备注
1	011707B16001	组织措施费						
2	011707001001	安全文明施工费						
3	011707B15001	建设工程竣工档案编制费						
4	011707B14001	住户工程质量分户验收费						
		合 计						

3）其他项目清单

其他项目清单,见表8.11。

表8.11 其他项目清单计价汇总表

工程名称： 第 页 共 页

序号	项目名称	计量单位	金额/元	备注
1	暂列金额	项		
2	暂估价	项		
2.1	材料(工程设备)暂估价	项	—	
2.2	专业工程暂估价	项	—	
3	计日工	项	—	
4	总承包服务费	项	—	
5	索赔与现场签证	项	—	
	合计			

4）规费和税金项目清单

规费和税金项目清单,见表8.12。

表8.12 规费和税金项目清单计价表

工程名称： 第 页 共 页

序号	项目名称	计算基础	费率/%	金额/元
1	规费			
2	税金	2.1＋2.2＋2.3		
2.1	增值税	分部分项工程费+措施项目费+其他项目费+规费−甲供材料费		
2.2	附加税	增值税		
2.3	环境保护税	按实计算		
	合计			

8.3 装配式建筑工程量清单计价编制方法

工程量清单计价主要有招标控制价的编制和投标报价的编制,本节主要针对招标控制价介绍工程量清单的计价过程,投标报价的计价编制方法和内容与招标控制价基本一致。

8.3.1 装配式建筑工程量清单计价程序

工程量清单计价应根据国家标准《建设工程工程量清单计价规范》(GB 50500—2013)、《房屋建筑与装饰工程工程量计算规范》(GB 50854—2013)及地方性计算规则,如《重庆市建设工程工程量计价规则》(CQJJGZ—2013)、《重庆市建设工程工程量计算规则》(CQJLGZ—2013)及《重庆市建设工程费用定额》(CQFYDE—2018)、《重庆市房屋建筑与装饰工程计价定额》(CQJZZSDE—2018)、《重庆市装配式建筑工程计价定额》(CQZPDE—2018)等进行清单计价。

建设项目工程造价由单项工程造价组成,单项工程造价又可分为单位工程造价,此处主要讲解单位工程工程量清单计价。单位工程分为分部分项工程费、措施项目费、其他项目费、规费和税金。单位工程计价程序见表8.13。

表 8.13 单位工程计价程序表

序号	项目名称	计算式	金额/元
1	分部分项工程费		
2	措施项目费	2.1+2.2	
2.1	技术措施项目费		
2.2	组织措施项目费		
其中	安全文明施工费		
3	其他项目费	3.1+3.2+3.3+3.4+3.5	
3.1	暂列金额		
3.2	暂估价		
3.3	计日工		
3.4	总承包服务费		
3.5	索赔及现场签证		
4	规费		
5	税金	5.1+5.2+5.3	
5.1	增值税	(1+2+3+4−甲供材料费)×税率	
5.2	附加税	5.1×税率	
5.3	环境保护税	按实计算	
6	合价	1+2+3+4+5	

8.3.2 分部分项工程费

分部分项工程和措施项目中的施工技术措施项目,应根据招标文件和招标工程量清单项目中的特征描述确定综合单价计算。综合单价中应包括招标文件中划分的应由投标人承担的风险范围及其费用,招标文件中没有明确的,应提请招标人明确。分部分项工程费的计算公式为:

$$分部分项工程费 = \sum(分部分项工程量 × 综合单价)$$

由上述公式可知,分部分项工程量计算和确定综合单价是确定分部分项工程量清单费的重要内容。工程量的计算已在前面相关内容中讲解,此处主要讲解综合单价的编制。

1)综合单价的含义及组成

根据《建设工程工程量清单计价规范》(GB 50500—2013)规定,综合单价是指完成一个规定清单项目所需的人工费、材料和工程设备费、施工机具使用费和企业管理费、利润以及一定范围的风险费用。

(1)人工费、材料费、施工机具使用费

综合单价中的人工费、材料费、施工机具使用费如果是招标控制价,则按省级建设主管部门办法的定额计算;如果是投标报价,按投标单位的企业定额计算确定,或按省级建设主管部门办法的定额计算确定。计算中人工费、材料费、施工机具使用费采用的价格为市场价格或者工程造价管理机构发布的工程造价信息。

(2)企业管理费、利润、风险费

企业管理费、利润、风险费应根据定额的规定计算确定。房屋建筑工程、仿古建筑工程、构筑物工程、机械(爆破)土石方工程、围墙工程、房屋建筑修缮工程以定额人工费与定额施工机具使用费之和为费用计算基础,装饰工程以定额人工费为计算基础,费用标准见表8.14。

表 8.14　企业管理费、利润、一般风险费费用标准

专业工程		一般计税法		简易计算法		利润/%
		企业管理费/%	一般风险费/%	企业管理费/%	一般风险费/%	
房屋建筑工程	公共建筑工程	24.1	1.5	24.47	1.6	12.92
	住宅工程	25.6		25.99		12.92
	工业建筑工程	26.1		26.5		13.3
仿古建筑工程		17.76	1.6	18.03	1.71	8.24
构筑物工程	烟囱、水塔、筒仓	24.29	1.6	24.66	1.71	12.46
	贮池、生化池	39.16		39.75		21.89
机械(爆破)土石方工程		18.4	1.2	18.68	1.28	7.64
人工土石方		10.78	—	10.94	—	3.55
围墙工程		18.97	1.5	19.26	1.6	7.82

续表

专业工程	一般计税法		简易计算法		利润/%
	企业管理费/%	一般风险费/%	企业管理费/%	一般风险费/%	
房屋建筑修缮工程	18.51	—	18.79	—	8.45
装饰工程	15.61	1.8	15.85	1.92	9.61

注:房屋建筑修缮工程不计算一般风险费。除一般风险费外的其他风险费,按招标文件要求的风险内容及范围确定。

风险费包括一般风险费和其他风险费。

①一般风险费:是指工程施工期间因停水、停电,材料设备供应,材料代用等不可预见的一般风险因素影响正常施工而又不便计算的损失费用。其内容包括:一月内临时停水、停电在工作时间 16 h 以内的停工、窝工损失;建设单位供应材料设备不及时,造成的停工、窝工每月在 8 h 以内的损失;材料的理论质量与实际质量的差;材料代用。但不包括建筑材料中钢材的代用。

②其他风险费:是指除一般风险费外,招标人根据《建设工程工程量清单计价规范》(GB 50500—2013)、《重庆市建设工程工程量清单计价规则》(CQJJGZ—2013)的有关规定,在招标文件中要求投标人承担的人工、材料、机械价格及工程量变化导致的风险费用。

2)综合单价编制依据

(1)招标控制价中综合单价的编制依据

①国家标准《建设工程工程量清单计价规范》(GB 50500—2013)与《房屋建筑与装饰工程工程量计算规范》(GB 50854—2013)等;

②国家或省级、行业建设主管部门颁发的计价定额和计价办法;

③建设工程设计文件及相关资料;

④拟定的招标文件及招标工程量清单;

⑤与建设项目相关的标准、规范、技术资料;

⑥施工现场情况、工程特点及常规施工方案;

⑦工程造价管理机构发布的工程造价信息,当工程造价信息没有发布时,参照市场价;

⑧其他相关资料。

(2)投标价中综合单价的编制依据

①国家标准《建设工程工程量清单计价规范》(GB 50500—2013)与《房屋建筑与装饰工程工程量计算规范》(GB 50854—2013)等;

②国家或省级、行业建设主管部门颁发的计价办法;

③企业定额、国家或省级、行业建设主管部门颁发的计价定额和计价办法;

④招标文件、招标工程量清单及其补充通知、答疑纪要;

⑤建设工程设计文件及相关资料;

⑥施工现场情况、工程特点及投标时拟定的施工组织设计或施工方案;

⑦与建设项目相关的标准、规范等技术资料;

⑧市场价格信息或工程造价管理机构发布的工程造价信息;

⑨其他相关资料。

3)综合单价计算程序

①房屋建筑工程、仿古建筑工程、构筑物工程、机械(爆破)土石方工程、房屋建筑修缮工程,综合单价计算程序见表8.15和表8.16,其中,一般计税法计算综合单价按表8.14,简易计税法计算综合单价按表8.16。

表8.15　综合单价计算程序表(一)

序号	费用名称	一般计税法计算式
1	定额综合单价	1.1+…+1.6
1.1	定额人工费	
1.2	定额材料费	
1.3	定额施工机具使用费	
1.4	企业管理费	(1.1+1.3)×费率
1.5	利润	(1.1+1.3)×费率
1.6	一般风险费	(1.1+1.3)×费率
2	人材机价差	2.1+2.2+2.3
2.1	人工费价差	合同价(信息价、市场价)-定额人工费
2.2	材料费价差	不含税合同价(信息价、市场价)-定额材料费
2.3	施工机具使用费价差	2.3.1+2.3.2
2.3.1	机上人工费价差	合同价(信息价、市场价)-定额机上人工费
2.3.2	燃料动力费价差	不含税合同价(信息价、市场价)-定额燃料动力费
3	其他风险费	
4	综合单价	1+2+3

表8.16　综合单价计算程序表(二)

序号	费用名称	简易计税法计算式
1	定额综合单价	1.1+…+1.6
1.1	定额人工费	
1.2	定额材料费	
1.2.1	其中:定额其他材料费	
1.3	定额施工机具使用费	
1.4	企业管理费	(1.1+1.3)×费率

续表

序号	费用名称	简易计税法计算式
1.5	利润	(1.1+1.3)×费率
1.6	一般风险费	(1.1+1.3)×费率
2	人材机价差	2.1+2.2+2.3
2.1	人工费价差	合同价(信息价、市场价)-定额人工费
2.2	材料费价差	2.2.1+2.2.2
2.2.1	计价材料价差	含税合同价(信息价、市场价)-定额材料费
2.2.2	定额其他材料费进项税	1.2.1×材料进项税税率16%
2.3	施工机具使用费价差	2.3.1+2.3.2+2.3.3
2.3.1	机上人工费价差	合同价(信息价、市场价)-定额机上人工费
2.3.2	燃料动力费价差	不含税合同价(信息价、市场价)-定额燃料动力费
2.3.3	施工机具进项税	2.3.3.1+2.3.3.2
2.3.3.1	机械进项税	按施工机械台班定额进项税额计算
2.3.3.2	定额其他施工机具使用费进项税	定额其他施工机具使用费×施工机具进项税税率16%
3	其他风险费	
4	综合单价	1+2+3

②装饰工程、人工土石方工程、房屋安装修缮工程、房屋单拆除工程,综合单价计算程序见表8.17和表8.18,其中,一般计税法计算综合单价按表8.17,简易计税法计算综合单价按表8.18。

表8.17 综合单价计算程序表(三)

序号	费用名称	一般计税法计算式
1	定额综合单价	1.1+…+1.6
1.1	定额人工费	
1.2	定额材料费	
1.3	定额施工机具使用费	
1.4	企业管理费	1.1×费率
1.5	利润	1.1×费率
1.6	一般风险费	1.1×费率
2	未计价材料	不含税合同价(信息价、市场价)

续表

序号	费用名称	一般计税法计算式
3	人材机价差	3.1+3.2+3.3
3.1	人工费价差	合同价(信息价、市场价)-定额人工费
3.2	材料费价差	不含税合同价(信息价、市场价)-定额材料费
3.3	施工机具使用费价差	3.3.1+3.3.2
3.3.1	机上人工费价差	合同价(信息价、市场价)-定额机上人工费
3.3.2	燃料动力费价差	不含税合同价(信息价、市场价)-定额燃料动力费
4	其他风险费	
5	综合单价	1+2+3+4

表8.18　综合单价计算程序表(四)

序号	费用名称	简易计税法计算式
1	定额综合单价	1.1+…+1.6
1.1	定额人工费	
1.2	定额材料费	
1.2.1	其中:定额其他材料费	
1.3	定额施工机具使用费	
1.4	企业管理费	1.1×费率
1.5	利润	1.1×费率
1.6	一般风险费	1.1×费率
2	未计价材料	含税合同价(信息价、市场价)
3	人材机价差	3.1+3.2+3.3
3.1	人工费价差	合同价(信息价、市场价)-定额人工费
3.2	材料费价差	3.2.1+3.2.2
3.2.1	计价材料价差	含税合同价(信息价、市场价)-定额材料费
3.2.2	定额其他材料费进项税	1.2.1×材料进项税税率16%
3.3	施工机具使用费价差	3.3.1+3.3.2+3.3.3
3.3.1	机上人工费价差	合同价(信息价、市场价)-定额机上人工费
3.3.2	燃料动力费价差	含税合同价(信息价、市场价)-定额燃料动力费

续表

序号	费用名称	简易计税法计算式
3.3.3	施工机具进项税	3.3.3.1+3.3.3.2+3.3.3.3
3.3.3.1	机械进项税	按施工机械台班定额进项税额计算
3.3.3.2	仪器仪表进项税	按仪器仪表台班定额进项税额计算
3.3.3.3	定额其他施工机具使用费进项税	定额其他施工机具使用费×施工机具进项税税率16%
4	其他风险费	
5	综合单价	1+2+3+4

由表8.15—表8.18可知,工程量清单计价模式下的综合单价的计取流程:

①依据清单的名称、项目特征属性进行相关计价定额的选取;

②依据计价定额中对应的计算单位和计算规则是否与清单一致,若一致清单工程量为定额工程量;若不一致,则根据定额计算规则进行定额工程量的计算;

③再结合定额相关说明查看是否需要调整,如人工费系数、材料单价、机械费等进行费用调整;

④结合当地当期人工费、材料单价和机械费等进行费用调整,计算人、材、机的价差调整;

⑤最后汇总得到清单项目的综合单价。

4)综合单价的计算(工程量清单与定额的对应关系)

分部分项工程量清单综合单价分析表,分别见表8.19和表8.20,投标报价如不使用重庆市建设工程主管部门发布的依据,可不填定额项目、编号等;招标文件提供了暂估单价的材料,按暂估单价填入表内,并在备注栏中注明为"暂估价";材料应注明名称、规格和型号。

计算综合单价时清单项与定额的关系一般有以下两种情况:

(1)清单项与定额项一一对应关系

当分部分项工作内容比较简单,由单一计价子项计价,且分部分项工程的工程量清单与对应的定额项目的工程量计算规则相同时,进行定额组价时套用该定额项目并进行人、材、机的调差即可;当工程量清单给出的分部分项工程与所采用的定额的单位不同或工程量计算规则不同时,在套取定额时则需要按照定额的计算规则重新计算工程量。

综合单价计算
(一对一)

【例8.4】 某装配式建筑住宅项目,有现浇C30混凝土独立基础清单见表8.21,该工程位于重庆市区,采用一般计税方法计税,经询价知:重庆市主城混凝土综合工人工市场价为130元/工日,C30商品混凝土价格为364元/m^3。请计算其综合单价。

解 查询《重庆市房屋建筑与装饰工程计价定额(第一册建筑工程)》(CQJZZSDE—2018),确定该清单项目套用定额AE0012,见表8.22,由定额总说明可知,该定额中企业管理费、利润的费用标准是按公共建筑工程确定的,使用时,应按实际工程和《重庆市建设工程费用定额》(CQFYDE—2018)对应的专业工程分类及费用标准进行调整。该定额与清单项目工程量计算规则及工作内容相符,清单与定额一一对应。查询表8.13,重庆市市区企业管理费费率为25.6%,一般风险费率为1.5%,利润率为12.92%。

工程名称：

表 8.19　分部分项工程项目清单综合单价分析表（一）

第　页　共　页

项目编码			项目名称					计量单位				综合单价/元		合价/元

定额编号	定额项目名称	单位	数量	定额综合单价/元										
				定额人工费	定额材料费	定额施工机具使用费	企业管理费		利润		一般风险费用		人材机价差	其他风险费	
				1	2	3	费率/%	(1+3)×(4)	费率/%	(1+3)×(6)	费率/%	(1+3)×(8)			
							4	5	6	7	8	9	10	11	12
															1+2+3+5+49+9+10+11

| 合　计 | | | | | | | | | | | | | | | |

人工、材料及机械名称	单位	数量	定额单价	市场单价	价差合计	市场合价	备注
1. 人工	工日						
2. 材料							
(1)计价材料							
(2)其他材料费							
3. 机械							
(1)机上人工							
(2)燃油动力费							

注：①此表适用于房屋建筑工程、仿古建筑工程、构筑物工程、市政工程、城市轨道交通的盾构工程及地下工程和轨道工程、爆破工程、机械土石方工程、房屋建筑修缮工程分部分项工程或技术措施项目清单综合单价分析。

②适用于定额人工费与定额施工机具使用费之和为计算基础并按一般计税方法计算的工程使用费。

· □装配式建筑计量与计价 ·

表 8.20　分部分项工程项目清单综合单价分析表(二)

工程名称：

项目编码		项目名称			计量单位					第　页　共　页

定额编号	定额项目名称	单位	数量	定额综合单价/元						综合单价/元			合价/元
				定额人工费	定额材料费	定额施工机具使用费	企业管理费	利润	一般风险费用	未计价材料费	人材机价差	其他风险费	
				1	2	3	4 费率/%	5 (1)×(4)	6 费率/%	7 (1)×(6)	8 费率/%	9 (1)×(8)	10	11	12	13

| | | | | 1 | 2 | 3 | 费率/%
4 | (1)×(4)
5 | 费率/%
6 | (1)×(6)
7 | 费率/%
8 | (1)×(8)
9 | 10 | 11 | 12 | 1+2+3+5+49+9+10+11+12 |

| 合　计 | | | | | | | | | | | | |

人工、材料及机械名称	单位	数量	定额单价	市场单价	市场合价	备注
1.人工	工日					
2.材料						
(1)未计价材料						
(2)计价材料						
(3)其他材料						
3.机械						
(1)机上人工						
(2)燃油动力费						
价差合计						

注：①此表适用于装饰工程、通用安装工程、市政安装工程、园林绿化工程、城市轨道交通安装工程、人工土石方工程、房屋安装修缮工程、房屋拆除工程分、部分项工程或技术措施项目清单综合单价分析。
②适用于定额人工费为计算基础并按一般计税方法计算的工程使用。

· 238 ·

表 8.21 某装配式建筑现浇 C30 混凝土独立基础清单

序号	项目编码	项目名称	项目特征	计量单位	工程量	金额/元		
						综合单价	合价	其中:暂估价
1	010501003001	独立基础	[项目特征] 1.混凝土种类:商品混凝土; 2.混凝土强度等级:C30 [工作内容] 混凝土制作、运输、浇筑、振捣、养护	m³	6.39			

表 8.22 独立基础定额

E.1.1.3 独立(设备)基础(编码:010501003、010501006)

工作内容:1.自拌混凝土:搅拌混凝土、水平运输、浇捣、养护等。

2.商品混凝土:浇捣、养护等。

计量单位:10 m³

定额编号						AE0011	AE0012
项目名称						独立(设备)基础	
						混凝土	
						自拌混凝土	商品混凝土
费用		综合单价/元				3 961.86	3 276.48
	其中	人工费/元				900.45	399.05
		材料费/元				2 357.21	2 723.71
		施工机具使用费/元				257.97	—
		企业管理费/元				279.18	96.17
		利润/元				149.67	51.56
		一般风险费/元				17.38	5.99
	编码	名称	单位	单价/元		消耗量	
人工	000300080	混凝土综合工	工日	115.00		7.830	3.470
材料	800206020	混凝土 C20(塑、特、碎 5~31.5,坍 10~30)	m³	229.88		10.100	—
	840201140	商品混凝土	m³	266.99		—	10.150
	041100310	块(片)石	m³	77.67		—	—
	341100100	水	m³	4.42		6.025	1.125
	341100400	电	kW·h	0.70		2.310	2.310
	002000010	其他材料费	元	—		7.17	7.17
机械	990602020	双锥反转出料混凝土搅拌机 350 L	台班	226.31		0.559	—
	990406010	机动翻斗车 1 t	台班	188.07		0.699	—

该现浇 C30 混凝土独立基础清单项目综合单价计算如下:

①人工费:399.05/10 元=39.91 元;

②材料费:2 723.71/10 元=272.37 元;

③机械费:0 元;

④管理费:96.17/24.1×25.6%/10 元=10.22 元;

⑤利润:51.56/10 元=5.16 元;

⑥一般风险费:5.99/10 元=0.6 元;

⑦人工费价差:3.47/10×(130-115)元=5.21 元;

⑧材料费价差:10.15/10×(364-266.99)元=98.47 元;

⑨其他风险费:0 元;

综合单价=(39.91+272.37+0+10.22+5.16+0.6+5.21+98.47)元/m³=431.94 元/ m³

其综合单价分析表,见表 8.23。

(2)清单项与定额项一对多对应关系

当某分部分项工程的工程量清单的清单项目特征包含多个定额项目的工作内容时,则进行定额组价需多个定额项目组成:

①当某分部分项工程的工程量清单的计量单位及工程量计算规则与计价定额对应的定额项目计量单位及工程量计算规则一致时,直接套用相应的定额;

②当某分项工程的工程量清单的项目特征、计量单位及工程量计算规则与计价定额对应的定额项目包含的内容、计量单位及工程量计算规则不一致时,套用定额时需根据定额计算规则分别计算定额的工程量。

综合单价计算
(一对多)

【例 8.5】 某装配式建筑墙面装修做法,内墙面刷乳胶漆 3 遍,该项目清单见表 8.24,经询价知:重庆市主城油漆综合工人工市场价为 138 元/工日,乳胶漆不含税市场价为 8.23 元/ kg。计算该分部分项工程项目的综合单价。

解 查询《重庆市房屋建筑与装饰工程计价定额(第二册装饰工程)》(CQJZZSDE—2018),该清单项目对应两个定额:LE0153 和 LE0154,见表 8.25。

该分项工程清单项目综合单价计算如下:

①人工费:(115.45+45.69)/10 元=16.11 元;

②材料费:(28.91+14.25)/10 元=4.32 元;

③机械费:0 元;

④管理费:(10.63+3.86)/10 元=1.30 元;

⑤利润:(6.55+2.38)/10 元=0.89 元;

⑥一般风险费:(1.23+0.45)/10 元=0.17 元;

⑦人工费价差:(0.545+0.198)/10×(138-125)元=0.97 元;

⑧材料费价差:(3.95+1.95)/10×(8.23-7.26)元=0.57 元;

⑨其他风险费:0 元;

综合单价=(16.11+4.31+0+1.3+0.89+0.17+0.97+0.57+0)元/m²=24.32 元/m²

表 8.23　某装配式建筑现浇 C30 混凝土项目综合单价分析表

工程名称：

项目编码	010501003001	项目名称		计量单位	m³	综合单价/元	431.94

清单综合单价组成明细

定额编号	定额项目名称	单位	数量	定额人工费	定额材料费	定额施工机具使用费	企业管理费		利润		一般风险费用		综合单价/元		合价/元
				1	2	3	费率/% 4	(1+3)×(4) 5	费率/% 6	(1+3)×(6) 7	费率/% 8	(1+3)×(8) 9	人材机价差 10	其他风险费 11	12 = 1+2+3+5+7+9+10+11
AE0012	独立(设备)基础商品混凝土	10 m³	0.1	39.91	272.37	0	25.6	10.22	12.92	5.16	1.5	0.6	103.67	0	431.92
合　计				39.91	272.37	0	—	10.22	—	5.16	—	0.6	103.67	0	431.92

人工、材料及机械名称	单位	数量	定额单价	市场单价	市场合价	价差合计	备注
1.人工							
混凝土综合工	工日	0.347	115	130	45.11	5.21	
2.材料							
计价材料							
C30 商品混凝土	m³	1.015	266.99	364	369.46	98.47	
水	m³	0.112 5	4.42	4.42	0.5	0	
电	kW·h	0.231	0.7	0.7	0.16	0	

表8.24　某装配式建筑墙面油漆清单

序号	项目编码	项目名称	项目特征	计量单位	工程量	金额/元		
						综合单价	合价	其中：暂估价
1	011406001001	抹灰面油漆	［项目特征］ 1. 基层类型：抹灰面； 2. 油漆品种、刷漆遍数：乳胶漆3遍； 3. 部位：内墙面	m²	20			

表8.25　定额子目

E.5.1.2　乳胶漆

工作内容:1.清扫、打磨、乳胶漆两遍等。

2.每增加一遍:刷乳胶漆一遍等。

计量单位:10 m²

定额编号				LE0153	LE0154
项目名称				内墙面乳胶漆	
				抹灰面	
				两遍	每增减一遍
费用	综合单价/元			115.45	45.69
	其中	人工费/元		68.13	24.75
		材料费/元		28.91	14.25
		施工机具使用费/元		—	—
		企业管理费/元		10.63	3.86
		利润/元		6.55	2.38
		一般风险费/元		1.23	0.45
	编码	名称	单位	单价/元	消耗量	
人工	000300140	油漆综合工	工日	125.00	0.545	0.198
材料	130305600	乳胶漆	kg	7.26	3.950	1.950
	002000010	其他材料费	元	—	0.23	0.09

5)分部分项工程费的计算

计算出综合单价后,根据分部分项工程量清单提供的工程量计算出各项目的分部分项工程费,从而完成分部分项工程量清单计价表的编制。

【例8.6】　列出例8.4和例8.5的分部分项工程量清单计价表。

解　分别见表8.26、表8.27。

表 8.26　分部分项工程量清单计价表

序号	项目编码	项目名称	项目特征	计量单位	工程量	金额/元		
						综合单价	合价	其中:暂估价
1	010501003001	独立基础	[项目特征] 1.混凝土种类:商品混凝土; 2.混凝土强度等级:C30 [工作内容] 混凝土制作、运输、浇筑、振捣、养护	m³	6.39	431.94	2 760.1	

表 8.27　分部分项工程量清单计价表

序号	项目编码	项目名称	项目特征	计量单位	工程量	金额/元		
						综合单价	合价	其中:暂估价
1	011406001001	抹灰面油漆	[项目特征] 1.基层类型:抹灰面; 2.油漆品种、刷漆遍数:乳胶漆3遍; 3.部位:内墙面	m²	20	24.32	486.4	

8.3.3　措施项目费

措施项目费包括单价措施项目费和总价措施项目费。在重庆市,单价措施费即基数措施项目,总价措施费即施工组织措施费,即

措施项目费=施工技术措施项目费+施工组织措施项目费

1)施工技术措施项目费

根据施工技术措施项目清单中工程量乘以对应的综合单价,即可得出施工技术措施项目费。其计算方式同分部分项工程费。

施工技术措施项目费 = $\sum$ (施工技术措施项目工程量 × 综合单价)

2)施工组织措施项目费

措施项目中的施工组织措施项目是在措施清单中,无工程量计算规则,以"项"为单位,不能计算工程量,只能计算总价的项目,其费用计算按照规定以一定的计算基数乘以相应的费率计算总价的项目,其金额应根据招标文件及投标时拟定的施工组织设计或施工方案,采用综合单价计价。其中,安全文明施工费必须按照国家或省级、行业建设主管部门的规定计算,不得作为竞争性费用。例如,安全文明施工费、二次搬运费、冬雨季施工费等。

施工组织措施项目费=计算基数×措施项目费费率

(1)组织措施费

房屋建筑工程、仿古建筑工程、构筑物工程、机械(爆破)土石方工程、围墙工程、房屋建筑修缮工程以定额人工费与定额施工机具使用费之和为费用计算基础,人工土石方、装饰工程

以定额人工费为计算基础,组织措施费的费用标准见表8.28,其他专业工程基数与费率见《重庆市建设工程费用定额》(CQFYDE—2018)。

表8.28　组织措施费的费用标准

专业工程		计算基础	组织措施费	
			一般计税法/%	简易计税法/%
房屋建筑工程	公共建筑工程	定额人工费+定额施工机具使用费	6.20	6.61
	住宅工程		6.88	7.33
	工业建筑工程		7.90	8.42
仿古建筑工程			5.87	6.25
构筑物工程	烟囱、水塔、筒仓		6.56	6.99
	贮池、生化池		10.86	11.57
机械、爆破土石方工程			4.80	5.11
围墙工程			5.66	6.03
房屋建筑修缮工程			3.79	5.91
人工土石方		定额人工费	2.22	2.37
装饰工程			8.63	9.19

(2)安全文明施工费

根据定额的规定,装配式建筑工程安全文明施工费按房屋建筑工程相应专业的费用标准计取,费用标准见表8.29。

表8.29　安全文明施工费的费用标准

专业工程		计算基础	一般计税法	简易计税法
房屋建筑工程	公共建筑工程	税前工程造价	3.59%	3.74%
	住宅工程			
	工业建筑工程		3.41%	3.55%
仿古建筑工程			3.01%	3.14%
构筑物工程	烟囱、水塔、筒仓		3.19%	3.33%
	贮池、生化池		3.35%	3.49%
人工、机械(爆破)土石方工程			0.77 元/m²	0.85 元/m²
围墙工程		税前工程造价	3.59%	3.74%
房屋建筑修缮工程			3.23%	3.36%
装饰工程		人工费(含价差)	11.88%	12.37%

注:①本表计费标准是工地标准化评定等级为合格标准。
　②计费基础:房屋建筑以税前工程造价为基础计算;装饰工程、幕墙工程按人工费(含价差)为基础计算;人工、机械(爆破)土石方工程(不含建、构筑物及市政工程基础土石方)以开挖工程量为基础计算。
　③人工、机械(爆破)土石方工程已包括开挖(爆破)及运输土石方发生的安全文明施工费。
　④借土回填土石方工程,按借土回填量乘以土石方标准的50%计算。
　⑤以上各项工程计费条件按单位工程划分。
　⑥同一施工单位承建建筑安装、单独装饰及土石方工程时,应分别计算安全文明施工费。同一施工单位同时承建建筑工程中的装饰项目时,安全文明施工费按建筑工程标准执行。

（3）建设工程竣工档案编制费

建设工程竣工档案编制费的费用标准，见表8.30。

表8.30 住宅工程质量分户验收费的费用标准

专业工程		计算基础	一般计税法/%	简易计税法/%
房屋建筑工程	公共建筑工程	定额人工费+定额施工机具使用费	0.42	0.44
	住宅工程		0.56	0.58
	工业建筑工程		0.48	0.50
仿古建筑工程			0.28	0.29
构筑物工程	烟囱、水塔、筒仓		0.37	0.39
	贮池、生化池		0.56	0.58
机械（爆破）土石方工程			0.20	0.21
围墙工程			0.32	0.33
房屋建筑修缮工程			0.24	0.24
人工土石方		定额人工费	0.19	0.20
装饰工程			1.23	1.28

（4）住宅工程质量分户验收费

住宅工程质量分户验收费的费用标准，见表8.31。

表8.31 住宅工程质量分户验收费的费用标准

费用名称	计算基础	一般计税法/（元·m^{-2}）	简易计税法/（元·m^{-2}）
住宅工程质量分户验收费	住宅单位工程建筑面积	1.32	1.35

8.3.4 其他项目费

其他项目费包括暂列金额、暂估价、计日工和总承包服务费。

1）编制招标控制价时应按下列规定计算

①暂列金额应按招标工程量清单中列出的金额填写；

②暂估价中的材料、工程设备单价应按招标工程量清单中列出的单价计入综合单价；

③暂估价中的专业工程金额应按招标工程量清单中列出的金额填写；

④计日工应按招标工程量清单中列出的项目和数量根据工程特点和有关计价依据确定综合单价计算；

⑤总承包服务费应根据招标工程量清单中列出的内容和要求估算。

总承包服务费以分包工程的造价或人工费为计算基础，其费用见表8.32。

表 8.32　总承包服务费的费用标准

分包工程	计算基础	一般计税法/%	简易计税法/%
房屋建筑工程	分包工程造价	2.82	3
装饰、安装工程	分包工程人工费	11.32	12

2)编制投标价时应按下列规定计算

①暂列金额应按招标工程量清单中列出的金额填写;
②材料、工程设备暂估价应按招标工程量清单中列出的单价计入综合单价;
③专业工程暂估价应按招标工程量清单中列出的金额填写;
④计日工应按招标工程量清单中列出的项目和数量,自主确定综合单价并计算计日工;
⑤总承包服务费应根据招标工程量清单中列出的内容和提出的要求自主确定。

8.3.5　规费和税金

规费和税金必须按国家或省级、行业建设主管部门的规定计算,不得作为竞争性费用。规费包括社会保险费和住房公积金,社会保险费又分为养老保险费、工伤保险费、医疗保险费、生育保险费、失业保险费。规费费用标准及计算基数见表8.33,其计算公式为:

规费=计算基数×规定费率
表 8.33　规费的费用标准表

专业工程		规费费率/%	计算基数
房屋建筑工程	公共建筑工程	10.32	定额人工费+定额施工机具使用费
	住宅工程		
	工业建筑工程		
仿古建筑工程		7.2	
构筑物工程	烟囱、水塔、筒仓	9.25	
	贮池、生化池		
机械、爆破土石方工程		7.2	
围墙工程		7.2	
房屋建筑修缮工程		7.2	
装饰工程		15.13	定额人工费
人工土石方		8.2	

税金包含增值税、城市维护建设税、教育费附加、地方教育附加、环境保护税,按照国家或重庆市相关规定执行,见表8.34,其计算公式为:

税金=税金计算基数×规定费率

表8.34 税金费用标准表

税目		计算基础	工程在市区/%	工程在县、城镇/%	不在市区及县、城镇/%
增值税	一般计税方法	税前造价	9		
	简易计税方法		3		
附加税	城市维护建设税	增值税税额	7	5	1
	教育费附加		3	3	3
	地方教育附加		2	2	2
环境保护税		按实计算			

注:①当采用增值税一般计税方法时,税前造价不含增值税进项税额;
　　②当采用增值税简易计税方法时,税前造价应包含增值税进项税额。

8.4　某装配式建筑工程量清单计价示例

8.4.1　工程量清单计价编制范围

工程概况见8.2节,工程量清单计价编制范围如下:
①工程专业:房屋建筑与装饰工程。
②工程质量等级:合格工程。
③单独发包的专业工程:无。
④结构形式:装配式框架-剪力墙结构。
⑤基础类型:独立基础。
⑥计税方法:一般计税法。
⑦现浇部分混凝土为商品混凝土。
此项目中涉及的各分部分项工程企业管理费、利润和风险费率按照定额规定。
该工程中门窗工程均采用成品门窗,运输至现场安装。

某装配式建筑
工程量清单计价
示例说明

8.4.2　查询市场价

本工程涉及的市场价大部分来自2023年2月重庆市造价信息,重庆市造价信息上未涉及的材料通过市场询价获得。

8.4.3 招标控制价报告

封-2

住宅展示体验楼工程

招标控制价

招标控制价(小写):330 847.02 元

（大写):叁拾叁万零捌佰肆拾柒元零贰分

其中:安全文明施工费(小写):10 415.87 元

（大写):壹万零肆佰壹拾伍元捌角柒分

招 标 人:＿＿＿＿＿＿＿＿＿＿＿
（单位盖章）

工程造价
咨 询 人:＿＿＿＿＿＿＿＿＿＿＿
（单位资质专用章）

法定代理人
或其授权人:＿＿＿＿＿＿＿＿＿＿＿
（签字或盖章）

法定代理人
或其授权人:＿＿＿＿＿＿＿＿＿＿＿
（签字或盖章）

编 制 人:＿＿＿＿＿＿＿＿＿＿＿
（造价人员签字盖专用章）

复 核 人:＿＿＿＿＿＿＿＿＿＿＿
（造价工程师签字盖专用章）

时间: 年 月 日

表-01

工程计价总说明

工程名称:住宅展示体验楼 　　　　　　　　　　　　　　　　第1页　共1页

一、工程概况

1. 建设地点:重庆市沙坪坝区某高校。

2. 工程专业:房屋建筑与装饰工程。

3. 工程特征:本工程为装配式混凝土剪力墙结构,建筑总高为7.75 m,地上两层,无地下室,基础类型为独立基础。

二、编制依据

1. 图纸:本工程建筑设计及结构设计工程图纸及相关设计文件。

2. 计量计价规范:《建设工程工程量清单计价规范》(GB 50500—2013)、《房屋建筑与装饰工程工程量计算规范》(GB 50854—2013)、《重庆市绿色建筑工程计价定额》(CQLSJZDE—2018)、《重庆市装配式建筑工程计价定额》(CQZPDE—2018)、《重庆市建设工程工程量计价规则》(CQJJGZ—2013)、《重庆市建设工程工程量计算规则》(CQJLGZ—2013)、《重庆市建设工程费用定额》(CQFYDE—2018)、《重庆市房屋建筑与装饰工程计价定额》(CQJZZSDE—2018)等文件。

3. 人材机价格:人材机价格参照2023年2月重庆市造价信息,无信息价的人材机则采用市场询价方式得到。

4. 该工程造价未计算现浇钢筋工程量。

表-04

单位工程招标控制价汇总表

工程名称:住宅展示体验楼 　　　　　　　　　　　　　　　　　　　第1页　共1页

序号	汇总内容	金额/元	其中:暂估价/元
1	分部分项工程费	246 659.30	
1.1	A.1 土石方工程	3 186.30	
1.2	A.4 砌筑工程	2 245.31	
1.3	A.5 混凝土及钢筋混凝土工程	166 311.06	
1.4	A.8 门窗工程	19 905.57	
1.5	A.9 屋面及防水工程	8 588.87	
1.6	A.10 保温、隔热、防腐工程	4 823.24	
1.7	A.11 楼地面装饰工程	14 353.91	
1.8	A.12 墙、柱面装饰与隔断、幕墙工程	18 814.67	
1.9	A.14 油漆、涂料、裱糊工程	6 441.79	
1.10	A.15 其他装饰工程	1 988.58	
2	措施项目费	29 290.34	
2.1	其中:安全文明施工费	10 415.87	
3	其他项目费		
4	规费	4 601.79	—
5	税金	28 207.21	—
	招标控制价合计=1+2+3+4+5	330 847.02	

注:①本表适用于单位工程招标控制价或投标报价的汇总,如无单位工程划分,单项工程也使用本表汇总。

　②分部分项工程、措施项目中暂估价中应填写材料、工程设备暂估价,其他项目中暂估价应填写专业工程暂估价。

表-08

措施项目汇总表

工程名称:住宅展示体验楼

序号	项目名称	金额/元	
		合价	其中:暂估价
1	施工技术措施项目	15 302.35	
2	施工组织措施项目	13 987.99	
2.1	其中:安全文明施工费	10 415.87	
2.2	建设工程竣工档案编制费	249.71	
2.3	住宅工程质量分户验收费	254.55	
	措施项目费合计=1+2	29 290.34	

分部分项工程项目清单计价表

表-09

第 1 页　共 13 页

工程名称:住宅展示体验楼

序号	项目编码	项目名称	项目特征	计量单位	工程量	综合单价	金额/元 合价	其中:暂估价
	A.1	土石方工程						
1	01010100004001	挖基坑土方	[项目特征] 1.土壤类别:三类土; 2.开挖方式:人工开挖; 3.挖土深度:0.6 m [工作内容] 1.土方开挖; 2.场内运输	m³	30.21	68.57	2 071.5	
2	01010300001001	回填方(基础)	[项目特征] 1.密实度要求:夯填; 2.填方来源,运距:原土回填 [工作内容] 1.运输; 2.回填; 3.压实	m³	21.01	40.83	857.84	
3	01010300001002	回填方(室内)	[项目特征] 1.密实度要求:夯填; 2.填方来源,运距:原土回填 [工作内容] 1.运输; 2.回填; 3.压实	m³	4.94	22.67	111.99	
4	01010300002001	余方弃置	[项目特征] 1.废弃料品种:综合土; 2.运距:10 km [工作内容] 余方点装料运输至弃置点	m³	4.26	34.03	144.97	
	A.4	砌筑工程						
			本页小计				3 186.3	

分部分项工程项目清单计价表

表-09

第 2 页 共 13 页

工程名称:住宅展示体验楼

序号	项目编码	项目名称	项目特征	计量单位	工程量	金额/元		
						综合单价	合价	其中:暂估价
1	010402001001	砌块墙	[项目特征] 1. 砌块品种、规格、强度等级:普通混凝土空心砌块(双排孔); 2. 墙体类型:内墙 [工作内容] 1. 砂浆制作、运输; 2. 砌砖、砌块; 3. 勾缝; 4. 材料运输	m³	3.22	697.3	2 245.31	
A.5		混凝土及钢筋混凝土工程						
1	010501001001	垫层(基础)	[项目特征] 1. 混凝土种类:商品混凝土; 2. 混凝土强度等级:C15 [工作内容] 混凝土制作、运输、浇筑、振捣、养护	m³	2.57	412.06	1 058.99	
2	010501001002	垫层	[项目特征] 混凝土种类:50 mm 厚细石混凝土 [工作内容] 混凝土制作、运输、浇筑、振捣、养护	m³	4.86	502.67	2 442.98	
3	010501003001	独立基础	[项目特征] 1. 混凝土种类:商品混凝土; 2. 混凝土强度等级:C30 [工作内容] 混凝土制作、运输、浇筑、振捣、养护	m³	6.39	431.22	2 755.5	
			本页小计				8 502.78	

表-09

第 3 页 共 13 页

分部分项工程项目清单计价表

工程名称:住宅展示体验楼

序号	项目编码	项目名称	项目特征	计量单位	工程量	金额/元		
						综合单价	合价	其中:暂估价
4	010502001001	现浇混凝土矩形柱	[项目特征] 1.混凝土种类:商品混凝土; 2.混凝土强度等级:C30; 3.部位:TZ [工作内容] 混凝土制作,运输,浇筑,振捣,养护	m³	0.78	436.36	340.36	
5	010502001002	现浇混凝土矩形柱	[项目特征] 1.混凝土种类:商品混凝土; 2.混凝土强度等级:C30; 3.部位:标高-0.05 m以下 [工作内容] 混凝土制作,运输,浇筑,振捣,养护	m³	0.32	436.36	139.64	
6	010503002001	现浇混凝土矩形梁	[项目特征] 1.混凝土种类:TL; 2.混凝土强度等级:C30 [工作内容] 混凝土制作,运输,浇筑,振捣,养护	m³	0.4	428.8	171.52	
7	010508001001	后浇段(连接墙,柱)	[项目特征] 1.混凝土种类:商品混凝土; 2.混凝土强度等级:C30 [工作内容] 混凝土制作,运输,浇筑,振捣,养护及混凝土交接面,钢筋等的清理	m³	2.99	591.58	1 768.82	
8	010508001002	后浇带(叠合梁,板)	[项目特征] 1.混凝土种类:商品混凝土; 2.混凝土强度等级:C30 [工作内容] 混凝土制作,运输,浇筑,振捣,养护及混凝土交接面,钢筋等的清理	m³	15.92	490.2	7 803.98	
			本页小计				10 224.32	

分部分项工程项目清单计价表

工程名称:住宅展示体验楼

序号	项目编码	项目名称	项目特征	计量单位	工程量	金额/元		
						综合单价	合价	其中:暂估价
9	010508001003	后浇带(连接柱墙)	[项目特征] 1. 混凝土种类:商品混凝土; 2. 混凝土强度等级:C30 [工作内容] 混凝土制作、运输、浇筑、振捣、养护及混凝土交接面、钢筋等的清理	m³	3.16	606.81	1 917.52	
10	010508001004	后浇带(梁、板)	[项目特征] 1. 混凝土种类:商品混凝土; 2. 混凝土强度等级:C30 [工作内容] 混凝土制作、运输、浇筑、振捣、养护及混凝土交接面、钢筋等的清理	m³	15.92	505.43	8 046.45	
11	010509001001	PC矩形柱	[项目特征] 1. 单件体积:详设计; 2. 混凝土强度等级:C30 [工作内容] 1. 模板制作、安装、拆除、堆放、运输及清理模内杂物、刷隔离剂等; 2. 混凝土制作、运输、浇筑、振捣、养护; 3. 构件运输、安装; 4. 砂浆制作、运输; 5. 接头灌缝、养护;	m³	7.37	2 843.44	20 956.15	
			本页小计				30 920.12	

表-09
第 5 页　共 13 页

分部分项工程项目清单计价表

工程名称:住宅展示体验楼

序号	项目编码	项目名称	项目特征	计量单位	工程量	综合单价	合价	其中:暂估价
							金额/元	
12	010510001001	PC叠合梁	[项目特征] 1.单件体积:详设计; 2.混凝土强度等级:C30 [工作内容] 1.模板制作、安装、拆除、堆放、运输及清理模内杂物、刷隔离剂等; 2.混凝土制作、运输、浇筑、振捣、养护; 3.构件运输、安装; 4.砂浆制作、运输; 5.接头灌缝、养护;	m³	5.12	3 100.76	15 875.89	
13	010512001001	PC叠合板	[项目特征] 1.单件体积:详设计; 2.混凝土强度等级:C30 [工作内容] 1.模板制作、安装、拆除、堆放、运输及清理模内杂物、刷隔离剂等; 2.混凝土制作、运输、浇筑、振捣、养护; 3.构件运输、安装; 4.砂浆制作、运输; 5.接头灌缝、养护;	m³	12.61	2 921.57	36 841	
14	010512001002	平板	[项目特征] 1.混凝土强度等级:C30; 2.部位:楼梯顶制平台板 [工作内容] 1.模板制作、安装、拆除、堆放、运输及清理模内杂物、刷隔离剂等; 2.混凝土制作、运输、浇筑、振捣、养护; 3.构件运输、安装; 4.砂浆制作、运输; 5.接头灌缝、养护	m³	3.3	624.58	2 061.11	
			本页小计				54 778	

分部分项工程项目清单计价表

工程名称：住宅展示体验楼

序号	项目编码	项目名称	项目特征	计量单位	工程量	金额/元		
						综合单价	合价	其中：暂估价
15	010513001001	预制楼梯（TB-1）	[项目特征] 1. 楼梯类型：直形楼梯； 2. 混凝土强度等级：C30 [工作内容] 1. 模板制作、安装、拆除、堆放、运输及清理模内杂物，刷隔离剂等； 2. 混凝土制作、运输、浇筑、振捣、养护； 3. 构件运输、安装； 4. 砂浆制作、运输； 5. 接头灌缝、养护	m³	2.04	2 699.69	5 507.37	
16	010514002001	预制实心墙（外墙）	[项目特征] 混凝土强度等级：C30 [工作内容] 1. 模板制作、安装、拆除、堆放、运输及清理模内杂物，刷隔离剂等； 2. 混凝土制作、运输、浇筑、振捣、养护； 3. 构件运输、安装； 4. 砂浆制作、运输； 5. 接头灌缝、养护	m³	12.38	2 699.73	33 422.66	
17	010514002002	预制实心墙（内墙）	[项目特征] 混凝土强度等级：C30 [工作内容] 1. 模板制作、安装、拆除、堆放、运输及清理模内杂物，刷隔离剂等； 2. 混凝土制作、运输、浇筑、振捣、养护； 3. 构件运输、安装； 4. 砂浆制作、运输； 5. 接头灌缝、养护	m³	6.47	2 597.73	16 807.31	
			本页小计				55 737.34	

分部分项工程项目清单计价表

工程名称:住宅展示体验楼

序号	项目编码	项目名称	项目特征	计量单位	工程量	金额/元		
						综合单价	合价	其中:暂估价
18	010514002003	预制实心墙(女儿墙)	[项目特征] 1. 构件的类型:预制女儿墙; 2. 混凝土强度等级:C30 [工作内容] 1. 模板制作,安装,拆除,堆放,运输及清理模内杂物,刷隔离剂等; 2. 混凝土制作,运输,浇筑,振捣,养护; 3. 构件运输,安装; 4. 砂浆制作,运输; 5. 接头灌缝,养护	m³	2.8	2 997.79	8 393.81	
	A.8	门窗工程						
1	010801002001	成名实木套装门	[项目特征] 1. 门代号及洞口尺寸:M0821,800 mm ×2 100 mm; 2. 类型:成名实木套装门 [工作内容] 1. 门安装; 2. 五金安装	m²	3.36	511.6	1 718.98	
2	010801004001	木质防火门(甲级)	[项目特征] 门代号及洞口尺寸:HM1222,1 200 mm ×2 200 mm [工作内容] 1. 门安装; 2. 玻璃安装; 3. 五金安装	m²	2.64	331.63	875.5	
3	010802001001	铝合金门	[项目特征] 门代号及洞口尺寸:M0621,600 mm×2 100 mm [工作内容] 1. 门安装; 2. 五金安装	m²	1.26	645.38	813.18	
			本页小计				11 801.47	

表-09

分部分项工程项目清单计价表

工程名称:住宅展示体验楼

序号	项目编码	项目名称	项目特征	计量单位	工程量	综合单价	合价	其中:暂估价
							金额/元	
4	010805005001	铝合金型材玻璃门	[项目特征] 门代号及洞口尺寸:TLM1621,1 600 mm × 2 100 mm [工作内容] 1.门安装; 2.五金安装	m²	3.36	656.78	2 206.78	
5	010805005002	铝合金型材玻璃门	[项目特征] 门代号及洞口尺寸:TLM2623,2 600 mm × 2 300 mm [工作内容] 1.门安装; 2.五金安装	m²	5.98	656.78	3 927.54	
6	010805005003	铝合金型材玻璃门	[项目特征] 门代号及洞口尺寸:MLC1822,窗 1 200 mm×2 200 mm 门 600 mm×2 200 mm [工作内容] 1.门安装; 2.五金安装	m²	3.96	656.78	2 600.85	
7	010807001001	金属窗	[项目特征] 窗代号及洞口尺寸:C0614,600 mm×1 400 mm [工作内容] 1.窗安装; 2.五金、玻璃安装	m²	2.52	616.09	1 552.55	
8	010807001002	金属窗	[项目特征] 窗代号及洞口尺寸:C1814,1 800 mm×1 400 mm [工作内容] 1.窗安装; 2.五金、玻璃安装	m²	10.08	616.09	6 210.19	
A.9		屋面及防水工程						
			本页小计				16 497.91	

表-09

第 9 页　共 13 页

分部分项工程项目清单计价表

工程名称:住宅展示体验楼

序号	项目编码	项目名称	项目特征	计量单位	工程量	综合单价	合价	其中:暂估价
							金额/元	
1	010902001	屋面卷材防水	[项目特征] 1. 卷材品种、规格、厚度:SBS 改性沥青防水卷材; 2. 防水层数:2; 3. 防水层做法:热熔法 [工作内容] 1. 基层处理; 2. 刷底油; 3. 铺油毡卷材、接缝	m²	107.63	79.8	8 588.87	
	A.10	保温、隔热、防腐工程						
1	011001001001	保温隔热屋面	[项目特征] 1. 找平层:20 mm 厚1:2.5 水泥砂浆; 2. 保温隔热材料品种、规格、厚度:1:8 水泥陶粒60 mm厚; 3. 黏结材料种类、做法:刷素水泥浆一道; 4. 找平层做法:20 mm 厚1:3 水泥砂浆 [工作内容] 1. 基层清理; 2. 刷黏结材料; 3. 铺粘保温层; 4. 铺、刷(喷)防护材料	m²	96.93	49.76	4 823.24	
	A.11	楼地面装饰工程						
1	011101003001	细石混凝土地面	[项目特征] 面层厚度、混凝土强度等级:40 mm 厚 C10 细石混凝土 [工作内容] 1. 基层清理; 2. 抹找平层; 3. 面层铺设; 4. 材料运输	m²	97.2	26.07	2 534	
			本页小计				15 946.11	

分部分项工程项目清单计价表

表-09

第 10 页　共 13 页

工程名称:住宅展示体验楼

序号	项目编码	项目名称	项目特征	计量单位	工程量	综合单价	合价	其中:暂估价
							金额/元	
2	011102003001	块料楼地面	[项目特征] 1. 找平层厚度,砂浆配合比:水泥砂浆找平层; 2. 面层材料品种、规格、颜色:800 mm×800 mm×10 mm; [工作内容] 1. 基层清理; 2. 抹找平层; 3. 面层铺设、磨边; 4. 嵌缝; 5. 刷防护材料; 6. 酸洗、打蜡; 7. 材料运输	m²	56.31	108.42	6 105.13	
3	011102003002	防滑地砖楼地面	[项目特征] 1. 找平层厚度,砂浆配合比:20 mm厚 M20 水泥砂浆找平+20 mm 厚聚合物水泥防水砂浆; 2. 面层材料品种、规格、颜色:300 mm×600 mm×5 mm [工作内容] 1. 基层清理; 2. 抹找平层; 3. 面层铺设、磨边; 4. 嵌缝; 5. 刷防护材料; 6. 酸洗、打蜡; 7. 材料运输	m²	18.13	142.34	2 580.62	
			本页小计				8 685.75	

表-09 第 11 页 共 13 页

分部分项工程项目清单计价表

工程名称:住宅展示体验楼

序号	项目编码	项目名称	项目特征	计量单位	工程量	综合单价	合价	其中:暂估价
4	011105003001	块料踢脚线	[项目特征] 1. 踢脚线高度:100 mm 高; 2. 面层材料品种、规格、颜色:地砖踢脚线 [工作内容] 1. 基层清理; 2. 底层抹灰; 3. 面层铺贴、磨边; 4. 擦缝; 5. 磨光、酸洗、打蜡; 6. 刷防护材料; 7. 材料运输	m	48.1	16.07	772.97	
5	011106002001	块料楼梯面层	[项目特征] 1. 找平层厚度、砂浆配合比:20 mm 厚1:3 水泥砂浆找平层; 2. 面层材料品种、规格、颜色:地砖 [工作内容] 1. 基层清理; 2. 抹找平层; 3. 面层铺贴、磨边; 4. 贴嵌防滑条; 5. 勾缝; 6. 刷防护材料; 7. 酸洗、打蜡; 8. 材料运输	m²	15.13	156.06	2 361.19	
	A.12		墙、柱面装饰与隔断、幕墙工程					
			本页小计				3 134.16	

分部分项工程项目清单计价表

工程名称:住宅展示体验楼

序号	项目编码	项目名称	项目特征	计量单位	工程量	金额/元		
						综合单价	合价	其中:暂估价
1	011201001001	墙面一般抹灰（内墙面）	[项目特征] 底层厚度,砂浆配合比:M15 水泥砂浆抹灰 [工作内容] 1.基层清理; 2.砂浆制作、运输; 3.底层抹灰; 4.抹面层; 5.抹装饰面; 6.勾分格缝	m²	168.36	62	10 438.32	
2	011204003001	块料墙面	[项目特征] 面层材料品种、规格、颜色:300 mm×600 mm×5 mm 内墙面砖 [工作内容] 1.基层清理; 2.砂浆制作、运输; 3.黏结层铺贴; 4.面层安装; 5.嵌缝; 6.刷防护材料; 7.磨光、酸洗、打蜡	m²	56.92	147.16	8 376.35	
A.14		油漆、涂料、裱糊工程						
1	011407001001	墙面喷刷涂料（内墙面）	[项目特征] 1.喷刷涂料部位:内墙面; 2.刮腻子要求:满成品腻子粉刮腻子两遍; 3.涂料品种、喷刷遍数:白色内墙无机涂料两遍; [工作内容] 1.基层清理; 2.刮腻子; 3.刷、喷涂料	m²	168.36	24.96	4 202.27	
		本页小计					23 016.94	

表-09

分部分项工程项目清单计价表

工程名称:住宅展示体验楼

序号	项目编码	项目名称	项目特征	计量单位	工程量	综合单价	金额/元 合价	其中:暂估价
2	011407002001	天棚喷刷涂料	[项目特征] 1. 喷刷涂料部位:天棚; 2. 腻子种类:刮防水腻子粉两遍; 3. 涂料品种、喷刷遍数:白色内墙无机料涂料两遍 [工作内容] 1. 基层清理; 2. 刮腻子; 3. 刷、喷涂料	m²	85.97	26.05	2 239.52	
	A.15	其他装饰工程						
1	011503001001	金属扶手、栏杆、栏板 (楼梯、阳台栏杆)	[项目特征] 栏杆材料种类、规格:不锈钢 [工作内容] 1. 制作; 2. 运输; 3. 安装; 4. 刷防护材料	m	8.25	241.04	1 988.58	
			本页小计				4 228.1	
			合　　计				246 659.3	

表-09

第 1 页 共 3 页

施工技术措施项目清单计价表

工程名称:住宅展示体验楼

序号	项目编码	项目名称	项目特征	计量单位	工程量	综合单价	合价	其中:暂估价
							金额/元	
一		施工技术措施项目					15 302.35	
1	011701001001	综合脚手架	[项目特征] 1. 建筑结构形式:装配式剪力墙结构; 2. 檐口高度:7.2 m [工作内容] 1. 场内、场外材料搬运; 2. 搭、拆脚手架、斜道、上料平台; 3. 安全网的铺设; 4. 选择附墙点与主体连接; 5. 测试电动装置、安全锁等; 6. 拆除脚手架后材料的堆放	m²	192.84	24.36	4697.58	
2	011702001001	基础	[项目特征] 基础类型:独立基础 [工作内容] 1. 模板制作; 2. 模板安装、拆除、整理堆放及场内外运输; 3. 清理模板黏结结构物及模内杂物、刷隔离剂等	m²	22.36	58.87	1 316.33	
3	011702001002	基础垫层	[项目特征] 基础类型:基础垫层 [工作内容] 1. 模板制作; 2. 模板安装、拆除、整理堆放及场内外运输; 3. 清理模板黏结结构物及模内杂物、刷隔离剂等	m²	2.57	42.56	109.38	
		本页小计					6 123.29	

表-09

第 2 页 共 3 页

施工技术措施项目清单计价表

工程名称:住宅展示体验楼

序号	项目编码	项目名称	项目特征	计量单位	工程量	综合单价	金额/元 合价	其中:暂估价
4	011702002001	矩形柱	[工作内容] 1. 模板制作; 2. 模板安装、拆除、整理堆放及场内外运输、刷隔离剂等; 3. 清理模板黏结物及模内杂物、刷隔离剂等; 4. 对拉螺栓(片)	m²	17.63	63.66	1 122.33	
5	011702006001	矩形梁	[项目特征] 支撑高度:1 m、2.4 m [工作内容] 1. 模板制作; 2. 模板安装、拆除、整理堆放及场内外运输、刷隔离剂等; 3. 清理模板黏结物及模内杂物、刷隔离剂等	m²	5.04	57.43	289.45	
6	011702030001	后浇段(PC柱、墙连接)	[项目特征] 后浇带部位:PC柱、墙连接 [工作内容] 1. 模板制作; 2. 模板安装、拆除、整理堆放及场内外运输、刷隔离剂等; 3. 清理模板黏结物及模内杂物、刷隔离剂等	m²	25.01	64.91	1 623.4	
7	011702030002	后浇段(叠合梁、板)	[项目特征] 后浇带部位:叠合梁、板 [工作内容] 1. 模板制作; 2. 模板安装、拆除、整理堆放及场内外运输、刷隔离剂等; 3. 清理模板黏结物及模内杂物、刷隔离剂等	m²	15.26			
			本页小计				3 035.18	

表-09 第3页 共3页

施工技术措施项目清单计价表

工程名称:住宅展示体验楼

序号	项目编码	项目名称	项目特征	计量单位	工程量	综合单价	合价	其中:暂估价
8	011703001001	垂直运输	[项目特征] 1.建筑物建筑类型及结构形式:装配式剪力墙结构; 2.建筑物檐口高度,层数:7.2 m,2层 [工作内容] 1.在施工工期内完成全部工程项目所需的垂直运输机械台班; 2.合同工期间垂直运输机械的修理与保养	m²	192.84	31.86	6 143.88	
			本页小计				6 143.88	
			合 计				15 302.35	

表-10

施工组织措施项目清单计价表

工程名称:住宅展示体验楼   第 1 页　共 1 页

序号	项目编码	项目名称	计算基础	费率/%	金额/元	调整费率/%	调整后金额/元	备注
1	011707B16001	组织措施费	分部分项人工费+分部分项机械费+技术措施人工费+技术措施机械费	6.88	3 067.86			
2	011707001001	安全文明施工费	税前合计	3.59	10 415.87			
3	011707B15001	建设工程竣工档案编制费	分部分项人工费+分部分项机械费+技术措施人工费+技术措施机械费	0.56	249.71			
4	011707B14001	住宅工程质量分户验收费	建筑面积	132	254.55			
	合　计				13 987.99			

注:①计算基础和费用标准按本市有关费用定额或文件执行。

②根据施工方案计算的措施费,可不填写"计算基础"和"费率"的数值,只填写"金额"数值,但应在备注栏说明施工方案出处或计算方法。

表-11

其他项目清单计价汇总表

工程名称:住宅展示体验楼

第1页 共1页

序号	项目名称	计量单位	金额/元	备注
1	暂列金额	项	20 000	明细详见 表-11-1
2	暂估价	项		
2.1	材料(工程设备)暂估价	项	—	明细详见 表-11-2
2.2	专业工程暂估价	项		明细详见 表-11-3
3	计日工	项		明细详见 表-11-4
4	总承包服务费	项		明细详见 表-11-5
5	索赔与现场签证	项		明细详见 表-11-6
	合 计		20 000	

注:材料、设备暂估单价进入清单项目综合单价,此处不汇总。

表-11-1

暂列金额明细表

工程名称:住宅展示体验楼   第1页　共1页

序号	项目名称	计量单位	暂定金额/元	备注
1	暂列金额	元	20 000	
	合　计		20 000	—

注:此表由招标人填写,如不能详列,也可只列暂列金额总额,投标人应将上述暂列金额计入投标总价中。

表-12

规费、税金项目计价表

工程名称:住宅展示体验楼

序号	项目名称	计算基础	费率/%	金额/元
1	规费	分部分项人工费+分部分项机械费+技术措施项目人工费+技术措施项目机械费	10.32	4 601.79
2	税金	2.1+2.2+2.3		30 295.59
2.1	增值税	分部分项工程费+措施项目费+其他项目费+规费-甲供材料费	9	27 049.63
2.2	附加税	增值税	12	3 245.96
2.3	环境保护税	按实计算		
		合 计		34 897.38

本章小结

　　本章介绍了工程量清单的组成及编制要求,首先通过实际工程"某住宅示范楼工程"详细演示了计算步骤和工程量清单的编制。然后介绍了工程量清单计价的步骤及相关要求,计算了该示范楼工程的招标控制价。

课后习题

　　1.简述装配式混凝土结构工程量计算的注意要点。
　　2.简述综合单价的计算。
　　3.请说明工程量清单计价的程序。

参考文献

［1］中华人民共和国住房和城乡建设部.建设工程工程量清单计价规范:GB 50500—2013［S］.北京:中国计划出版社,2013.

［2］中华人民共和国住房和城乡建设部.房屋建筑与装饰工程工程量计算规范:GB 50854—2013［S］.北京:中国计划出版社,2013.

［3］重庆市城乡建设委员会.重庆市绿色建筑工程计价定额:CQLSJZDE—2018［S］.重庆:重庆大学出版社,2018.

［4］张永强,朱平.装配式建筑概论［M］.北京:清华大学出版社,2022.

［5］重庆市城乡建设委员会.重庆市装配式建筑工程计价定额:CQZPDE—2018［S］.重庆:重庆大学出版社,2018.

［6］重庆市城乡建设委员会.重庆市建设工程工程量计价规则:CQJJGZ—2013［S］.北京:中国建材工业出版社,2013.

［7］重庆市城乡建设委员会.重庆市建设工程工程量计算规则:CQJLGZ—2013［S］.北京:中国建材工业出版社,2013.

［8］重庆市城乡建设委员会.重庆市建设工程费用定额:CQFYDE—2018［S］.重庆:重庆大学出版社,2018.

［9］张建平,张宇帆.装配式建筑计量与计价［M］.北京:中国建筑工业出版社,2019.

［10］袁建新,胡六星,傅丽芳,等.装配式建筑计量与计价［M］.北京:清华大学出版社,2022.

［11］中华人民共和国住房和城乡建设部.装配式混凝土结构技术规程:JGJ1—2014［S］.北京:中国建筑工业出版社,2014.

［12］肖光朋,项健.装配式建筑工程计量与计价［M］.北京:机械工业出版社,2020.

［13］袁建新,袁媛.建筑工程计量与计价［M］.3版.重庆:重庆大学出版社,2022.

［14］重庆市城乡建设委员会.重庆市房屋建筑与装饰工程计价定额:CQJZZSDE—2018［S］.重庆:重庆大学出版社,2018.

［15］李娜,王伟.装配式建筑工程计量与计价［M］.杭州:浙江大学出版社,2022.

［16］田建冬.装配式建筑工程计量与计价［M］.南京:东南大学出版社,2021.

［17］袁媛.装配式混凝土建筑计量与计价［M］.北京:科学出版社,2022.